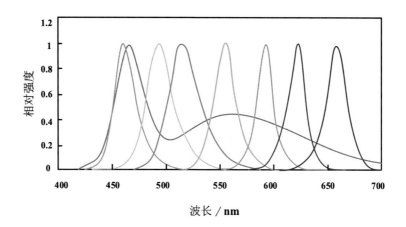

图1.27 LED的光谱

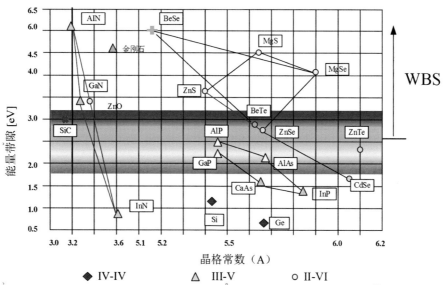

图3.3 各种材料的能量带隙和晶格常数关系

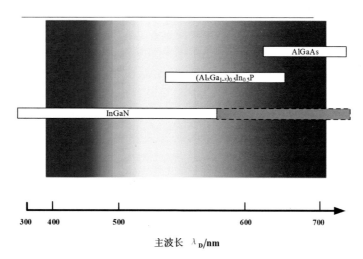

图3.4 可见光区光电半导体材料

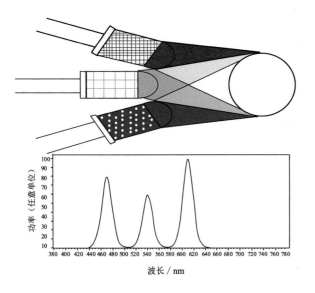

图7.1 三基色白光LED RGB光谱示意图

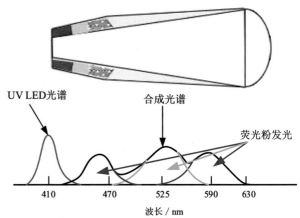

图7.3 紫外芯片+三基色荧光粉产生白光LED示意图

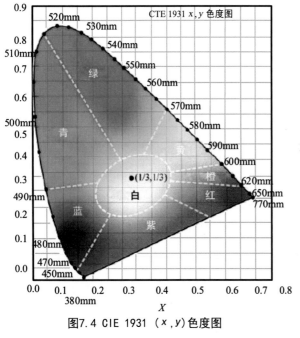

图7.4 CIE 1931 (x, y)色度图

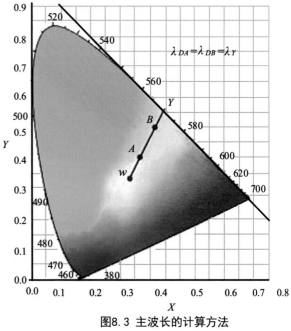

图8.3 主波长的计算方法

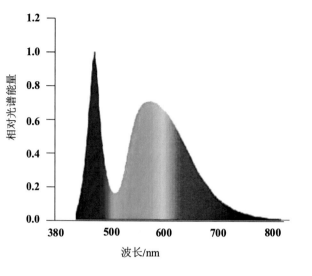

图8.5 白光LED光谱分布曲线

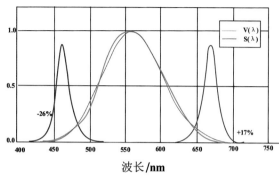

图9.6 V(λ)匹配及测量红光、蓝光LED的误差

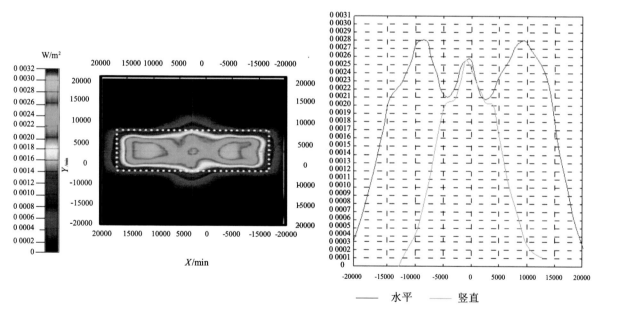

图10.19 Tracepro软件仿真的照度分布图

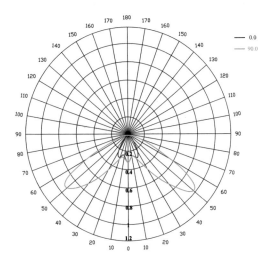

图10.20 Tracepro软件仿真的光强分布图

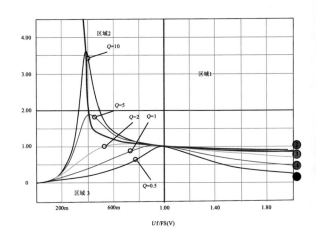

图11.25 半桥LLC谐振变换器的增益曲线和工作区间

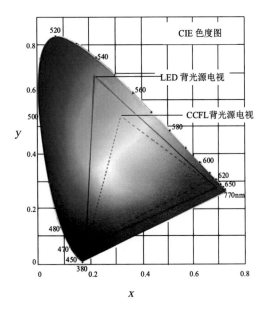

图15.6 RGB LED方法比CCFL有更大的色域

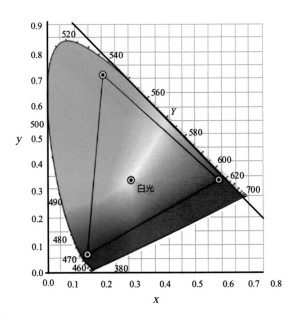

图16.2 CIE三刺激值函数 $x(\lambda)$、$y(\lambda)$、$z(\lambda)$

LED

及其应用技术

刘木清　主编

化学工业出版社

·北京·

《LED 及其应用技术》由复旦大学电光源研究所的专家编写。

全书按照 LED 产业链的主线进行编写，试图从 LED 的原理、材料、芯片、封装、应用等阐述 LED。全书分为 16 章，第 1 章电光源综述，主要介绍光源的历史并对 LED 与传统光源进行比较；第 2 章介绍 LED 的发光原理；第 3 章介绍 LED 的材料体系；第 4 章介绍 LED 的光取出；第 5 章介绍 LED 的芯片制造技术；第 6 章介绍 LED 的封装技术；第 7 章介绍白光 LED；第 8 章介绍 LED 器件的性能；第 9 章介绍 LED 光及热特性的测试；第 10～12 章分别介绍 LED 应用技术的三个重要方面，即光学设计、驱动技术与散热技术；第 13、14 章分别介绍用于普通照明的中小功率、大功率 LED 灯具；第 15 章介绍 LED 的信号显示与背光应用；第 16 章介绍 LED 的非视觉应用。

本书可作为光源照明和建筑行业的工程师及相关爱好者的参考书，也可以作为大专院校建筑、光源与照明等相关专业的研究生和本专科学生教材。

图书在版编目（CIP）数据

LED 及其应用技术/刘木清主编 . —北京：化学工业出版社，2013.10（2022.1 重印）
ISBN 978-7-122-18261-6

Ⅰ.①L… Ⅱ.①刘… Ⅲ.①发光二极管 Ⅳ.①TN383

中国版本图书馆 CIP 数据核字（2013）第 200153 号

责任编辑：袁海燕 　　　　　　　　　　文字编辑：吴开亮
责任校对：宋　玮 　　　　　　　　　　装帧设计：刘丽华

出版发行：化学工业出版社（北京市东城区青年湖南街 13 号　邮政编码 100011）
印　　装：北京虎彩文化传播有限公司
787mm×1092mm　1/16　印张 15　彩插 2　字数 358 千字　2022 年 1 月北京第 1 版第 5 次印刷

购书咨询：010-64518888 　　　　　　售后服务：010-64518899
网　　址：http://www.cip.com.cn
凡购买本书，如有缺损质量问题，本社销售中心负责调换。

定　价：58.00 元 　　　　　　　　　　　　　　　　版权所有　违者必究

First Foreword (序一)

The emergence of high-brightness light-emitting diode (HB-LED) white light source technology, made possible by the development of blue LEDs in the 1990s, is an exemplar of disruptive technology introduction. Its promise and potential for delivering low-cost, high efficiency illumination sources, with much improved life-cycle costs (LCC) compared to incumbent technologies, is being realized and it is on course to become the dominant lighting technology in the majority of major lighting sectors, i. e. , residential, retail, commercial and industrial.

The importance of HB-LED technology does not derive simply from its advantages as an energy efficient and cost effective alternative to the established thermal and plasma light source technologies, widely referred to now as "legacy" lighting. It is important also because of at least two of its other major characteristics. Firstly, LEDs are simple electronic circuit components enabling them to be incorporated into complex multi-sensor, multi-function, addressable lighting systems, i. e. , a basis for "intelligent" lighting. Secondly, multi-LED systems, with or without the assistance of phosphors, make it possible to realize spectral power distributions (SPDs) of almost arbitrary profile in the near-uv, visible and near-ir regions. In the visible region this latter characteristic makes it possible, for example, to dynamically control the colour temperature of a lit internal space to mimic the diurnal behaviour of daylight. Importantly, the ability to design the SPD of sources is highlighting a need for much greater understanding of the interaction of living systems with light, for example, as it relates to human health or to plant growth.

Such issues and opportunities deriving from the characteristics of HB-LED technology have created a rich, diverse and rapidly growing area of lighting-related research worldwide to help guide the further, decades long, development of the technology and its applications, including its many non-lighting applications. HB-LED technology may be said to have emerged from its revolutionary development phase to become today an established alternative lighting technology, albeit with a long development path ahead to reach its full potential.

This timely and valuable book by Professor Liu Muqing and colleagues from the Institute for Electric Light Sources at Fudan University, made available to me as a machine translation from the original Chinese, takes the opportunity to review the technology as it transitions from revolutionary to evolutionary phases of development. The book provides in-depth, accessible descriptions of the major constituent parts of LED modules and their underlying design principles, of the driver and control technologies, and of device performance metrology. The book describes also several of the major application areas of HB-LEDs, including non-lighting applications. As highlighted in the Foreword by Secretary General Wu Ling, Professor Liu and his colleagues have made significant contributions to LED-lighting applications in China. They have achieved also international recognition because of the LED-related research they have presented to major international conferences on lighting science and technology over several decades.

The perspective the book provides ensures that it will become a valuable learning and reference resource for: students beginning a career in lighting and related technologies; experienced lighting professionals, including designers and specifiers, who wish to deepen their knowledge of this increasingly important element of their daily work; newcomers to lighting; and anyone with a scientific/technical background with an interest in technological developments, intrigued by the high public/legislative/commercial profile of HB-LED-based solid state lighting (SSL).

China is playing a most important role in the development of HB-LED lighting systems both in respect of its world leading productive capacity and, increasingly, in respect of its national research and development activities. I expect this book, and future editions updated as the technology progresses, to be very well received by the Chinese lighting community.

Robin Devonshire

Professor Adjunct, Fudan University, Shanghai (复旦大学客座教授)

Chair, Foundation for the Advancement of Light Source Science and Technology (FAST-LS, 国电光源委员会主席)

Chair, International Scientific Committee, LS Symposia (国际光源科技研讨会, 学术委员会主席)

序二

人类的照明技术一直在进步，作为照明物质基础的电光源经历了热辐射光源、气体放电光源等发展历程，已经开始步入固态光源时代。LED 作为固态照明的主要光源，是照明领域近年来发展的最大亮点，受到国际特别是科技较为发达的政府与产业界的高度重视。一方面技术的进步使 LED 光效等性能指标快速提高，另一方面性能的快速提高也成就了价格的下降并进入了各种照明市场。中国从 2003 年开始，通过"十五"、"十一五"、"十二五"计划，在科技部、发改委等部委及地方政府的持续支持下，LED 技术发展日新月异，产业规模持续扩大，其科技与产业等方面都在国际上占有一席之地。

本书对 LED 产业链的上游材料与芯片、中游封装及下游应用都进行了介绍，特别是下游 LED 应用技术，更为详细，包括 LED 应用的关键技术及主要应用领域等；书中也包含了作者的一些观点与近年来的研究成果。

本书作者来自复旦大学电光源研究所，这是一个在传统照明领域为我国做出重大贡献的研究机构，近年来在 LED 应用领域也取得了很多创新性成果。其中主要作者刘木清作为科技部"十一五"863 专家参与了相关国家科技计划的制订，为推动我国 LED 应用技术的发展做出了积极的贡献。如书中介绍的上海长江隧道 LED 照明应用，是目前世界上最大的单个 LED 隧道照明工程，对业界产生了很大影响，基于该隧道的技术规范已成为国家半导体照明工程研发及产业联盟的技术标准。

中国是照明大国，目前 LED 产业及应用规模也是全球最大的，特别是从事 LED 技术及相关产业的人员众多，希望这本书能够对 LED 照明研发和应用的业内人士及对此感兴趣的相关人员提供可供借鉴的参考。

国家半导体照明工程研发及产业联盟秘书长

2013 年 6 月

前言

20 世纪 90 年代 LED 在蓝光 LED 技术上的突破以来，LED 技术受到世界上科技发达国家的高度重视，通过各自的国家科技计划推动 LED 的发展。在这种情况下，LED 无论从技术与产业的角度都获得很大的发展，并且还在快速发展之中。目前 LED 已经成为照明的重要光源并且在不久的将来有望成为主流光源，同时 LED 的特点也诞生出许多传统光源不能实现的应用领域，特别是 LED 的非视觉应用。因此，我国大专院校很多相关的专业都从事 LED 知识的讲授，各地都有很多科研机构进行 LED 的相关科研工作，进行 LED 生产或应用的企业更是非常多。鉴于此，本书对 LED 相关的主要环节进行介绍，试图使读者对 LED 有较深入的了解。

全书按照 LED 产业链的主线进行编写，试图从 LED 的原理、材料、芯片、封装、应用等阐述 LED。全书分为 16 章，第 1 章电光源综述，介绍光源的历史并对 LED 与传统光源进行比较；第 2 章介绍 LED 的发光原理；第 3 章介绍 LED 的材料体系；第 4 章介绍 LED 的光取出；第 5 章介绍 LED 的芯片制造技术；第 6 章介绍 LED 的封装技术；第 7 章介绍白光 LED；第 8 章介绍 LED 的器件的性能；第 9 章介绍 LED 光及热特性的测试；第 10～12 章分别介绍 LED 应用技术三个重要方面，即光学设计、驱动技术与散热技术；第 13、14 章分别介绍用于普通照明的中小功率、大功率 LED 灯具；第 15 章介绍 LED 的信号显示与背光应用；第 16 章介绍 LED 的非视觉应用。

本书可作为大专院校建筑、光源与照明等相关专业的研究生和本专科学生教材，也可以作为光源照明和建筑行业的工程师及相关爱好者的参考书。

本书由复旦大学电光源研究所几位老师与研究生共同编写，其中刘木清多年在复旦大学进行"LED 及其应用技术"课程的讲授，并长期在 LED 应用技术领域进行科研工作，相关的多个科研成果在书中有表述。崔旭高负责第 2、3、4、5 章的大部分编写工作；江磊负责第 11 章编写；刘颖负责第 6 章的编写，其余章节与内容由刘木清负责编写。全书由刘木清、高维惜统稿。

感谢韩凯、甘媛媛、顾鑫等同学在编写过程中的帮助。另外，特别要感谢复旦大学客座教授、国际电光源委员会主席 Devonshire 博士为本书作序、编写英文目录，感谢 Devonshire 博士及复旦大学客座教授、CIE 前主席 Van Bommel 先生对本书多个问题的讨论。

由于编者水平有限，书中试图涉及 LED 直接相关的各个领域，而这些领域跨度很大，因此疏漏之处在所难免。同时 LED 目前仍然处于高速发展阶段，许多内容处于不断的更新之中。鉴于此，书中如有疑问或不当部分，请联系 mqliu@fudan.edu.cn。

编者
2013 年 6 月

目录

Contents

第 1 章

电光源综述

1.1 光源发展史

人类的生活离不开光，每天近一半的时间生活在太阳光下，这是利用自然光源。但深夜茫茫，人类需要人造光源进行照明。人类对光源的使用要追溯到原始人对篝火的发现和人类自身对照明的需求。早在石器时代，人类就开始有目的地使用火，用火取暖、烤熟食品，使用松明和人造火把（用动物油脂浸渍木条）作为光源，从而揭开了照明的序幕。

人类的第一盏灯是在空心石、贝壳或其他类似物中放入浸满了动物油脂的苔藓等植物来点燃照明。到了中世纪，人工照明由简单的木柴蘸油演化为使用油灯和蜡烛，大约在蜡烛作为光源的时期，出现了专门的灯具。1802 年，俄国彼德罗夫教授论述了碳极电弧发光现象，并提出了弧光照明，这是人类关于电光源照明的最早论述。1867 年，Charles W Heatstone 和 Werner Siemens 发明了自激发（self-excited）发电机，电弧灯开始照亮法国巴黎街道，取代了几万盏煤气灯。电应用于照明是从碳极弧光灯开始的（图 1.1），碳极弧光灯的问世开辟了电光源照明的新时代，它标志着人类实现了由电到光的转化过程。

进入 19 世纪，人类开始步入电气照明时代，人造照明光源经历了四个发展阶段：白炽灯、荧光灯、高强度气体放电灯和半导体固体光源。

1878 年，英国物理家 Joseph Swan 和美国发明家托马斯·爱迪生（Thomas Alva Edison）各自独立地研制出具有实用意义的真空白炽灯泡，图 1.2 所示为爱迪生研制的铂丝白炽灯。1879 年 10 月，爱迪生小组研制出寿命为 14h 的真空炭丝白炽灯，12 月开始商业化生产，其炭丝是用棉线烧成的。

白炽灯从此取代了传统的火焰光源，引发了一场照明技术的革命，开创了人类电光源照明的新时代。使用钨丝作灯丝制作白炽灯，是照明

图 1.1 碳极弧光灯

技术发展史上的又一座里程碑。钨丝的引进使得白炽灯在同煤油灯、煤气灯、汽油灯的竞争中取得了决定性的胜利。但白炽灯用电能转换为光能的平均效率只有10%，其余90%的能量被浪费。

19世纪30年代，荧光灯被发现，并且可使用的荧光灯照明系统也被设计出来。由于荧光灯输出光与日光相似，因此又称为日光灯。从此，日光灯开始得到广泛地应用，其光效从最初的30lm/W逐步提高至目前的105lm/W。图1.3所示为1950年GE公司的14W Mazda荧光灯。

图1.2　铂丝白炽灯　　　　　　　图1.3　GE公司的14W Mazda荧光灯

1962年，美国GE公司宣布研制出金属卤化物灯（金卤灯），并在1964年应用于世界博览会上。1972年，德国慕尼黑奥运会第一次使用金属卤化物灯作为体育场馆照明。现今的金卤灯光效在80lm/W以上。

1965年，Monsanto和惠普（HP）公司推出了用GaAsP材料制作的商用化红色LED，其光效为0.11m/W。1968年，利用氮掺杂工艺使GaAsP器件的效率达到了1lm/W，并且能够发出红光、橙光和黄光，图1.4所示为1969年Monsanto MV2型红色LED。1971年，研制出具有相同效率的GaP绿色LED。1991年，日本日亚（Nichia）公司研制出蓝色LED。1996年，日本日亚公司研制出白色LED。图1.5所示为1996年研制成功的InGaN基LED。

图1.4　MV2型红色LED　　　　　　图1.5　InGaN基LED

随着半导体技术的发展，科研人员研制开发出了多种半导体发光材料。在一开始，由于 LED 是单色光源，主要用于电子设备的指示灯，未能引入照明领域。20 世纪 90 年代末，随着半导体材料氮化镓材料研究实现突破，蓝光、绿光、白光 LED 光源相继问世，半导体引入照明领域取得重大突破，半导体照明成了新的产业方向。

1.2 几种主要电光源简介

从原理上分，目前主要的电光源包括热辐射光源、气体放电发光光源与电致发光光源。前两者已经有几十年甚至上百年的发展历史，技术比较成熟。电致发光光源包括场致发光板与 LED 及 OLED。其中，场致发光板由于使用有限而较少提及，而 LED 及 OLED 统称为固态光源，是近几年来快速发展的光源。为区别起见，本书将热辐射光源、气体放电发光光源称为传统光源。本节简要介绍各类传统光源的结构、类型、特性和应用。

$$
电光源
\begin{cases}
热辐射：普通白炽灯，卤钨灯 \\
气体放电发光
\begin{cases}
高气压放电灯：高压汞灯，高压钠灯，金属卤化物灯 \\
低气压放电灯：低压钠灯，荧光灯
\end{cases} \\
电致发光：场致发光板，发光二极管
\end{cases}
$$

1.2.1 白炽灯

热辐射光源的典型代表是白炽灯。光源在辐射过程中内能不变，只要通过加热来维持其温度，辐射就能持续不断地进行下去。外部输入的能量等于辐射、传导和对流损失的能量。自从 1879 年爱迪生发明白炽灯以来，尽管出现了大量新型的光源，但白炽灯由于其光色好、安装简便等优点仍然被大量使用。随着其他光源的相继出现，白炽灯效率低的特点日益显现。目前，很多国家为节约能源和保护环境，正在采取各种措施，希望用其他更节能的光源替代白炽灯。

白炽灯的工作原理很简单：由于物体具有温度，因而都能产生热辐射，例如炭或金属加热到 500℃左右时会产生暗红色的可见光，随着温度的上升，光会变得更亮更白。白炽灯就是利用这个原理发光的。白炽灯的光效之所以比较低，主要是由于它的大部分能量都变成红外辐射，可见辐射所占的比例很小，一般不到 10%。

普通白炽灯色温较低，约为 2800K。与 6000K 的太阳光相比，白炽灯的光带黄色，显得温暖。白炽灯的辐射覆盖了整个可见光区，在人造光源中它的显色性是首屈一指的，一般显色指数 Ra 接近 100。

在正常情况下，白炽灯的开关并不影响灯的寿命。只有当点燃后灯丝变得相当细时，由于开关造成快速的温度变化而产生机械应力，才会使灯丝损坏。但开关灯时有一点要注意，即在启动的瞬间灯的电流很大，这是由于钨有正的电阻特性，在工作温度时的电阻远大于冷态（20℃）时的电阻。一般白炽灯灯丝的热电阻是冷电阻的 12～16 倍，因此，当使用大批量白炽灯时，灯要分批启动。

当电源电压变化时，白炽灯的工作特性要发生变化。例如，当电源电压升高时，灯的工作电流和功率增大，灯丝工作温度升高，光效和光通量增加，寿命缩短。图 1.6 用曲线的形式表示当电源电压在一定范围内变化时，普通照明白炽灯的光、电参数和寿命情况。

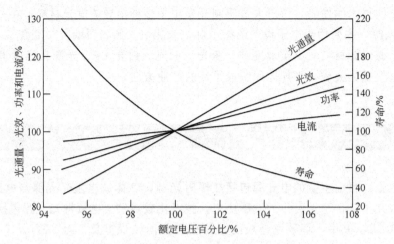

图 1.6 电源电压变化时灯的其他参数变化

1.2.2 荧光灯

1937 年，荧光灯被开发出来，由于其具有光效高、寿命长、颜色多样等优点，迅速在照明领域普及。荧光灯历经荧光粉和电子镇流器的重大变革，目前仍然是最重要的室内照明光源。尤其是 20 世纪 70 年代末发明的紧凑型荧光灯，历经 20 多年的技术进步，已逐步替代白炽灯。

荧光灯包括直管型荧光灯、紧凑型荧光灯（节能灯）与无极荧光灯。前两者原理基本相似，主要区别是紧凑型荧光灯将灯管弯成各种形状，效率要比直管型的低一些。无极荧光灯与前两者的区别是没有电极，直接靠电场形成灯管内的等离子体发光体。本节仅对直管型荧光灯进行介绍。

1.2.2.1 荧光灯工作原理

图 1.7 描绘了荧光灯的工作原理。荧光灯通常为管状，两端各封有一个电极，灯内包含有低气压的汞蒸气和少量的稀有气体，灯管的内表面涂有荧光粉层。工作时灯内的低气压汞蒸气放电将 60% 左右的输入电能转变成波长为 254nm 的紫外辐射，荧光粉能有效地将 254nm 紫外辐射转变成可见光。

1.2.2.2 荧光灯的结构

管状荧光灯的主要部件有泡壳、荧光粉涂层、电极、填充气体和灯头等。

电极是气体放电灯的心脏部件，它是决定灯寿命的主要因素。荧光灯的电极通常由钨丝绕成双螺旋或三螺旋制成，在螺旋上涂以电子发射材料（一般为三元碱土氧化物）。荧光灯

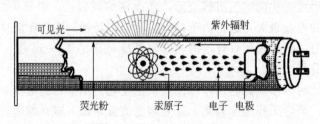

图 1.7 荧光灯的工作原理

电极产生热电子发射，用以维持放电，将外部的电能输入到灯中。

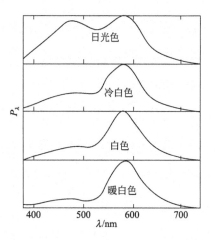

图 1.8 卤磷酸盐荧光粉的发射光谱

大部分荧光灯在启动前，电极要经过电流预热。在开关启动电路中，电极的预热是由单独的启辉器或电子启动器来完成的。有些荧光灯电极是由外电路持续加热的，快速启动的荧光灯就是如此。如果荧光灯完全不预热，即为冷启动或瞬时启动荧光灯。在后两种类型的荧光灯工作电路中没有单独的启动器，但常常应用辅助电极或导电带来帮助启动。

荧光灯中充入汞，在灯正常工作时，灯内既有汞蒸气，也有液态汞。也就是说荧光灯工作在饱和汞蒸气状态。灯内汞蒸气压由灯的冷端温度决定。不同管径的荧光灯的最佳汞蒸气压不同，因而要求的最佳冷端温度也不同。

为了帮助灯启动、维持灯正常工作，灯中还必须充入适量的稀有气体。最常用的稀有气体为氩和氪。稀有气体的气压约为 2500Pa（约 0.025atm），比汞蒸气的压强（约 0.8Pa）要高得多。因此，稀有气体还有调整荧光灯电参数的作用。

决定荧光灯特性的最重要因素是荧光粉的种类及其组分。荧光粉不仅决定了灯的色温和显色性，而且在很大程度上决定了灯的光效。现在主要有三类荧光粉，用它们所生产的灯具有各种不同的颜色特性。

卤磷酸盐荧光粉是以前最常用的荧光粉。通过控制荧光粉的组成，用卤磷酸盐荧光粉可以做成 2500～7500K 各种色温的荧光粉。图 1.8 给出几种标准荧光灯中卤磷酸盐荧光粉发射光谱。不难看出，用卤磷酸盐荧光粉所做的灯在红色区域的辐射少，这使得灯的显色性较差。

三基色荧光粉是稀土荧光粉，能分别在光谱的蓝、绿和红 3 个区域产生狭窄的光谱带（图 1.9）。采用不同配比的三基色荧光粉，可以做成各种色温的高性能荧光灯。这些灯不仅光效高，而且显色性好，Ra 可以达到 80 以上。由于这种荧光粉还有耐高温和承受强短波紫外辐射的能力，故被广泛应用于细管径的荧光灯中。

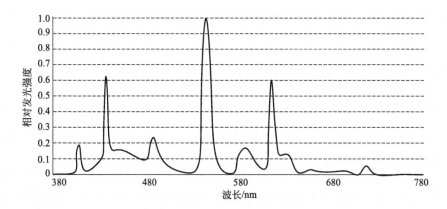

图 1.9 三基色荧光粉的发射光谱

荧光灯采用多带荧光粉时，荧光粉产生的多个谱带能覆盖整个可见光区，在各种荧光灯中，这种多带荧光灯的显色性最好，Ra 高达 95～98，又称为全光谱荧光灯。

1.2.2.3 荧光灯的工作特性

(1) 光效

荧光灯自身的光效除由所采用的荧光粉决定外，还与另外两个因素，即环境温度和电源频率有密切关系。

在静止的空气环境中，当环境温度为 25℃时，40W 荧光灯的输出光通量较高。当环境温度低于 15℃时，灯的光输出随温度的降低很快减少。温度高于最佳温度时，光输出也要减少，但减少速度较慢。图 1.10 显示了荧光灯光通量随环境温度变化的情况。

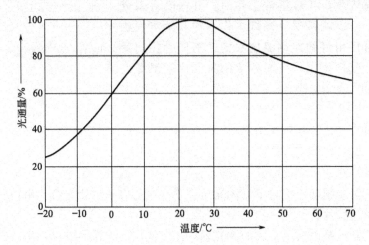

图 1.10　荧光灯光通量随环境温度的变化

(2) 荧光灯的颜色特性

一般照明用的荧光灯根据颜色主要分为四种：暖白色、白色、冷白色和日光色。它们的色温、色坐标及 40W T12 灯的光通量列于表 1.1 中，这些灯采用卤磷酸盐荧光粉。

表 1.1　40W T12 荧光灯的光参数

荧光灯的种类	色温/K	色坐标		光通量/lm
		x	y	
暖白色	3000	0.440	0.403	3200
白色	3560	0.409	0.394	3200
冷白色	4300	0.372	0.375	3150
日光色	6700	0.313	0.337	2600

引入稀土三基色荧光粉后，荧光灯的光效大为提高，显色性也得到了很大改善。现在有各种管状荧光灯，具有不同的色表、显色性和光效，以满足各种不同的照明要求。

(3) 光输出维持特性

在荧光灯的寿命期内，光通量逐渐下降。点燃 8000h 后，灯的光通量下降到初始值的70%～80%。光通量下降的主要原因是荧光粉的效率逐渐降低。如果荧光灯采用的是几种荧光粉的混合物，与新的灯相比，有时会发现寿命后期灯的光色变了。光通量降低的另一个原因是由于电子发射材料的沉积，使灯管管壁（尤其是灯管两端）发黑，影响了光输出。

1.2.2.4 荧光灯的工作电路

与其他气体电灯一样，荧光灯的伏安特性是负的。具有负阻特性的器件单独工作不稳定。假如灯工作于某一电压 U_1，流过电流是 I_1，如果由于某种原因，电流从 I_1 瞬时增加到 I_2，这时就产生了一个过剩的电压能力 (U_1-U_2)，它将使电流进一步增加。同样，如果电流从 I_1 瞬时减少到 I_3，这时要维持，电压能力就差 (U_3-U_1)，这又导致电流进一步减小。因而，将荧光灯单独接到电网中时，工作是不稳定的，将导致电流无限制地增加，最后直到灯被电流烧毁为止。因此，荧光灯必须与作为限流器件的镇流器一同工作。

在交流工作的情况下，电感是最常用的镇流器。与电阻相比，电感镇流有很多优点，除电感功耗小外，一个重要的优点是灯的管压（或灯的电流）滞后电源电压一定位相，因此这种电路称为滞后型电路。当灯管管压为零时，电源电压已上升到比较高的值，有利于重复着火，从而使灯无电流的时间基本上消除，灯的工作更为稳定。目前常用的镇流器有电感镇流器与电子镇流器。

(1) 电子镇流器

出现于 20 世纪 80 年代后期，工作于高频的电子镇流器日益得到广泛应用。与电感镇流器相比，电子镇流器具有如下优点：灯和系统的光效提高；无闪烁现象；能瞬时启动，且无需启动器；灯的寿命延长；有良好的调光性能；无需进行功率因数校正；温升小；无噪声；体积小，重量轻；能工作于直流电源。如图 1.11 所示，电子镇流器是由 a 低通滤波器、b 整流器、c 滤波电容、d 高频功率振荡器和 e 灯电流稳定器等五部分组成。低通滤波器的主要作用是减少高次谐波、抑制来自高频电路的无线电干扰和保护电子开关元件不被电源电压峰值破坏；整流器将交流转变成直流，并对电容充电；高频功率振荡器将直流电压转换成频率为 20～100 kHz 的高频方波电压信号，此方波电压就是灯的电源；作为灯电流稳定器，可以采用电子稳定电路，也可用传统的电感（但由于是高频工作，因而电感要小得多）。

(2) 电感镇流器

所谓气体放电灯的启动，就是使灯内的气体由不导电的状态变为导电状态的过程。冷态的荧光灯内阻非常大，当接上电源时，不能自动启动。为了帮助灯启动，需要采用一些方法。就启动而言，荧光灯的工作电路可分为三类：带启动器的预热启动电路、不带启动器的预热启动电路和冷启动电路。

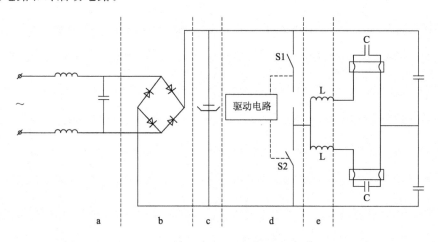

图 1.11 电子镇流器的原理图

① 带启动器的预热启动电路。启动器具有辉光放电启动器和电子启动器两种，前者又叫启辉器，俗称跳泡。图1.12是采用启辉器的预热启动电路。当启辉器的双金属片闭合时，有电流流过灯丝，对灯丝进行预热，使灯的启动电压降低。在双金属片断开的瞬间，自感电动势产生高压，使灯击穿，产生放电。如果电极预热不充分或产生的高压不够，则启辉器会重复动作，直至灯启动。电子启动器在预热电极后，也产生高压使灯启动。如果灯在大约1s内不能启动，则电子启动器会自动停止工作。电子启动器能保证更可靠地启动，尤其是在环境温度低时，采用电子启动器还可使灯的寿命延长。

图1.12所示电路中，在电源的两端并接的电容是用于修正功率因子的。在滞后式的镇流电路中，电路的电流，即灯电流滞后电源电压一个相位 φ，在不考虑畸变时，电路的功率为

$$P = UI\cos\varphi \tag{1-1}$$

式中，$\cos\varphi$ 称为电路的功率因数。显然，$\cos\varphi$ 越接近1越好，至少要达到 $0.85 \sim 0.9$。为此，对工作于50Hz的36W或40W荧光灯，典型的电容值为 $4.2\mu F$；而对于58W或65W的荧光灯，电容值取为 $6.5\mu F$。

除了上述单灯功率补偿外，更常用的是双灯功率补偿，其电路加图1.13所示。该电路常用在双灯灯具中，一盏灯采用电感镇流，另一盏灯采用电感-电容镇流，容抗是感抗的2倍。

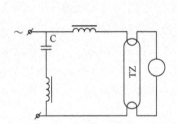

图1.12 带启辉器的荧光灯预热启动电路

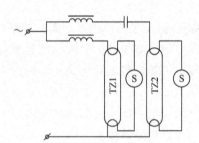

图1.13 双灯功率补偿电路

② 不带启动器的预热启动电路。不带启动器时，有两种预热电极的方法，即并联预热和串联预热，图1.14和图1.15分别给出了这两种方法的电路原理图。在并联预热的情况下，电极直接连到低内阻电压源上，预热电流与灯丝的电阻有关，灯丝的电阻在冷态时比热态时小得多，在此条件下，电极被很快地加热，这种电路也称为快速启动电路。而在串联预热的情况下，电极与高电阻相串联，预热电流与灯丝电阻关系不大，电极加热比较缓慢，灯的启动也迟一些，但在串联预热电路中无需再进行功率补偿。

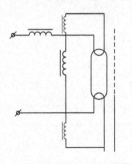

图1.14 无启动器并联电极预热电路

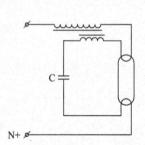

图1.15 无启动器串联电极预热电路

③ 冷启动电路。冷电极启动要比预热电极启动困难得多。为了保证可靠地冷启动，常采用辅助电极的方法。辅助电极是灯管内部的一条导电带，一头与灯的一个电极相连，另一头则尽可能靠近对面的电极。当开关合上时，在辅助电极和对面的电极之间发生辉光放电，而这一放电很快过渡到灯的两个电极之间的放电。放电通道的电阻远比金属带小，故灯一旦启动后，在辅助电极与对面主电极之间的辉光放电就停止了。冷启动的灯和电路特别适用于可燃或有易爆物体的场合。

（3）调光

现在荧光灯的调光有采用可控硅调光器的，也有采用变频的高频电子调光器的。

采用可控硅调光器，各种形式的荧光灯的电流都可调节到正常值的 50％甚至更低，因而光输出大致下降 50％。对室内照明而言，光输出不应调得更低。当电流小于正常灯电流的 50％时，放电提供的能量不足以使电极维持在合适的温度，无法产生要求的电子发射，因而必须采用单独的变压器对灯丝提供独立的加热电流。有独立灯丝加热的荧光灯，光输出可以调节到几乎为零。

图 1.16 是飞利浦高频电子调光电路的原理图。采用这种调光器，灯的电流可以调到正常值的 10％左右。这里，调光是靠增加电源的频率来实现的。当频率从 28 kHz 增加到 45 kHz 时，光输出从 100％调低到 25％；当灯处于调光状态时，镇流器仍保证给电极提供加热电流。

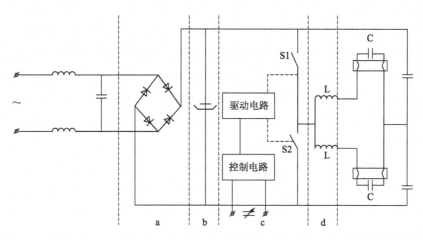

图 1.16　高频电子调光电路的原理图

1.2.3　HID

HID 是高强度放电灯的缩写，包括高压钠灯、金卤灯、微波硫灯等。这类光源的一个共同特点是其高强度放电是建立在高气压基础上的，而高温度是引发高气压的必要因素。如高压钠灯放电管温度超过 1000℃，金卤灯超过 2000℃。这样高的温度必然造成与周边温度的梯度，而高的温度梯度引起散热能量损失。这是这类光源能量效率提高的瓶颈。下面着重介绍高压汞灯、高压钠灯和金卤灯。

1.2.3.1　高压汞灯

（1）高压汞灯的原理

高压汞灯的启动借助于辅助电极，它通过一个约 25kΩ 的电阻与对面的主电极相连

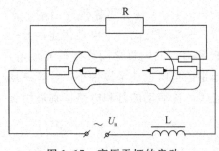

图 1.17 高压汞灯的启动

（图 1.17）。电源接通之后，电源电压加在两个主电极之间，但由于主电极之间的距离太大，放电不能发生。然而，同样的电压也加在辅助电极和相邻主电极之间，由于它们之间的距离很近，所以有很强的电场，足以使气体击穿，产生辉光放电。辉光放电使管内温度上升，管内汞蒸气压也升高，电弧开始收缩并产生电离激发，形成放电管内电子、原子和离子间的碰撞而在两个主电极之间产生弧光（击穿）放电。随着主电极间的弧光放电，放电管内的汞逐渐汽化，放电时波长为 253.7nm 的汞谱线被吸收。随着管内汞蒸气的压力进一步提高，可见光谱辐射逐步加强，这时主要辐射为 404.7nm、435.8nm、546.1nm 和 577.0~579.0nm 的可见光谱线，并有一定的 365.0nm 的紫外线，灯管就稳定工作了。紫外线激发玻璃外壳内壁的荧光粉，发出了近似日光的可见光。灯工作时，石英放电管内汞蒸气的压力很高，故称这种灯为高压汞灯。

(2) 高压汞灯的结构

图 1.18 所示是照明用高压汞灯的典型结构。电弧管由石英玻璃制成，常用钨作主电极并填充碱土金属氧化物（电子发射物质），电弧管内充一定量汞和少量稀有气体（通常为氩气）以帮助启动。外泡壳除保温之外，还可防止环境对灯的影响。可在外泡壳表面涂荧光粉使光色更柔和。

(3) 高压汞灯的特性

① 光输出特性 由于灯的辐射集中在蓝绿区域，完全缺少红色，因而色温高，显色性很差，采用涂荧光粉的外泡壳后，普通型高压汞灯的相关色温为 3700~4300K、Ra 为 30~50，高级光色型的高压汞灯的相关色温为 3300~3500K、Ra 为 50~58，自镇流高压汞灯的

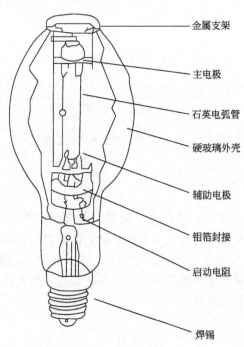

金属支架

主电极

石英电弧管

硬玻璃外壳

辅助电极

钼箔封接

启动电阻

焊锡

图 1.18 高压汞灯的典型结构

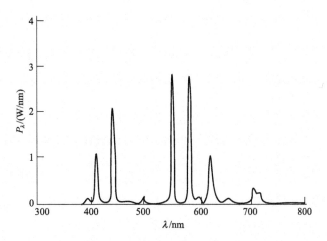

图 1.19 高压汞灯的典型光谱图

显色指数 Ra 为 50～62，100～500W 自镇流高压汞灯的光通量为 1000～14000lm。图 1.19 是高压汞灯的典型光谱图。

② 启动特性与再启动 高压汞灯从启动到稳定工作，需要 4～5min，如图 1.20 所示。灯一旦熄灭后，要等它充分冷却，当灯内汞蒸气压降低到一定程度时，才能再次点燃。这段时间称为再启动时间，一般约为 5min。

在启动过程中，自镇流高压汞灯光通量 Φ_t 的变化规律有些特殊，如图 1.20 所示。图中 Φ_d 和 Φ_f 分别表示由汞放电和主电极钨发出的光通量。

③ 外部环境的影响 环境温度对高压汞灯的光输出、灯电压和灯寿命的影响很小，但温度太低时会使灯启动困难。对高压汞灯，其工作方位没有什么限制。此外，很重要的一点是相对于其他放电灯，高压汞灯的特性受电源电压变化的影响较小，因而在质量比较差的电网

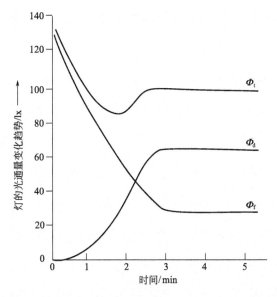

图 1.20 启动期内自镇流高压汞灯光输出的变化情况

Φ_t—高压汞灯的总光通量；Φ_d—电弧管内汞放电发出的光通量；Φ_f—主电极钨发出的光通量

中还能工作。

1.2.3.2　高压钠灯

与高压钠灯相对应，还有低压钠灯。低压钠灯效率很高，是目前所有光源中最高的，但是其显色性很差，故应用受限，因而本节只介绍高压钠灯。

（1）高压钠灯工作原理

当灯泡两端施加电压后，首先在灯内电弧管两端电极之间产生电弧，由于电弧的高温作用使管内的钠和汞齐受热蒸发成为汞蒸气和钠蒸气，阴极发射的电子在向阳极运动过程中，撞击放电物质，使其获得能量产生电离激发，然后由激发态回复到稳定态，多余的能量以光辐射的形式释放，便产生了光。高压钠灯中放电物质蒸气压很高，在放电管内钠蒸气压升高到约7kPa时，共振D线大大地放宽，基本上覆盖了可见光谱的主要区域。D线的中心部位由于自吸收受到了很强的抑制，出现了由原来D线位置处的暗区隔开的两个峰，这称为自反现象，从而使辐射效率第二次上升到极大值，光谱的放宽使放电的颜色变白，灯的显色性相较于低压钠灯得到了明显的改善。

几乎所有的高压钠灯都含有汞和氙气。氙气在室温下气压约3kPa，主要起启动气体的作用。高压钠灯电弧中约20kPa的汞蒸气起缓冲气体的作用，汞蒸气的这个作用较氙气影响为大。缓冲气体能提高灯的光效。

（2）高压钠灯的结构

高压钠灯的结构示意如图1.21所示。高压钠灯的电弧管采用半透明的多晶氧化铝（PCA）陶瓷管，跟高压汞灯的石英电弧管不同。该陶瓷管的积分透过率很高，达97％以上。之所以采用陶瓷作为电弧管材料，主要是因为它不仅能承受更高的工作温度，而且能抵抗高温钠腐蚀。与高压汞灯电弧管明显不同的另一点是高压钠灯的电弧管呈细长形，这主要是为了减少光辐射的自吸收损失。

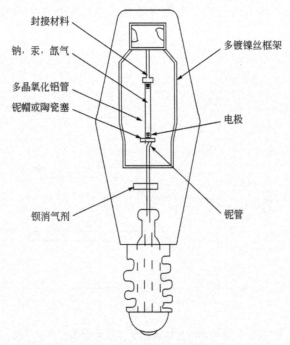

图1.21　典型高压钠灯的结构

(3) 高压钠灯的特性

① 光输出特性　高压钠灯的发光特性与灯内钠蒸气压有关。光效最高时，灯内钠蒸气压约为 10kPa，标准型高压钠灯就是工作于这一气压下。这时，灯发出的光呈现金黄色，相关色温为 1950K，显色指数 $Ra=23$。通过增加灯内的钠蒸气压，可以提高高压钠灯的色温，改善灯的显色性。高压钠灯的典型光谱图见图 1.22。

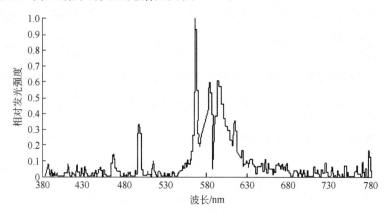

图 1.22　高压钠灯的典型光谱图

　　光效随着灯泡功率的减小而降低，这是由电弧功率负载降低和电极损耗比例增加引起的。在高压钠灯的使用寿命期间，会产生汞齐（汞合金）温度和比例的变化，这会造成电弧中钠蒸气压和汞蒸气压逐渐变化。这个作用会使高压钠灯的颜色产生偏移，它可能是由于汞齐温度的增加，使光变得更白；也可能由于钠的损失而使光变成粉红色。这两种变化都会导致灯的光效降低。

② 寿命　高压钠灯的寿命很长，普通高压钠灯的寿命达到 24000h，由于电网等原因实际工作寿命要短许多。灯管最终损坏的主要原因是由于灯管电压升高到电源无法维持放电，随即熄弧。但在适当冷却后，触发脉冲使其能再点燃时，灯又点燃，使灯进入连续的开关状态，每次间隔时间为几分钟。

1.2.3.3　金属卤化物灯

　　金属卤化物灯（金卤灯）在结构上与高压汞灯十分相似，两种灯最主要的区别在于前者的电弧管中除充入定量的汞外，还充入了一些金属卤化物，这些金属卤化物在灯达到正常工作温度时会部分汽化，参与放电、辐射。

(1) 金属卤化物灯的分类

　　金属卤化物灯的光谱主要是由添加的金属的辐射光谱所决定，汞的辐射光谱贡献很小。根据辐射光谱的特性，金属卤化物可以分成以下四大类。

① 选择几种发出强线光谱的金属的卤化物，将它们加在一起得到白色的光源，如钠铊铟灯。

② 利用在可见光区能发射大量密集线光谱的稀土金属得到类似日光的白光，镝灯就是典型的例子。

③ 利用超高气压的金属蒸气放电或分子发光产生连续辐射获得白色的光，超高压铟灯和锡灯属于这一类。

④ 利用具有很强的、近乎单色辐射的金属产生色纯度很高的光，如铊灯产生绿光，铟

灯产生蓝光。

(2) 金属卤化物灯的结构

金属卤化物灯的结构与高压汞灯相似，但其电弧管比同功率的高压汞灯小。金属卤化物的电弧管目前大部分采用石英玻璃制成，最近有些金属卤化物灯的电弧管已采用更耐高温、高温下化学稳定性更好的半透明氧化铝陶瓷管。其电极形状与高压汞灯类似，但电子发射材料有些特殊。当采用石英玻璃制成电弧管时，为了提高电弧管的冷端温度，在电极周围的泡壳区域涂以白色的氧化锆红外反射层。

金属卤化物灯的光效和寿命与其工作位置有关。绝大多数的金属卤化物灯被设计成工作于垂直位置。这样的灯在水平位置工作时，由于对流使电弧向上弯曲，一方面使金属卤化物的蒸气压降低，从而使灯光效下降；另一方面又使电弧管上部过热，造成灯寿命缩短。

(3) 金属卤化物灯的特性

① 金属卤化物灯的光度和色度特性　作为一个例子，表1.2给出了500W钠铊铟灯的能量平衡情况。

表1.2　钠铊铟灯的能量平衡

灯种类	放电辐射部分/W				非辐射部分/W（括号内为估计的电极损耗）
	紫外	可见	红外	吸收	
钠铊铟灯（500W）	44	120	151	—	185(45)
高压钠灯（500W）	112	73	75	110	110(40)

几种主要的金属卤化物灯的光度和色度特性由表1.3给出。

表1.3　典型的金属卤化物灯的特性

灯类型	功率/W	光通量/lm	光效/(lm·W⁻¹)	色温/K	显色指数 Ra
钠铊铟灯椭球形涂荧光粉外泡	250	17500	70	4300	68
	400	30600	77	4300	68
直管状透明外泡壳	250	17000	68	4500	65
	400	31500	79	4500	65
	1000	81000	81	4500	65
	2000	189000	95	4500	65
钪钠灯椭球形透明外泡壳双泡壳单端型	175	14000	80	4000	65
	250	20500	82	4000	65
	400	36000	90	4000	65
	1000	110000	110	4000	65
稀土金属卤化物灯双泡壳单端型	70	5100	68	4000	80
	150	11000	73	4000	85
稀土金属卤化物灯双泡壳双端型	70	5500	73	4200	80
	150	11250	75	4200	85
	250	20000	80	4200	85
	70	6000	80	3000	75
	150	13000	86	3000	75
陶瓷金属卤化物灯	35	3300	94	3000	81
	70	6600	94	3000	81
	150	14000	93	3000	85

② 外界条件对灯的影响　与高压汞灯相比，金属卤化物灯对电源电压的波动更为敏感。电源电压在额定值附近变化大于 10％时，就会造成灯颜色变化，尤其是对钠铊铟灯和钪钠灯。电源电压太高还会缩短灯的寿命。

金属卤化物灯的颜色特性在很大程度上取决于电弧管的冷端温度，而冷端温度又与灯的工作位置有关，不同的工作位置不仅会造成灯的颜色有差异，还会对灯的寿命产生影响。金属卤化物灯的允许工作位置在灯的相关文件中应有说明。

金属卤化物灯由于内部填充物的不同或激发方式的差异而有很多变种，如微波硫灯、Cosmopolis 光源等。

>>>>>>>>

1.3　LED 的优势——与传统光源比较

前面介绍的几种电光源，包括白炽灯、荧光灯及 HID 等，都经历了几十年甚至上百年的发展历史，技术相对成熟。但它们的发光原理也限制了这些光源的进一步发展。半导体发光二极管是近年来快速发展的光源，本节对它进行介绍。

1.3.1　LED 光源的主要特点

在各种新光源中，最受关注的就是半导体发光二极管，简称 LED (Light Emitting Diode)。目前，LED 在指示灯、信号灯、显示器、装饰性照明等领域得到了广泛应用。其中，最具潜力的应用当属大规模的通用照明应用。

LED 较之传统光源有很多优点，下面介绍其几个主要的特点。

(1) 潜在高光效

随着全球经济的发展，世界能源短缺日益加剧。在人类消耗的能源总量中，照明用电占据了 20％的比例，而且还在持续增长。为了实现可持续发展，人们提出了以节约能源、保护环境为宗旨的绿色照明工程，高效节能光源的开发得到明显进步。而衡量一个照明光源节能性能的关键参数就是该光源的发光效率（简称光效）。

光源的光效是指一个给定光源的总光通量与该光源的总输入功率之比，它的单位是流明每瓦（lm/W）。当计算荧光灯和高强度气体放电灯的光效时，相配套的镇流器的功率也必须算入总输入功率之中。分析 LED 光效的优势，势必将它与目前的传统光源进行比较。

① 传统光源的光效　传统光源的光效的数学表达式如下。

$$\eta_l = \frac{\Phi_l}{P_l} = \frac{K_m \int_{380}^{780} P_{rad}(\lambda) V(\lambda) d\lambda}{P_l} = \frac{\int_0^\infty P_\lambda d\lambda}{P_l} \times \frac{\int_{380}^{780} P_\lambda d\lambda}{\int_0^\infty P_\lambda d\lambda} \times \frac{K_m \int_{380}^{780} P_\lambda V(\lambda) d\lambda}{\int_{380}^{780} P_\lambda d\lambda}$$

$$= \eta_r \eta_v K \tag{1-2}$$

$$\eta_r = \frac{\int_0^\infty P_\lambda d\lambda}{P_l} \tag{1-3}$$

$$\eta_v = \frac{\int_{380}^{780} P_\lambda d\lambda}{\int_0^\infty P_\lambda d\lambda} \tag{1-4}$$

$$K = \frac{K_{\mathrm{m}} \int_{380}^{780} P_\lambda V(\lambda) \, \mathrm{d}\lambda}{\int_{380}^{780} P_\lambda \, \mathrm{d}\lambda} \tag{1-5}$$

式中，Φ_l 是总光通量；P_l 是光源消耗的电功率；P_λ 是光谱辐射通量；$V(\lambda)$ 是明视觉的光谱发光效率；K_{m} 是辐射量与光度量之间的比例系数；η_r 是辐射通量和灯的功率的比值；η_v 是可见光部分的辐射和全光谱辐射之间的比值；K 是辐射发光效率。当满足 $\eta_r \eta_v = 1$ 时，光效达到理论最大值 K，这意味着输入功率全部转化为可见光。

基于以上公式，可以分析目前几种主要传统光源的光效。目前用于普通照明领域的光源主要是白炽灯、荧光灯、高压钠灯和金卤灯。图 1.23 显示的是每一种光源的典型光谱能量分布曲线，其中节能灯是一种荧光灯。根据定义，可计算 K、η_v、η_l 及预估 η_r 的值。表 1.4 列出了数据，其中 Ra 是显色指数。

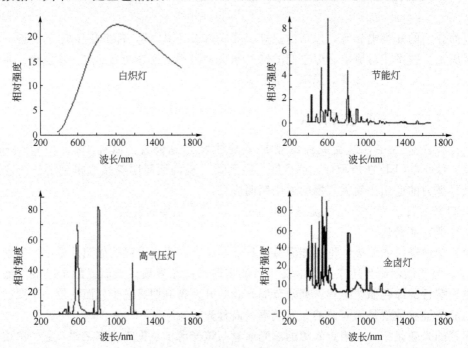

图 1.23　传统光源的典型光谱能量分布

表 1.4　传统光源的典型光效分析

光源	功率/W	光通量/lm	η/(lm/W)	K/(lm/W)	η_v	η_r	Ra	T_c/K
白炽灯	99.5	1532	15.4	156	20.8%	47.5%	100	2805
节能灯	22.5	1305	58	289	82.7%	24.3%	80.3	2418
高压钠灯	101.5	12383	122	338	76.3%	47.3%	20.2	1482
金卤灯	103.5	9915.3	95.8	288	69.8%	47.7%	72.8	3766

白炽灯的发光原理是热辐射，灯丝的工作温度超过 2600K，这导致了较高的热损失（$\eta_r = 47.5\%$）以及大约 80% 的红外辐射（$\eta_v = 20.8\%$），因而可见辐射的所占的比例较小，所以白炽灯的光效较低。通过泡壁反射红外辐射回到灯丝可以一定程度上提高光效（η_v），然而这种方法不能大幅度提高光效。对于荧光灯来说，82.7% 的辐射是在可见光范围内，

较高的工作温度不是发出可见光的必要条件。但是，提高荧光灯光效的限制在于它的荧光粉转换效率，即一个 253.7nm 的紫外线光子激发一个可见光光子（平均波长约 560nm），其能量损失约 55%。对于高压钠灯和金卤灯而言，大约 70% 的辐射是可见光，而它的光效的提高受限于热损失（η_r），因为它需要在高温下才能正常工作，而温度越高意味着热损失越大。

总而言之，如果没有重大的技术突破，这四种传统光源的光效都难以再显著提高。

② LED 的光效　LED 本质上是单色光源，但对于普通照明，必须采用白光 LED。本书第 7 章将详细分析白光 LED 光源的情况。理论上，白光 LED 的光效可以达到 350lm/W 以上。尽管目前商业 LED 的光效还仅为 100~130lm/W，但近年来一直处于快速上升的阶段，而且目前在实验室中的 LED 光效已经超过 200lm/W，这已经高出目前所有有实用意义的光源了（低压钠灯除外，其显色指数太差，实用有限）。LED 发光效率提高的速度大约是每 10 年提高 10 倍，过去 30 年间，LED 光效更是提高了 1000 多倍。LED 光效进展如图 1.24 所示。

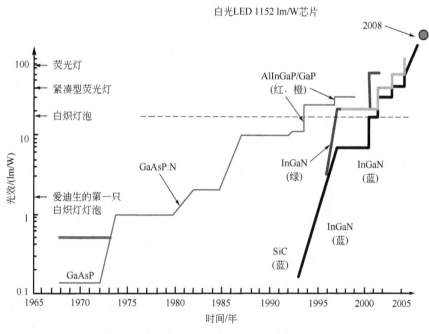

图 1.24　可见光 LED 的发光效率随时间的进展（SSLEC）

(2) 体积小

LED 发光原理决定了 LED 可以做得很小，目前 0.5mm×0.5mm 是很容易做到的。由于体积小，因此，在立体空间这个概念中，LED 有望满足任何要求。几乎可以这样说，在立体空间里，LED 是一个基本的元素，用这个元素可以拼凑出任何形状的发光体。也就是说，LED 在立体形状上几乎是无限可能的。如胃镜，就是因为 LED 体积小，因而可以放在胃镜前端。而如果需要用多个 LED 拼凑出一个完整的发光体的话，例如 6 个，那么可以实现如图 1.25 所示的多种形状（还有更多未列举的可能），这仅是平面的设计，立体三维的设计将更为丰富。

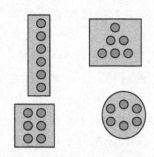

图 1.25　用 6 个 LED 设计平面
光源的几种可能

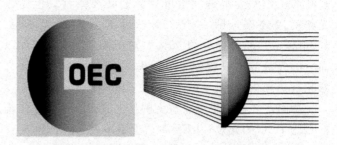

图 1.26　LED 加自由曲面光学透镜实现特使图案光斑

　　LED 体积小的一个优势是：由于 LED 体积小，发光点更小，这在光学设计上几乎可以理解为点光源，而点光源的二次光学设计是很方便的。因此，这也就决定了 LED 几乎可以满足任何的配光要求。图 1.26 所示是 LED 加自由曲面光学透镜实现特殊图案光斑。

　　(3) 光谱窄

　　从 LED 发光原理上说，LED 本质上是发射单色光谱的，但由于光谱展宽而有一定的宽度，一般为 20~30nm。目前已经制备出各种波段的单色 LED，如图 1.27 所示（参见彩图 1.27）。

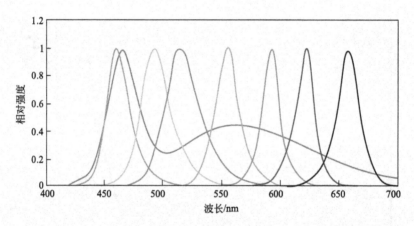

图 1.27　LED 的光谱

　　由于 LED 的单色性，因此，在光谱这个空间，采用多个 LED 几乎可以组成任何需要的光谱形状，且这种组合是没有效率损失的。也就是说，在光谱这个一维空间，LED 具备了作为一个基本元素的概念，以无限的可能满足各种需求。交通信号灯、RGB 方式的背光源是其典型的应用。

　　(4) 开关时间短

　　LED 的开关时间可以做到几十纳秒的数量级，几乎可以认为是 0，这相当于在时间方面，LED 具备了作为照明的基本元素的功能。如图 1.28 所示，可以通过开关控制实现输出任意时序的光信号，也就是说在时间刻度上，LED 是任意的，这在动物包括人类、植物的光介入中，会有很多应用，特别是白光 LED 通信，目前已成为 LED 应用研究的热点之一。该技术主要利用 LED 作为通信的载体，并利用控制信号容易加载到 LED 的特点，实现通信信号的传输。

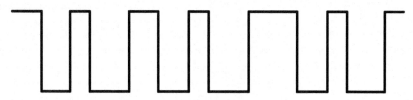

图 1.28　LED 的输出光信号时序的任意性

(5) 寿命长

LED 具有长寿命和高可靠性的特点。不同的应用领域对寿命的要求是不一样的，长的寿命实际上是降低使用成本。当然，在讲究照明节能与环保的今天，长寿命可以节约资源，即间接的节能与环保。LED 的理论寿命长达 10 万小时，即使受内部缺陷、使用环境等影响，良好的系统设计使 LED 仍然可以达到 5 万小时以上的寿命。

在 LED 的优点中，体积小、光谱纯、时间可控是 LED 与生俱来的，这些是区别于传统光源的特点，它们造就了 LED 无限的应用潜力，使得 LED 成为人类照明史上继白炽灯、荧光灯、高压气体放电灯之后的又一次飞跃。

1.3.2　LED 光源推进的关键因素

用于照明的光源主要有荧光灯、白炽灯、金卤灯、高压钠灯、卤钨灯及 LED 等。LED 之外的其他光源均已有数十年甚至上百年的发展历史，技术相对成熟，因而目前还是市场的主流。但是 LED 以其节能等优点受到全世界的关注。美国、日本、韩国、欧盟等相继推出国家计划，并投入大量的人力物力。在这种形势下，LED 技术持续快速进步，包括光效每年的快速提高与价格的快速下降，这同时快速推进了 LED 在多种领域的应用，包括指示灯、显示、背光源、普通照明及农业补光、医疗、通信等应用。关键推进因素包括如下几个方面。

(1) LED 的光效

前面分析了 LED 的光效，目前市场上主流的 LED 的光效仅 100～130lm/W，离理论值还有很大的距离，也就是说 LED 还有很大的发展潜力。实际上，在 LED 光效不同的发展阶段，LED 会在不同的应用领域进行渗透。1962 年 LED 发明后，很长一段时间光效很低，在 1lm/W 以下，由于效率太低，在这个阶段 LED 仅作为指示灯泡使用，之后逐渐被用于显示、景观、交通信号灯、背光源等。随着其光效的提高，LED 逐步进入普通照明市场、非视觉应用领域等。

(2) 价格

"光的价格"可以由灯的价格和消耗的电能的成本除以在灯的整个寿命中产生的流明数来粗略估算。在将 LED 与荧光灯、HID 比较时，还要考虑后两者在实际生产中的环境维护费用。尽管如此，目前 LED 的价格还很高，比传统光源高得多。

(3) 寿命

不同的应用领域对寿命的要求是不一样的，LED 的各种应用都是对寿命有要求的。长寿命实际上是降低使用成本。当然，在讲究照明节能与环保的今天，长寿命便是节约资源，即间接的节能与环保。由于目前 LED 系统的寿命可以达到 3 万小时以上，这已经可以满足大部分应用的要求，因此可以说，LED 的寿命已经不是技术瓶颈了。

综合以上三个方面，笔者认为，实现 LED 的进一步推广，光效的提升是主要方面。而对于高成本这一问题，也将由光效的提升来解决，因为能够使价格下降的主要原因便是光效的提高。原因有二：光效的提高，使性价比提高；光效的提高，会扩大 LED 的市场应用，包括一些新兴照明市场的应用，这将使得制造成本下降。

参考文献

[1] 江源．光源发展史（一）[J]．灯与照明，2010.34（1）：54-62.

[2] 戴念祖．中国科学技术史——物理卷 [M]．北京：科学出版社，2001.

[3] 波冠维兹．光的故事 [M]．台北：猫头鹰出版社，2002.

[4] J R 柯顿，A M 马斯登．光源与照明 [M]．陈大华等译．上海：复旦大学出版社，2000.

[5] 周太明．光源原理与设计 [M]．上海：复旦大学出版社，2006.

[6] 戴吾三．光源与艺术：从历史向未来 [J]．自然杂志，2005，27（4）：238-242.

[7] 刘木清，陈燕生．第十二届国际电光源科技研讨会及第三届国际白光 LED 研讨会介绍 [J]．照明工程学报，2011，22（3）：104-107.

[8] 裴小明，麦镇强．半导体照明的 LED 光源：2008 中国半导体照明应用技术研讨会 [C]．广州：2008.

[9] 唐国庆，俞振中．照明光源的发展历史、现状及对固态照明的期待和要求：海峡两岸第十届照明科技与营销研讨会 [C]．珠海：2003.

[10] 魏戈兵．现代照明光源的发展趋势 [J]．灯与照明，2003，27（3）：26-29.

[11] 徐时清，金尚忠，王宝玲等．固体照明光源——白光 LED 的研究进展 [J]．中国计量学院学报，2006，17（3）：188-191.

[12] 叶钟灵．第四代光源——白色 LED [J]．电子产品世界，2007（1）：28-30.

[13] 蔡祖泉．电光源原理引论 [M]．上海：复旦大学出版社，1988.

[14] 刘木清，周德成，梅毅．LED 与传统光源光效比较分析 [J]．照明工程学报，2006，17（4）.

[15] 陈郁阳，刘木清．LED 普通照明系统的思考 [J]．中国照明电器，2009，7.

[16] 刘木清．照明用 LED 光效的热特性及其测试与评价方法的研究 [D]．上海：复旦大学，2009.

[17] A. 茹考斯卡斯．固体照明导论 [M]．黄世华译．北京：化学工业出版社，2006.

[18] Marco Haverlag, Gerrit. Proceedings of the 12th International Symposium on the Science and Technology of Light Sources [C]．Eindhoven：2010.

[19] N. Narendran. Proceedings of the IESNA Annual Conference [C]．Salt Lake City：UT，2002.

[20] Craford M G. LEDs a challenge for lighting [J]．Light Sources，2004：3-13.

[21] Tsao J Y. Solid-state lighting：lamps，chips，and materials for tomorrow [J]．Circuits and Devices Magazine，IEEE，2004，20（3）：28-37.

[22] Muqing Liu, Robin Devonshire. Proceedings of the 11th International Symposium on the Science and Technology of Light Sources [C]．Shanghai：2007.

[23] George Zissis. Proceedings of the 10th International Symposium on the Science and Technology of Light Sources [C]．Toulouse：2004.

第2章

LED的发光原理

LED是英文 Light Emitting Diode 的缩写，中文翻译为发光二极管，是一种能够将电能转化为光能的固态半导体器件，目前主要指可见光 LED，但实际上也有紫外 LED 及近红外 LED。

100 多年前科学家已经发现半导体材料可产生光的基本现象，第一个商用二极管产生于 20世纪 60 年代。LED 的基本结构是一块具有特殊器件结构的电致发光半导体芯片，可以通过电极引线给器件施加电压，注入电流，将电能转化为光能。半导体芯片四周用环氧树脂密封，起到保护作用，所以 LED 的抗振性能好。图 2.1 所示为目前常用的小功率 LED 结构示意图。

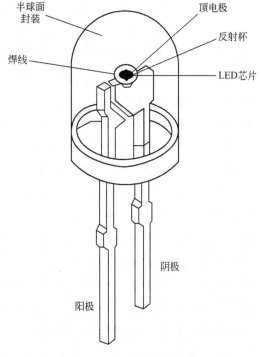

图 2.1 LED 结构示意图

2.1 LED 发光原理简介

2.1.1 p-n 结

LED 的核心部分是一个半导体电致发光结构体,由 p 型半导体与 n 型半导体组成。p 型半导体中空穴为多数载流子,n 型半导体中自由电子为多数载流子。当这两种半导体连接时,p 型半导体中的空穴就会向 n 区扩散,与那里的自由电子结合,使得 p 型半导体中电子数量比空穴多,带负电;同样,n 型半导体里面的电子也就会向 p 区扩散,与那里的空穴结合,使得 n 型半导体中空穴数量比电子多,带正电;在 p 型与 n 型半导体的界面两边产生了非电中性的耗尽区,耗尽区的两边具有空间电荷,进而产生从 n 型到 p 型方向的内建电场使得 p 型层电势提高。内建电场使得电子从 p 型半导体漂移向 n 型半导体,产生电子漂移运动,抵消电子从 n 型半导体向 p 型半导体运动的扩散。当达到平衡时,p 型层比 n 型层电势高出一固定值,即称为势垒。如果这个势垒比带隙能量低,扩散电流被在这个内建电场作用下漂移的少数载流子的反向电流所抵消,从而形成 p-n 结。典型 p-n 结的基本结构如图 2.2 所示。

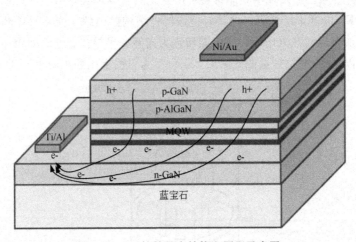

图 2.2　p-n 结的基本结构和原理示意图

2.1.2 零偏置 p-n 结

在 p-n 结处于零偏置即 p-n 结两端不施加电压时,多数载流子的扩散形成的扩散电流和少数载流子在内建电场作用下漂移形成的反向电流达到平衡。零偏置的时候 p-n 同质结 LED 的能带图如图 2.3 所示。

图 2.3 中,黑点表示电子,白点表示空穴。在零偏状态下,其内的扩散电流及漂移电流与材料特性及器件结构有关,且相互抵消,因而 LED 总体表现为没有电流,也不发光。

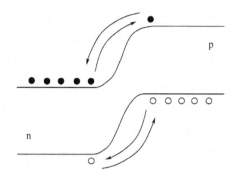

图 2.3 p-n 同质结 LED 的能带图（零偏置 p-n 结）
● 电子；○ 空穴

2.1.3 正向偏置 p-n 结

当在 p-n 结两端施加正向偏置电压，即 p 端电位高，n 端电位低，正向偏置电压产生的电场方向是从 p 端到 n 端，即与从 n 端到 p 端的内建电场方向相反，削弱了内建电场产生的势垒。假设所加正向电压为 U，内建电场产生的势垒就降低 qU，结果多数载流子扩散电流增加了一个因子 $\exp(qU/k_BT)$。式中，q 为电子电荷；U 为施加的正向电压；k_B 是玻尔兹曼常数；T 是绝对温度。内建电场减小，p-n 结两侧的少数载流子的漂移运动减弱，漂移运动引起的电流小于多数载流子扩散引起的扩散电流，表现为净电流产生，引起 n 区电子进入 p 区，p 区空穴进入 n 区，导致结两边少数载流子的浓度增大，这个过程称为注入。注入产生的少数载流子是不稳定的，n 区的电子注入 p 区，成为其中的少数载流子，与其中的多数载流子——空穴复合；而 p 区的空穴注入 n 区，成为其中的少数载流子，与其中的多数载流子——电子复合。注入的少数载流子与多数载流子复合产生的一部分能量以光的形式释放出来，表现为 LED 器件在发光。加正向偏置电压 U 时 p-n 同质结 LED 的能带图如图 2.4 所示。

图 2.4 中右侧虚线表示 p-n 结未加偏置电压时的能带结构图，施加正向偏压 U 后，p-n 结能带结构图如实线所示，即 n 到 p 的势垒高度降低 qU，有电流注入。

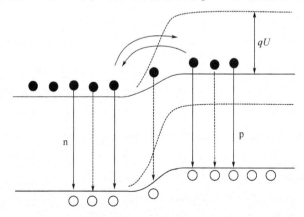

图 2.4 p-n 同质结 LED 的能带图（带箭头的竖直实线为辐射跃迁；带箭头的虚线为无辐射跃迁），具有正向偏置电压 U 的 p-n 结

LED中总的电子和空穴注入电流分别为

$$I_n = I_{n_0} \left[\exp\left(\frac{U}{U_T}\right) - 1 \right] \tag{2-1}$$

$$I_p = I_{p_0} \left[\exp\left(\frac{U}{U_T}\right) - 1 \right] \tag{2-2}$$

式中，$U_T = \frac{k_B T}{q}$；I_{n_0} 与 I_{p_0} 分别是在无偏置电压平衡状态下少数载流子电子与空穴的反向电流。

2.1.4 电子与空穴的复合

过剩载流子发生的复合，按照复合时释放能量的方式不同可分为辐射复合和非辐射复合。辐射复合会产生光子；但有部分过剩载流子的复合是以除光子辐射之外的其他方式释放能量，这种复合称为非辐射复合。

辐射复合的三种本征机制如图 2.5 所示，分别为带间跃迁、自由激子辐射湮灭和局域激子复合。其中局域激子复合的自由激子没有被陷阱捕获，而局域激子被能带势能起伏处低势能陷阱捕获，局域在陷阱附近。

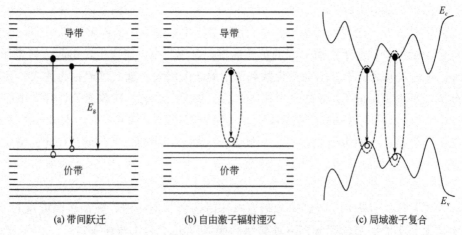

图 2.5 半导体中的本征辐射跃迁

在辐射复合中，能量和动量守恒。能量守恒导致光子能量等于电子和空穴占据的能级间的能量差，这决定了辐射的光子的频率或波长。

非辐射复合的本质就是将电子和空穴复合释放的能量转变为其他形式能量，其过程较为复杂，包括俄歇复合、非辐射复合中心复合、多声子复合等。目前其原理尚未完全清楚，本书也不详细介绍。

过剩载流子的总寿命 τ 由辐射复合和非辐射复合二者决定。

$$\frac{1}{\tau} = \frac{1}{\tau_r} + \frac{1}{\tau_{nr}} \tag{2-3}$$

τ_r、τ_{nr}分别表示辐射复合和非辐射复合的寿命。辐射复合和非辐射复合间的竞争决定了LED的内量子效率。所谓内量子效率，即辐射复合发出的光子数与注入电子空穴的比例。制作高质量发光二极管就要适当掺杂，减少非辐射复合中心，以提高发光二极管的效率。

内量子效率还可以表示为辐射复合速率在总复合速率中所占的比例。

$$\eta_{rad} = \frac{\tau}{\tau_r} = \frac{1}{1 + \dfrac{\tau_r}{\tau_{nr}}} \tag{2-4}$$

通常，非辐射复合寿命随温度升高而减少，而辐射复合寿命随温度升高而增加，内量子效率随温度升高而降低。

总寿命 τ 也决定了 LED 的特征响应时间。LED 的截止频率由下式给出。

$$f_T = \frac{1}{2\pi\tau} \tag{2-5}$$

用于高亮度 LED 的直接带隙材料典型寿命在纳秒数量级，这样的 LED 可在数百兆赫兹频率下工作。本书最后一章的可见光通信将叙述这方面的内容。

2.1.5　能级理论

根据能量量子化原理，光子具有粒子性，单个光子的能量 $E=h\nu$，即
$$E = 2\pi hc/\lambda$$
$$\lambda = 2\pi hc/E = 1239.5/E = 1239.5/h\nu \tag{2-6}$$
式中，h 和 c 分别是普朗克常数和光速；E 为光子能量。

在辐射跃迁中，能量复合遵守能量守恒定律，这就要求半导体禁带宽度与可见光子和紫外光子能量相匹配，只有当带隙能量高于或等于单个光子的能量的时候才能提供足够的能量差，产生具有所期望的波长的光子。一般而言，带间跃迁产生平均能量接近带隙能量 E_g 的光子。第 3 章将会详细介绍适合于 LED 的半导体材料。

2.1.6　异质结和量子阱

异质结（Heterojunction）指不同物质之间的界面连接，而半导体异质结则专指不同单晶半导体之间的晶体连接界面。从能带理论角度来看，异质结是指不同禁带宽度的半导体的界面连接；反之，如果界面两侧由具有相同禁带宽度的半导体组成，即使其导电类型不同，都为同质结。异质结依照两种材料的导电类型分同型异质结（p-p 结或 n-n 结）和异型异质结（p-n）结。多层异质结称为异质结构。

传统的 p-n 结二极管利用掺杂控制载流子注入。n 型和 p 型半导体界面附近的耗尽区内电离化的施主和受主的电荷产生对电子和空穴的势垒。以 p-n 同质结为基础的 LED 存在严重缺陷：首先，激活区产生的光由于能量与半导体禁带宽度相似，很大程度上可被导电区再吸收从而导致光引出效率低；其次，由于只能在一种类型的导电区（通常是 p 区）中实现高内量子效率而要求注入到 n 型区的空穴浓度低，尽管这可以通过 n 型区与 p 型区高度非对称的掺杂浓度来实现，但是高掺杂浓度导致再吸收的增加；由于 p-n 结区材料禁带宽度和结区外禁带宽度相同，注入的电子空穴容易穿越过结区，使得注入效率变低。

采用不同材料组分的变化引起带隙的变化，从而可以修改能带的形状，这是区别于同质结的方法。由化学组分不同而具有不同禁带宽度的半导体组成的结构是一种典型的异质结构。在现代高亮度 LED 中，用异质结构改善注入以提高内量子效率。异质结构包括单异质结与双异质结。异质结的一种特殊情况是量子阱，载流子的量子限制域使量子阱具有更多特点。

单异质结（single heterostructure，SH，也称为 p-n 异质结）LED 记作 SHLED，其典型的能带图如图 2.6 所示。

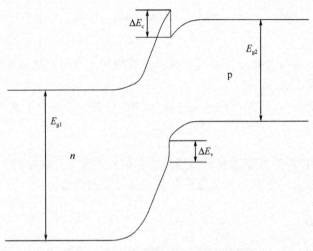

图 2.6　p-n 异质结 LED 的能带图

图中，只有一个异质界面连接，在连接处发生能级错列，n 区的电子容易注入 p 区，在 p 区发光，发出的光子能量大约等于 p 区禁带宽度，不容易被 n 区半导体吸收。

在实际应用中，高亮度 LED 可采用双异质结（double heterostructure，DH），这种结构把能带带来的好处更大程度地发挥。典型的双异质结 LED 的能带图如图 2.7 所示。

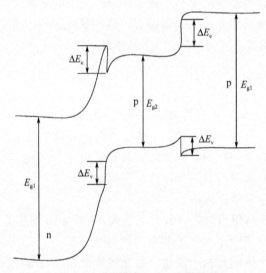

图 2.7　双异质结 LED 的能带图

图中，中间 p 层和左边 n 层及右边 p 层分别形成两个单异质结，形成 np 层和 pp 层双界面突变，通常中间的夹层带隙窄于两边的夹层，并且导带低于两夹层导带，价带高于两夹层价带。双异质结工作时，p-n 结施加偏置电压，n 区的电子和 p 区的空穴分别注入到中间夹层，并在中间层发光。其优点是发出的光子的能量约等于中间层的禁带宽度，小于两夹层禁带宽度，不会被吸收；此外，由于两个能带界面突变使得电子和空穴注入发光层后被限制在发光层，不容易溢出，可以提高发光效率。此结构另外一个优点是发光层的带隙宽度可以自由调节，发光层的厚度也可以调节。

然而，不管是单异质结还是双异质结，都要求材料有良好的晶格匹配和热膨胀系数匹配，否则会在异质界面产生高缺陷浓度，从而引起非辐射复合。

把有源层变薄是继续增加辐射复合速率和减少再吸收的途径。另外，采用非常薄的有源层能够克服某些晶格匹配问题，因为这种薄层能顺应厚的限制层而不产生缺陷，即所谓的共面生长（Coherent）。但是当有源层的厚度与晶体中电子的德布罗意波长（一般为 10nm 左右）相当或者比它小的时候，载流子的能谱会由于量子限制效应产生能量量子化而被改变。这种双异质结构称为量子阱（QW）结构，中间层称为阱层，而夹层称为垒层。只有一个阱的结构称为单量子阱（single quantum well，SQW），而具有多个阱的结构称为多量子阱（Multi-quantum Well MQW），多量子阱往往表现为单量子阱的周期重复结构，阱和阱间的垒层厚度一般超过电子的相关波长。单量子阱和多量子阱是高亮度 LED 最通用的结构。典型单量子阱的能带结构示意图如图 2.8 所示。

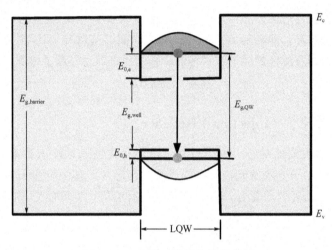

图 2.8　一个量子阱结构的能带图

图 2.8 所示为禁带宽度为 $E_{g,well}$ 的半导体薄层夹在两层禁带宽度 $E_{g,barrier}$ 的半导体覆层之间的 SQW 结构能带图。

量子阱的优势在于：可以根据需要自由设计跃迁能量；载流子浓度高，具有高的辐射效率；量子阱结构的体积很小，自吸收少；电流密度的阈值低等。

以上所述为单量子阱。与单量子阱对应，还有多量子阱，如上所述，往往表现为单量子阱的周期结构，优点是进一步限制载流子在势阱中，以提高发光效率。

2.2　LED 发光效率

2.2.1　内量子效率

内量子效率（internal quantum efficiency）η_{rad} 定义在前文已有提及，此处不再详述。为与后文的外量子效率对应，也称作 η_{int}。影响 LED 内量子效率的因素主要包括材料自身的半导体性质、量子阱中的缺陷和杂质引起的深能级、俄歇复合及非辐射复合中心等。改进 LED 内量子效率的方法主要包括：降低位错、提高材料晶体质量、改善 LED 量子阱结构等。目前，蓝光 GaN 基 LED 的内量子效率已经可以达到 80% 以上；GaAs 基 LED 的内量子效率更高。

2. 2. 2 外量子效率

外量子效率（external quantum efficiency）η_{eqe}常定义为逃逸出芯片的光子数与注入有源区的电子空穴对的个数的比例。半导体有源层材料折射率往往较大，如氮化物半导体材料的折射率大多是 2.4～2.6，而空气的折射率为 1；半导体芯片往往比较平滑，从有源层发出的光子到达与空气的界面，往往发生反射，要求出射光的入射角大于全反射角，即

$$\theta > \arcsin(n_s/n) \tag{2-7}$$

式中，n_s、n 分别为半导体材料和空气的折射率。发生全反射时，光完全不能出射，只有部分有源层发出的光子能逃逸出芯片，即有一个光提取效率 η_{ext}，定义为逃逸出芯片的光子数与芯片产生的光子数之比，即辐射出来的光子有多少能够逃逸到 LED 芯片以外。因而，逃逸出芯片的光子数与注入有源区的电子空穴对的个数的比例即为外量子效率，即

$$\eta_{eqe} = \eta_{int}\eta_{ext} \tag{2-8}$$

2. 2. 3 电子注入效率 (Injection Efficiency)

LED 电子注入到发光通常经历三个过程：电子空穴注入；注入到有源层的电子空穴复合，其中辐射复合的电子空穴发光；发出的光逃逸出芯片。其中，注入芯片的电子空穴对有可能并不能到达芯片的有源层复合，也可能逃逸出有源层，也可能通过其他形式漏掉，因而具有注入效率 η_{inj}，其定义为注入到有源层复合的电子空穴对数与注入的总电子空穴对数之比。LED 的注入效率通过各种改进，可以接近 100%。

2. 2. 4 馈给效率 (Feeding Efficiency)

馈给效率 η_f 定义为发射光子的平均能量 $h\bar{\nu}$ 与电子空穴对通过 LED 时从电源获得的能量的比值。

$$\eta_f = \frac{h\bar{\nu}}{qU} \tag{2-9}$$

式中，U 是 LED 两段的正向偏置电压；q 是基本电荷（1.6022×10^{-19} C）。通常情况下电压施加在 p-n 结，往往具有接触电阻，需要一定压降。此外，芯片材料往往具有一定的厚度，具有一定的电阻，也需要一定的压降。最后，是克服费米能级差异的压降，故 $h\bar{\nu}$ 一般小于 qU，即存在馈给效率。

2. 2. 5 光电效率 (Opto-electric Efficiency)

光电效率在英文中也被称为 Wall Plug-in Efficiency。前面分析了电子从芯片电极注入到最后发光逃逸出芯片的过程，即电子空穴注入、电子空穴复合发光、光子逃逸，每一个过程都有能量损失。LED 芯片往往关注的是损耗在芯片的电能有多少转化为逸出光能，这就是第 1 章中表述传统光源时的 $\eta_r = \dfrac{\int_0^\infty P_\lambda d\lambda}{P_1}$。

对 LED，如果从发光机理角度考察问题，也可表示为

$$\eta_r = \eta_{inj}\ \eta_{int}\ \eta_{ext}\ \eta_f \qquad (2\text{-}10)$$

式中，η_{int}、η_{ext} 二者的乘机为外量子效率，故又可以表示为

$$\eta_r = \eta_{inj}\ \eta_{eqe}\ \eta_f \qquad (2\text{-}11)$$

目前，LED 的内量子效率不同则波长不同，市场上用于产生白光的蓝光 LED，其内量子效率约为 $60\%\sim70\%$，最大可以超过 80%；光的引出效率经过处理可以到达 80%，商用通常为 $50\%\sim60\%$；电子注入效率可以到达 $95\%\sim100\%$。在大电流注入下，施加在 460nm 蓝光芯片的电压为 $3.0\sim3.2$V，馈给效率为 $0.84\sim0.9$，可以计算出 LED 芯片的光电效率最大约为 $51\%\sim57\%$，通常商用的为 $24\%\sim38\%$。

2.2.6　电源效率

目前 LED 的驱动电源一般为直流低压电源，并且大部分是通过控制电流的大小即恒流源来驱动 LED 工作。然而，世界各国的居民用电均为高压交流电，需要将交流高压电转化为低压恒流电源需要驱动模块，驱动模块往往具有一定的能源转化效率，可以记为 η_{ele}。

2.2.7　光源光效

光源光效是指一个给定光源的总光通量与该光源的总输入功率之比，单位是流明每瓦（lm/W），也称为流明效率（Luminous Efficacy），记为 η。计算荧光灯和高强度气体放电灯的光效时，相配套的镇流器或驱动器的功率也必须计入总输入功率中。光源光效表达式如下。

$$\eta = \frac{\Phi_1}{P_1} = \eta_r\,\eta_v K \qquad (2\text{-}12)$$

式中，Φ_1 是总光通量；P_1 是光源消耗的电功率；η_r 是辐射通量和灯的功率的比值；η_v 是可见光部分的辐射和全光谱辐射之间的比值，对 LED 来说，为 1.0；K 是辐射发光效率，当满足 $\eta_r\,\eta_v = 1$ 时，光效达到理论最大值 K，这意味着输入功率全部转化成为可见光。

本书第 7 章会论述，对用 R、G、B 三种颜色混色而成白光的方法得到的 LED，K 值约为 $350\sim370$；对目前普遍采用的蓝光通过荧光粉二次激发产生混合白光的 LED，K 值约为 280。

2.2.8　系统光效

由于照明系统是由光源、镇流器或驱动电路、光学透镜或反光杯等组成，所以照明系统发光效率 η_s 为

$$\eta_s = \eta\,\eta_e\,\eta_o = \eta_r\,\eta_v K\eta_e\,\eta_o = \eta_{inj}\,\eta_{int}\,\eta_{ext}\,\eta_f K\eta_e\,\eta_o \qquad (2\text{-}13)$$

式中，η 为光源光效；η_e 为电学效率（驱动效率），对于白炽灯，由于是 220V 市电直接接电灯，没有镇流器，其电学效率为 1，对于气体放电光源和 LED，由于镇流器和驱动器的存在，其电学效率为直接加在灯上面的功率和灯具总消耗功率的比值；η_o 为灯具的光学效率。

表 2.1 是决定 LED 系统光效的各部分效率的目前发展情况，从中可以看出目前 LED 系统的研究方向。

表 2.1 LED 灯具效率

各部分效率	内量子效率	出光效率	辐射发光效率	光学效率 (光利用率)	LED驱动效率
对应的产业 链环节	材料	芯片＋封装	封装(荧光粉 起微调作用)	应用	应用
目前水平	460nm蓝光内 量子效率达80%	70%,实验室 达到80%	由光谱能量 分布决定	30%～60%	60%～90%
发展方向	绿光特别 需要提高	90%	必须兼顾光效与 显色指数	注重光学设计	95%,提高有限, 注重可靠性

参考文献

[1] 方志烈. 半导体照明技术 [M]. 北京:电子工业出版社,2009.

[2] 方志烈. 半导体发光材料和器件 [M]. 上海:复旦大学出版社,1992.

[3] 陈良惠. 半导体异质结及其在光电子学中的应用 [J]. 物理,2001,30 (4):201.

[4] A. 茹考斯卡斯. 固体照明导论 [M]. 黄世华译. 北京:化学工业出版社,2006.

[5] Round H J. A note on carborundum [J]. Electrical world,1907,49 (6):309.

[6] Liu M,Rong B,Salemink H W M. Evaluation of LED application in general lighting [J]. Optical engineering,2007,46 (7):074002-074002-6.

[7] J. Y. Tsao. Solid-state lighting:lamp targets and implications for the semiconductor chip [J]. IEEE Circuits Devices,2003,8755 (3996):04.

[8] Ohno Y. Spectral design considerations for white LED color rendering [J]. Optical Engineering,2005,44 (11):111302-111302-9.

[9] David A,Fujii T,Sharma R,et al. Photonic-crystal GaN light-emitting diodes with tailored guided modes distribution [J]. Applied physics letters,2006,88 (6):061124-061124-3.

第 **3** 章 ◄◄◄

LED的材料体系

3.1 发光条件

从第 2 章的 LED 发光原理知道，用于制造 LED 的半导体材料需要满足一些条件。

首先，半导体的禁带宽度应该与可见光子和紫外光子能量匹配。光子能量和波长的关系为

$$\lambda(\text{nm}) = \frac{1239.5}{h\nu(\text{eV})} \propto \frac{1239.5}{E_g} \tag{3-1}$$

式中，E_g 为半导体带隙，其他参数如第 2 章所述，即要求光子的能量和半导体的带隙相配，大约相等。

其次，只有直接带隙半导体才有高的辐射复合速率。半导体材料一般为单晶材料，电子由于收到晶格的散射能量，重新排列形成能带。在半导体材料中研究得最多的通常是导带和价带，示意图如图 3.1 所示，上半部为导带，下半部为价带，导带底和价带顶之间能量差即为半导体禁带宽度 E_g。如果导带底和价带顶所处的波矢空间中具有同一波矢 K 值，如图 3.1（a）所示，则为直接带隙半导体；如果不具有同一波矢 K 值，则为间接带隙半导体，如图 3.1（b）所示。半导体发光往往涉及到带间电子发射，如图 3.1 中箭头所示过程，即表现为导带电子跃迁到价带，这一过程遵守能量守恒和动量守恒，伴随能量和动量发生变化。对于直接带隙半导体，电子发射放出能量 E_g，如图 3.1（a）所示，动量在同一波矢 K 位置，因而不变，复合速率快，效率高；但对于如图 3.1（b）所示间接带隙半导体材料，电子发射除了放出能量，电子在波矢 K 空间的位置相差 ΔK，电子的动量也发生变化，因而具有较长的弛豫时间，并且电子动量发生变化时，根据动量守恒定律，晶体中晶格动量也会发生变化，表现为晶格振动，发射声子，放出热量，因此间接带隙半导体材料辐射复合速度慢，效率不高。

最常见的半导体材料 Si 是间歇带隙半导体材料，通常不用来作为发光材料。GaAs 材料

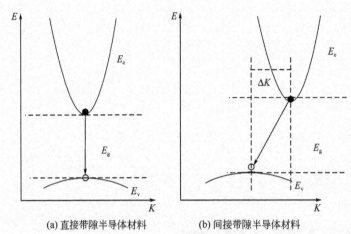

(a) 直接带隙半导体材料   (b) 间接带隙半导体材料

图 3.1　直接带隙半导体材料和间接带隙半导体材料示意图

（虚线表示适合衬底的晶格常数）

是直接带隙半导体材料，发光效率高。但纯 GaAs 的带隙为 1.424 eV，发光波长对应红外波段，所以纯 GaAs 材料不能用来作为可见光发光材料。其他的如 SiC 型材料（Ⅳ-Ⅳ族）和某些Ⅲ-Ⅴ族材料（AlSb、AlAs 和 AlP）能够发射可见光，但也是间接带隙，不能形成有实用意义的 LED 光源。因而，选择高效可见光发光材料，需要满足直接带隙和带隙对应波长在可见光波段。图 3.2 显示了一些常见半导体材料的带隙宽度、带隙结构及带隙宽度对应的波长和人眼的视觉相对灵敏度的关系。图中，黑框表示间接带隙半导体结构，白框表示直接带隙半导体结构。但从发光波段和带隙看，ZnS、GaN 和 ZnO 均是直接带隙半导体材料，带隙对应波长范围在蓝光附近，较适合制备蓝光发光器件。

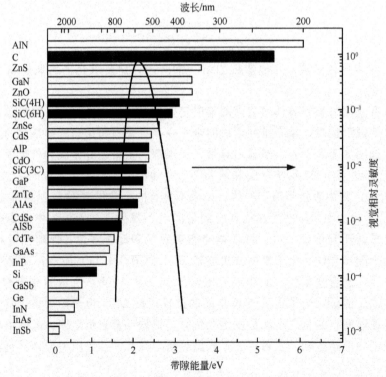

图 3.2　各种半导体材料能带结构、带隙宽度、对应发光波段及视觉函数曲线

此外，半导体发光另一个要求是晶格的稳定性以及高的抗非辐射复合中心形成的能力。这个要求使得整个系列的Ⅱ-Ⅵ族二元化合物半导体在固态照明中的应用值得怀疑，目前仅有的一些进展是有关ZnSe基材料的，容易形成缺陷是Ⅱ-Ⅵ族化合物固有的性质。尽管如此，目前探索该问题解决方法的研究仍在继续。

其他要求还包括：可以利用合金调解带隙，如InGaN材料，调节In与Ga的比例以调节带隙；有可用的p型和n型材料，ZnO只有n型，所以不适合；可以制备能带形状预先设定的异质结构等。目前常用于LED的光电半导体材料的元素见表3.1所示，部分为Ⅱ-Ⅵ族化合物和部分为Ⅲ-Ⅴ族化合物。

表 3.1 适合制备光电半导体材料的元素

Ⅰ	Ⅱ	ⅡB	Ⅲ	Ⅳ	Ⅴ	Ⅵ
^{3}Li	^{4}Be		^{5}B	^{6}C	^{7}N	^{8}O
^{11}Na	^{12}Mg		^{13}Al	^{14}Si	^{15}P	^{16}S
^{19}K	^{20}Ca	^{30}Zn	^{31}Ga	^{32}Ge	^{33}As	^{34}Se
^{37}Rb	^{38}Sr	^{48}Cd	^{49}In	^{50}Sn	^{51}Sb	^{52}Te
^{55}Cs	^{56}Ba	^{80}Hg	^{81}Tl	^{82}Pb	^{83}Bi	^{84}Po

在适合制备半导体光电材料元素的化合物合金材料中，合金的能带E_g和合金组分比之间满足一定关系，如A、B两种化合物按一定比例形成合金，合金成分为A_xB_{1-x}，则A和B两种二元化合物组成的三元合金的带隙为

$$E_g^{(AB)} = xE_g^{(A)} + (1-x)E_g^{(B)} - x(1-x)b_{AB} \tag{3-2}$$

式中，$E_g^{(A)}$为A化合物带隙；$E_g^{(B)}$为B化合物带隙；b_{AB}为能带弯曲常数。可以看出，带隙并不是随组分x线性变化。

A和B两种二元化合物组成的三元合金的晶格常数由Vegard定律给出。

$$l_{AB} = xl_A + (1-x)l_B \tag{3-3}$$

式中，l_A和l_B分别是A和B化合物的晶格常数。各种材料的能量带隙和晶格常数关系如图3.3所示（参见彩图3.3）。

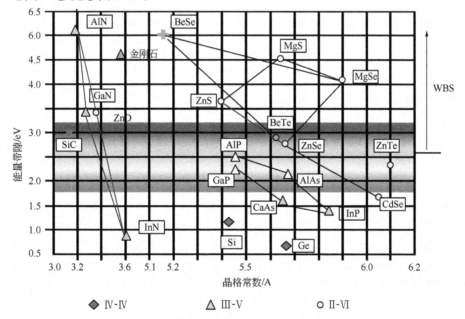

图 3.3 各种材料的能量带隙和晶格常数关系

从图3.3中可以看出，AlN、GaN和InN三种氮化物半导体材料的带隙跨度大，从0.64～6.2eV，对应的波长从红外到紫外，跨越整个可见光段，具有重要应用价值。

3.2 材料体系

目前常见的LED材料体系有4种：用于小功率黄、黄绿、橙、琥珀色LED的GaP/GaAsP材料体系；用于红光高亮度LED的AlGaAs/GaAs材料体系；用于高亮度红、橙、黄、黄绿LED的AlGaInP/GaAs、AlGaInP/GaP材料体系；用于高亮度蓝、绿LED的GaInN/GaN材料体系。

各种材料体系对应的发光波段如图3.4所示（参见彩图3.4）。

由于LED在普通照明领域的广泛应用，将各个LED材料体系对应的发光波段和人眼的光谱灵敏度曲线进行比较如图3.5所示。

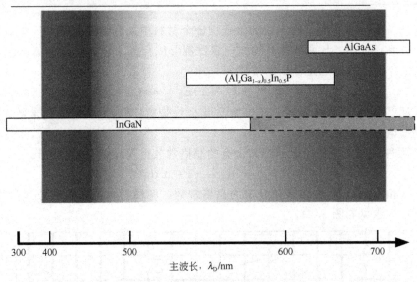

图3.4　可见光区光电半导体材料

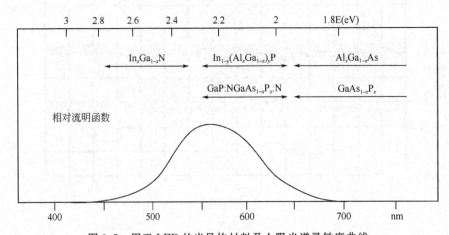

图3.5　用于LED的半导体材料及人眼光谱灵敏度曲线

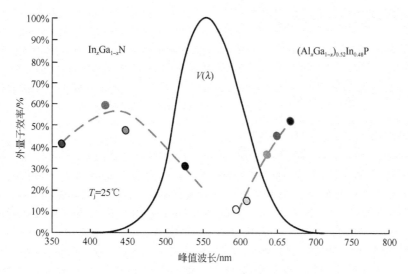

图 3.6 各材料体系 LED 的外量子效率

各种材料体系在各个波段的发光效率也不相同。衡量单色 LED 的效率用外量子效率更合适。如 InGaN 材料体系，在 460nm 波段材料制备比较容易，发光特性最强，制备成 LED 外量子效率可以超过 50%，如图 3.6 所示。

从图中可以看出，InGaN 材料体系在蓝光段发光效率最高，材料较容易制备，位错和缺陷密度较小。然而，如果换算成光效，趋势并不相同。不同材料体系的光效如图 3.7 所示。

图 3.7 中不同材料体系的发光效率变化趋势与图 3.6 差别较大。如 InGaN 材料体系，在 460nm 段外量子效率最高，可超过 50%，但人眼在 460nm 的相对视觉函数仅为 0.06，故光效很低，仅为约 12lm/W；而在 530nm 段外量子效率急剧降低，不超过 20%，但人眼在 530nm 绿光相对视觉函数可达 0.862，故光效较高，可到达约 80lm/W。AlGaInP 体系材料同样如此。故单色发光材料一般利用外量子效率衡量。光效更适合衡量白光光谱。

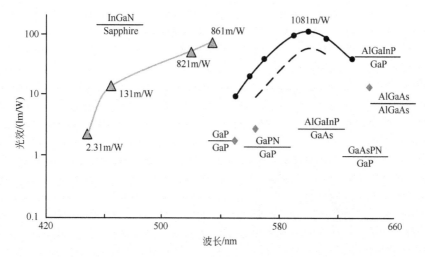

图 3.7 磷化物、砷化物、氮化物半导体可见光 LED 的光效比较

3.2.1 GaP/GaAsP 材料体系

磷化镓和磷砷化镓在早期发光二极管中有重要的应用。世界上第一支 LED 就是 GaAsP 红光发光二极管，1962 年由通用电气公司研制成功，20 世纪 60 年代后期由 Mousauto 公司和 HP 公司进行规模生产。LED 研究与开发受到世界各国的高度重视。我国在 20 世纪 60 年代末的研究水平与国外相当。随着 GaAsP 材料的气相外延技术（Vapor Phase Epitaxy，VPE）的不断改进，材料性能有所提高。

GaAsP 为闪锌矿结构，由直接带隙的 GaAs 与间接带隙的 GaP 组成固溶体。假设 GaAsP 材料体系的化学式为 $GaAs_{1-x}P_x$，其中 x 为比例常数，当 $x<0.45$ 时，为直接带隙半导体，并且在 $x=0.4$ 时，材料发光的外量子效率最高，发光波长为 650nm，这是红光发光二极管的材料；但是当 $x \geqslant 0.45$ 时，为间接带隙半导体，发光波长变短，发光效率明显降低。因此，从效率角度来说，GaAsP 材料只能用于红光 LED 的制备。为了发展其他颜色的 LED，人们又发展了利用液相外延技术（Liquid Phase Epitaxy，LPE）制备 GaP 的技术。此材料体系的生长一般以 GaP 作为透明衬底。GaP 的带隙大，衬底对光的再次吸收最小，还可以采用廉价的 LPE 制备。但是由于 GaP 材料为间接带隙，从理论上讲，辐射复合的概率很小。为了提高发光效率，人们在 20 世纪 70 年代早期发明了 GaAsP、GaP 等电子掺杂技术，通过掺入不同的等电子陷阱发光中心，使红、黄、橙、绿 LED 的发光效率增加了十倍。如在 GaP 中掺入 N 原子，N 原子和 P 原子同属于 V 族元素，但 N 掺杂后代替 P 原子，以等电子陷阱杂质形式出现，杂质能级位于带隙，而不是形成合金材料并改变 GaP 的带隙宽度。掺入 N 原子的 GaP 材料杂质带发绿光（约 534nm），是由被陷阱 N 原子俘获的激子发光引起的。这是由于 N 的电子亲和力大，在材料中作为陷阱俘获电子形成负电荷中心，而这个负电荷中心又可以吸引空穴形成激子，即 GaP 导带中的电子由于 N 的陷阱作用，容易限制在陷阱周围，电子通过陷阱与空穴复合发光，使得 $\Delta K = 0$ 的跃迁几率大大增加，辐射复合增强，其发光机制如图 3.8 所示。掺 N 的材料和非掺 N 材料的发光外量子效率对比

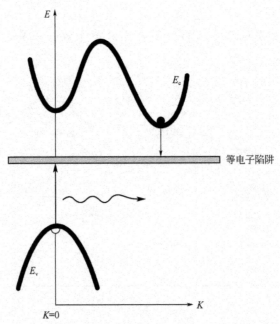

图 3.8　在间接带隙材料中通过等电子陷阱的辐射复合的 E-K 示意图

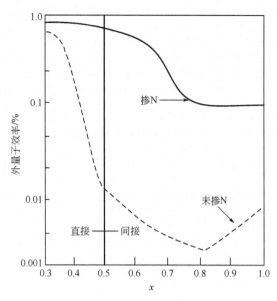

图 3.9 掺 N 对 $GaAs_{1-x}P_x$ 外量子效率的影响

图如图 3.9 所示。用 LPE 方法制作 GaP 材料比较便宜，但 N 原子的掺入受固溶度的限制不能提高，为此，可以用 VPE 方法提高 N 的掺杂量。利用 VPE 方法，N 的浓度可以提高到 $10^{19}/cm^3$，材料中陷阱 N 原子之间彼此距离较近，可以相互形成波函数的叠加，材料发光谱中 N-N 原子对峰增加，发光波长向长波长移动，发光光谱的峰值波长为 590nm，属于黄色发光二极管。此外，为获得更丰富的发光颜色，还可以在发光层中掺入如 Zn、O 等元素，进一步调节发光特性，利用 p-n 同质结构制备成不同 LED。

虽然通过等离子掺杂等方法可极大地提高 GaAsP、GaP LED 的发光效率，但由于此类材料属于间接跃迁，进一步提高效率困难很大。

3.2.2 AlGaAs/GaAs 材料体系

为了获得更高效的 LED 器件，20 世纪 80 年代初期，材料研究重点转向具有直接带隙的Ⅲ族砷化物，主要包括 AlGaAs、GaAs 等材料。InAs 材料由于较难制备，并且带隙对应波长是红外，本书不展开说明。AlGaAs 是第一种广泛应用于半导体异质结构的材料体系。采用 LPE（液相外延）方法生长的 AlGaAs/GaAs 红光 LED 的亮度比最好的 GaP：N LED 的亮度提高了 2～3 倍。AlGaAs/GaAs 材料体系中，AlAs 是间接带隙半导体材料，GaAs 是直接带隙半导体材料，$Al_xGa_{1-x}As$ 是 GaAs 和 AlAs 的合金，$x=0.45$ 时是直接带隙到间接带隙半导体材料的过渡点。

AlAs 和 GaAs 以及它们的合金 AlGaAs 都是立方闪锌矿型晶格，并且 AlGaAs 材料的巨大优点是 AlAs 和 GaAs 材料的晶格常数很接近，分别为 0.5653nm 和 0.5662nm，故晶格失配的问题几乎不需要考虑。在砷化镓单晶衬底上外延 AlGaAs 材料，可以获得质量很好、位错密度很低的材料，非常有利于制备异质结构，因而材料的发光效率很高。

纯 GaAs 发光材料，内量子效率可以达到 99%，但在接近 AlGaAs 由直接带隙到间接带隙的过渡点时，内量子效率迅速降低。另一方面，材料发光波长从红外过渡到可见光，并向红光靠近，人眼视觉灵敏度增加，因而光效先增大后减小，有一个最佳范围。最佳光效在发光段 640～660nm 之间，相应的 x 值为 0.34～0.4，这一区域的内量子效率在 50% 左右。

如前所述，AlGaAs 材料存在两个目前尚无法解决的本质问题：一是 $Al_xGa_{1-x}As$ 在 $x<0.45$ 时为直接带隙，但当 $x>0.45$ 时，AlGaAs 材料从直接带隙变为间接带隙，因而随着 AlAs 成分的增加，AlGaAs 材料间接带隙成分增加，使发光效率下降，因此采用 Al-GaAs 制备波长小于 650nm 的 LED 存在困难；另外，为了降低发光波长到红光波段，有源区 AlGaAs 必须含有较高含量的 Al，高 Al 值材料容易与水及氧氧化合生成氧化物，这会导致器件寿命变短和衰减速度加快，从而影响此类器件的应用。

3.2.3　AlGaInP 材料体系

Ⅲ族磷化物中，AlP、GaP 是间接带隙半导体材料，InP 是直接带隙半导体材料。虽然 AlP 和 GaP 以及它们的三元系合金都是间接带隙，但是当 AlP、GaP 和直接带隙的 InP 组成合金时能产生直接带隙的 AlGaInP 四元单晶。

20 世纪 90 年代初期，由于金属有机化合物化学气相沉积（metal organic chemical vapor deposition，MOCVD）技术的不断成熟，具有当时最大直接带隙的 AlGaInP 材料成为研究的热点。假设该材料化学式为

$$(Al_xGa_{1-x})_yIn_{1-y}P \tag{3-4}$$

当 y 约等于 0.5 时，它可以近乎完美地和 GaAs 衬底匹配，因而可以在 GaAs 单晶衬底上实现异质外延，因而迄今研究应用最多的是 $(Al_xGa_{1-x})_{0.5}In_{0.5}P$ 材料，In 组分固定在 0.5。在 GaAs 衬底上外延此材料也是固态照明中重要的异质结构体系之一。材料中，通过改变 Al 组分的含量就能改变发光波长。对于 $(Al_xGa_{1-x})_{0.5}In_{0.5}P$，当 $x\leqslant0.65$，材料为直接带隙半导体材料，而当 $x\geqslant0.65$，材料从直接带隙半导体材料变为间接带隙半导体材料，此时带隙对应波长约为 540nm。材料的带隙结构、晶格常数与组分的关系见图 3.10。利用此材料，可以制备 540～656nm 范围内的发光器件。目前主要有下列七种品种：650～660nm

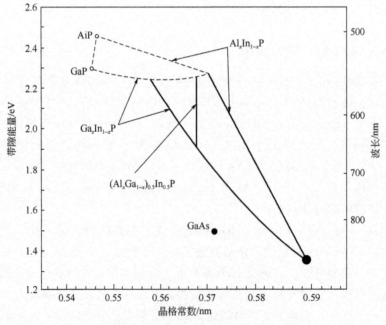

实点和实线：直接禁带。空点和虚线：间接禁带。

图 3.10　AlGaInP 带隙能量与晶格常数关系

（极红）、635～645nm（亮红）、625～630nm（超红）、615～620nm（红橙）、605～610nm（橙）、590～600nm（黄）、565～580nm（黄绿）。AlGaInP不能用LPE生长，一般用MOCVD制备，以实现对组分的高精度控制。此类材料具有发光效率高、Al值低等特点。

AlGaInP LED也存在一些缺陷。由于存在衬底吸收问题、电流扩展问题、光的出射临界角问题，其光引出效率还有待提高。AlGaInP与AlGaAs同样采用GaAs衬底，光吸收问题阻碍了效率的进一步提高。为提高光引出效率，人们采取了很多方法，例如DBR技术、GaP衬底替换技术、表面粗化技术等。

AlGaInP LED的亮度与波长有很大关系。随着波长的减小，AlGaInP的发光效率下降很快。其主要原因是，在较短波长有源区的Al值增大，使材料的非直接跃迁成分增大，内量子效率下降。从图3.7可以看出，AlGaInP LED的光效随着波长的变短先增大，在610nm达到最大值，随后下降。波长减小时，虽然人眼对光的敏感程度在增加，但是随着波长的减小，内量子效率衰减更快，因此光效降低。在长波段区，由于AlGaInP内量子效率非常高，提高其发光效率的关键是要提高其光子的逃逸率。而对于短波长的LED，在提高其逃逸率的同时，必须提高其内量子效率。因而对于AlGaInP系列，还需要提高其内量子效率，主要是解决载流子限制问题，有效降低Al的不良影响等。另外，在提高发光效率的同时，还要解决短波长材料和器件的可靠性问题。

对AlGaInP材料进行p型和n型掺杂，制备成异质结构发光二极管，可以得到非常高的发光效率，在614nm波段，红光LED可以超过100lm/W，在可见光中是光效最高的LED。

3.2.4 AlGaInN/GaN材料体系

GaN及其蓝、绿光LED的出现和快速发展，是MOCVD技术的另一个伟大奇迹。它的发展与AlGaInP几乎同步。由于高亮度蓝、绿LED的出现，使全色显示成为可能。AlGaInN/GaN材料体系主要有GaN、InN、AlN、InGaN、AlGaN、AlInGaN等合金材料，其带隙可以在0.7～6.2eV广阔的空间调节，因而备受研究和应用界的青睐。现阶段研究和应用比较成熟的主要集中在GaN材料和低In组分的InGaN材料和低Al组分的AlGaN材料，其中低In组分的InGaN材料带隙对应于蓝光波段，是当前半导体照明芯片材料的主流，与GaN材料一起，是外延材料的关注热点。

AlGaInN/GaN体系材料在蓝光发光材料中成功应用较晚，然而却是很早被研究的材料。早在1907年，F Fichter等人第一次人工合成了AlN。1971年，Pankove等人研制出金属-绝缘体-半导体（MIS）结构的GaN蓝光LED。但由于长期没有合适的衬底材料，GaN基材料质量不高，位错密度大，从而使研究陷入了低潮。然而，到了20世纪80年代和90年代，AlGaInN/GaN材料体系取得了两个重大突破：缓冲层技术和p型材料的激活技术。1983年，Yoshida等人利用MBE在300nm的AlN缓冲层上生长GaN薄膜；1986年，Amano和Akasasi利用MOCVD技术在AlN缓冲层上生长得到高质量的GaN薄膜；随后他们利用低能电子束辐照（LEEBI）技术得到了Mg掺杂的p型GaN样品，这被视为GaN研究发展的重大突破。同一时期，中村修二（Nakamura）等人利用低温GaN缓冲层在蓝宝石衬底上得到高质量的GaN薄膜，并采用退火激活得到p型GaN。中村等人在随后三年多的时间里，在GaN基发光器件方面实现了大跨越：1994～1995年成功开发出第一支GaN基蓝光LED，并于1998年使连续工作的蓝光LED的寿命达到6000h。此后，关于氮化物的研究掀起了热潮。采用MOCVD技术研制成功了GaN蓝、绿光LED的技术轰动了世界。

AlGaInN材料体系的二元、三元和四元化合物在整个摩尔比范围内都是直接带隙，具有优越的光学性质。此外，材料的化学性质稳定，耐强酸强碱（非高温强碱），材料硬度大，抗辐射，并且除了 InN，均具有较宽的带隙，可以耐高温。材料优越的物理、化学性质使得其可以在各种恶劣气候条件下应用，无论是在地面，还是太空领域，因而具有极其重要的价值。GaN、InN、AlN 三种材料及其各组分的合金都是六角晶系结构，如图 3.11 所示。其中，现今研究和利用得最多的是利用 MOCVD 技术沿 c 方向进行材料外延生长，以蓝宝石、SiC 及 Si 衬底，在本书后文有介绍。

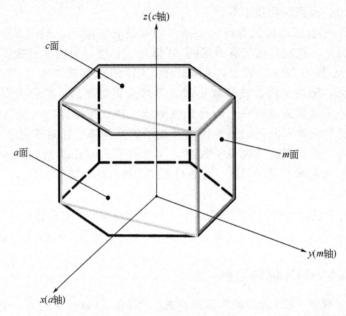

图 3.11　GaN 材料晶格元胞示意图（其中 c 面是极性面，m 面和 a 面是非极性面）

现阶段 AlGaInN/GaN 体系合金材料利用得最多的是 $In_xGa_{1-x}N$ 和 $Al_xGa_{1-x}N$，而四元合金 $Al_xIn_yGa_{1-x-y}N$ 应用得较少，大部分处在研究阶段。$In_xGa_{1-x}N$ 带隙可以在0.64～3.4eV 连续可调，对应于近红外到近紫外波段，可覆盖整个可见光区，因而在发光领域，尤其是在蓝光 LED 的有源层面有极其重要的研究应用价值；同时，由于带隙对应波长覆盖太阳能辐射光谱的大部分，可以用来作为太阳能电池材料，能吸收绝大部分的太阳辐射，用 InGaN 材料做成多节太阳能电池，理论上的效率可以超过 60%，因而在太阳能光伏电池领域形成研究热点。$Al_xGa_{1-x}N$ 材料带隙可以在 3.4～6.2eV 连续可调，对应于近紫外到深紫外波段，一般用作紫外发光二极管和高频、高功率电子器件，如高电子迁移率场效应管（High Electron Mobility Transistors，HEMT）。

$In_xGa_{1-x}N$ 是由 InN 和 GaN 两种二元化合物组成的三元合金，其带隙为

$$E_g^{(AB)} = xE_g^{(A)} + (1-x)E_g^{(B)} - x(1-x)b_{AB}$$

式中，$E_g^{(A)}$ 为 InN 化合物带隙，为 0.64eV；$E_g^{(B)}$ 为 GaN 化合物带隙，为 3.4eV；b_{AB} 为能带弯曲常数，因而 $In_xGa_{1-x}N$ 带隙为

$$E_{InGaN} = 3.4 - 2.76x - x(1-x)b_{InGaN} \tag{3-5}$$

对于 InGaN 材料合金的能带弯曲常数 b_{InGaN} 值存在较大争议。2002 年，Naranjo 等人报道了 In 组分为 0.19～0.37 的 InGaN 薄膜，拟和得到了能带弯曲常数 b 为 3.6eV。J Wu 等人报道了 In 组分在 0.5～1.0 之间的 InGaN 合金的能带弯曲常数 b 为 1.4eV。随后，Hori 等人实现了全组分 InGaN 合金的生长，发现 In 组分大于 0.6 时，InGaN 的能带弯曲常数偏小，为 1.8eV。综合以上的报道可以看出，当 In 组分高于 0.5 时，得到的能带弯曲常数 b

偏小（1.4eV 和 1.8eV），而当 In 组分低于 0.5 时，b 则偏大（3.6eV），可能与合金是 Ga 占主导还是 In 占主导有关；数值为 1eV 量级，带隙并不是随组分 x 线性变化的。

$In_xGa_{1-x}N$ 三元合金的晶格常数由 Vegard 定律给出。

$$l_{InGaN} = xl_{InN} + (1-x)l_{GaN} \tag{3-6}$$

式中，l_{InGaN}、l_{InN} 和 l_{GaN} 分别是 $In_xGa_{1-x}N$、InN 和 GaN 的晶格常数。但 Vegard 定律往往是在体材料或完全弛豫的厚膜材料时才成立，而 InGaN 材料往往是生长在 GaN 材料之上，受到 GaN 的晶格双轴应力作用，晶格会发生形变，一般表示为 a 面的 a 轴晶格常数变小，而由于晶格受到压应力，在 c 轴方向往往拉长，因而 c 轴晶格常数变大，不能再适应于 Vegard 定律。AlInGaN 材料体系的各种材料的带隙能量和晶格常数关系如图 3.12 所示。

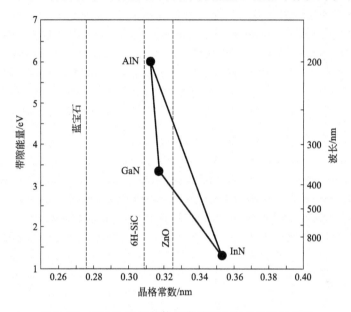

图 3.12　AlGaInN 材料体系带隙能量和晶格常数关系
（虚线表示适用衬底的晶格常数）

AlGaInN 材料体系主要的生长技术是 MOCVD，但在制备高 In 组分的 InGaN 或 InN 材料时，由于需要低温生长，利用分子束外延（MBE）生长更有优势。目前，材料生长最广泛使用的商用衬底是蓝宝石（Sapphire）或 SiC，少部分利用 Si 基衬底材料。ZnO、LiAlO₂ 等单晶与 GaN 的失配更小，很有潜力，但是还不成熟。然而，无论是在蓝宝石，还是在 SiC 等衬底上外延 GaN 基材料，都是异质外延，与传统 Si、GaAs 等相比，位错密度高得多，材料质量不佳，因而具有很大改进空间。

AlGaInN 材料体系典型的 n 型掺杂杂质是 Si，p 型掺杂杂质是 Mg。n 型掺杂比较容易，可以获得低电阻的 n 型 GaN。p 型掺杂对于 GaN 较难，是长期困扰 GaN 材料体系发展应用的难点，直到 Amano 和 Akasasi 利用低能电子束辐照技术得到了 Mg 掺杂的 p 型 GaN 样品和中村修二等人利用退火激活技术得到 p 型 GaN，才使得 GaN 材料体系在器件制备方面得到飞速发展。然而迄今为止，p 型 GaN 材料的空穴浓度仍然很难提高，这成为阻碍基于 GaN 材料的器件发展的难题。GaN 中典型的受主杂质为镁（Mg），属深受主杂质。尽管 Mg 的激活能（170meV 左右）与其他受主相比属较低的，但是仍然太高，室温下 Mg 的掺杂浓度即使达到 $1 \times 10^{20} cm^{-3}$，也只有大约 1% 的 Mg 电离。此外，Mg 还可与材料中的 H 形成络合物 Mg-H（即氢钝化作用），使 p 型 GaN 的空穴浓度进一步降低。所以目前 p 型 GaN

的空穴浓度通常都难以达到 $1 \times 10^{18}\,cm^{-3}$，大多在 $(3 \sim 7) \times 10^{17}\,cm^{-3}$ 范围，使得 p 型 GaN 材料电阻仍然比较高，用于制备器件时具有较大的压降。另一方面，对于高 Al 组分的 Al-GaN 和高 In 组分的 InGaN，仍然不能制备出 p 型材料，更无需说 p 型 AlN 和 p 型 InN。其原因是对于高 Al 组分 AlGaN，随着 Al 组分增加，AlGaN 带隙变宽，Mg 受主在 AlGaN 带隙中的位置变得更深，成为深受主，在室温下无法电离；而对于高 In 组分 InGaN，随着 In 含量增加，材料容易发生相分离，材料质量变差，非故意掺杂的背景载流子浓度增加，往往补偿 Mg 的掺杂，无法获得 p 型。而对于 Mg 掺杂 InN，涉及到更多物理机理，如费米面的表面钉扎，使得表面无论如何不能出现 p 型等。迄今为止，能够稳定利用的 p 型 AlInGaN 材料体系集中于 $Al_{0.2}Ga_{0.8}N$ 到 $In_{0.2}Ga_{0.8}N$ 范围之内。

尽管 AlInGaN 材料体系还很不完善，有效利用的范围也很小，但在半导体蓝、绿光发光领域已经获得广泛的应用。以此材料体系制备的 LED 大都采用多量子阱结构，以蓝宝石或 SiC 为衬底，以 InGaN 材料作为有源层。尽管晶格失配大（GaN 晶格与蓝宝石失配达 13.9%，与 SiC 失配达 3.5%），异质外延的材料位错密度不低于 $10^8\,cm^{-2}$，但其在蓝光波段发光效率仍然较高，460nm 段内量子效率超过 80%。

InGaN 具有很高位错密度，但在蓝光波段仍然具有很高的发光效率的原理目前还没有定论。有一种观点认为，在 InGaN/GaN 组成的量子阱发光层中，InGaN 势阱中往往产生相分离，产生 InGaN 量子点，形成量子点发光，因而具有较高发光效率。

InGaN 材料 LED 应用在蓝光小电流注入下效率较高，但在大电流注入和应用到绿光、黄光、红光等波段，效率急剧下降，即所谓 Droop 效应和 Green Gap。随着注入电流加大，使效率降低的 Droop 效应的重要原因就是俄歇复合；而 InGaN 绿光 LED 效率降低很大原因是量子斯塔克效应。为了减小和消除 c 轴向生长的 LED 的 Droop 效应和量子斯塔克效应，可以选择 LED 材料外延生长为图 3.11 中的 x 向或 y 向，即 m 面或 a 面非极性面生长方向，材料的自发极化效应和压电极化效应仍然存在，但是只是沿着 LED 电流注入的垂直方向，即 LED 的面相，对电子和空穴的空间波函数没有影响。

然而，非极性或半极性面 LED 生长比较困难，尤其是在传统的蓝宝石或 SiC 衬底上，晶格失配更大，材料质量退化。为此，需要寻找更合适的衬底材料。早在 2000 年，德国的 P Waltereit、KH Ploog 等人在 $LiAlO_2$ 上异质外延 GaN，通过控制适当条件，可以外延出纯 a 面方向生长的 GaN。尽管在 $LiAlO_2$ 上异质外延非极性面 GaN 研究中取得较多成果，但是由于 $LiAlO_2$ 耐高温特性不佳，$LiAlO_2$ 上制备非极性面 GaN 基 LED 无法获得突破，这就要求研发新的外延衬底材料。

美国加州伯克利大学圣塔芭芭拉分校的中村修二教授在半极性面 GaN 衬底上生长自支撑 GaN 基 LED，部分消除了量子限制斯塔克效应，在黄光波段 562.7nm 处、在 20mA 和 200mA 的注入电流下，输出功率分别达到 5.9mW 和 29.2mW，外量子效率分别是 13.4% 和 6.4%。在此波段，其效率已经超过一般商用 AlGaInP 系黄光发光二极管，在未来的应用中将具有很大竞争力，为解决困扰 LED 界的黄绿波段发光效率降低的现象提供了一种可能的解决方案。

目前，AlInGaN 材料体系还很不完善，材料质量还有很多提高的空间。以此材料体系制备的 LED，当前主要应用在蓝光和绿光波段，随着材料的提高、器件结构的改善，将来完全可能延伸到黄光、橙光、红光甚至红外光波段，为拓展 LED 的应用空间提供可能。

通过对上述材料体系的分析可知，近十年的发展，蓝、绿光及其白光 LED 已广泛应用。表 3.2 列出了各材料体系 LED 的特点和用途；表 3.3 列出了各个波段光及其相应发光材料、制备方法、器件结构及发光主波长等。

表3.2 各种材料体系二极管的特点及用途

材料体系	GaP/GaAsP	AlGaAs/GaAs	AlGaInP	AlGaInN/GaN
颜色	红、黄、橙、绿	红	红、橙、黄、黄绿	蓝、绿、白
可靠性	差	差	高	高
亮度	低亮度	高亮度	高亮度、超高亮度	高亮度、超高亮度
常用领域	信号灯、电子仪表	信号灯、电子仪表	信号灯、车内外指示灯、交通灯、户外显示、通信	全色显示、交通灯、手机、车内外指示灯、照明

表3.3 各个波段光及其对应的发光材料、器件结构、制备方法和发光主波长

光色	衬底	发光层	结构	外延方法	发光波长/nm
蓝光	sapphire	InGaN	MQW	MOCVD	470
绿光	sapphire	InGaN	MQW	MOCVD	525
黄绿光	GaP	GaP	HS	LPE	570
黄光	GaAs	AlInGaP	MQW	MOCVD	590
黄光	GaP	GaAsP	HS	VPE+扩散	590
橙光	GaAs	AlInGaP	MQW	MOCVD	625
橙光	GaP	GaAsP	HS	VPE+扩散	630
红光	GaP	GaP	HS	VPE+扩散	650
红光	GaP	GaAsP	HS	LPE	660
红光	GaAs	AlGaAs	SH	LPE	660
红光	GaAs	AlGaAs	DH	LPE	660
红光	AlGaAs	AlGaAs	DDH	VPE+扩散	660
红外光	GaAs	AlGaAs	DH	LPE	880,940

参考文献

[1] 方志烈. 半导体照明技术 [M]. 北京：电子工业出版社，2009.

[2] 方志烈. 半导体发光材料和器件 [M]. 上海：复旦大学出版社，1992.

[3] 陈良惠. 半导体异质结及其在光电子学中的应用 [J]. 物理，2001，30 (4)：201.

[4] A. 茹考斯卡斯. 固体照明导论 [M]. 黄世华译. 北京：化学工业出版社，2006.

[5] 杜晓晴，钟广明，董向坤等. 基于不同衬底材料高出光效率 LED 芯片研究进展 [J]. 光学技术，2011，37 (5)：521-527.

[6] 李翠云，朱华，莫春兰等. Si 衬底 InGaN/GaN 多量子阱 LED 外延材料的微结构 [J]. 半导体学报，2006，27 (11)：1950-1954.

[7] 莫春兰，方文卿，刘和初等. 硅衬底 InGaN 多量子阱材料生长及 LED 研制 [J]. 高技术通讯，2005，15 (5)：58-61.

[8] 邵嘉平，郭文平，胡卉等. GaN 基绿光 LED 材料蓝带发光对器件特性的影响 [J]. 半导体学报，2004，25 (11)：1496-1499.

[9] 王晓华，展望，刘国军. 408nm InGaN/GaN LED 的材料生长及器件光学特性 [J]. 半导体学报，2007，28 (1)：104-107.

[10] Viswanath A K, Shin E, Lee J I, et al. Magnesium acceptor levels in GaN studied by photoluminescence [J]. Journal of applied physics, 1998, 83 (4)：2272-2275.

[11] Dongmin Yao, Yong Xin, Li Wang, et al. Rutherford backscattering and channeling double crystal X-ray diffraction and photoluminescence of GaN [J]. Chinese Journal of Semiconductors, 2000, 21 (5)：437.

[12] Chunguang Liang, Ji Zhang. GaN dawn of 3rd generation-semiconductors [J]. Chinese Journal of Semiconductors, 1999 20 (2)：89.

[13] Kaufmann U, Kunzer M, Maier M, et al. Nature of the 2.8eV photoluminescence band in Mg doped GaN [J]. Journal of applied physics, 1998, 72：1326.

[14] Kaufmann U, Schlotter P, Obloh H, et al. Hole conductivity and compensation in epitaxial GaN：Mg layers [J]. Physical Review B, 2000, 62 (16)：10867.

>>> 第 **4** 章

LED的光取出

4.1 影响 LED 光取出效率的因素

LED 的发光原理可以概括为：有源层中电子注入，导致能级跃迁，最后从非稳态过渡到低能级态，期间释放能量，导致发光。有源层发出的光最终逸出芯片到达空气。有源层发出的光不能百分之百到达空气，有若干因素影响 LED 的光引出效率。

4.1.1 材料内部的吸收

根据比尔-朗伯定律，可见光在介质中的传输可以表示为图 4.1 或式(4-1)

$$I = I_0 \mathrm{e}^{-\varepsilon l c} \tag{4-1}$$

式中，I_0 为入射的单色光强度；I 为透过光的强度；l 为光程长度，m；c 为吸光物质的浓度，mol/L；ε 为吸光物质的摩尔吸光系数（L·mol^{-1}·cm^{-1}）。由于光线在芯片中的光程非常短，因此，吸收是很少的，可以忽略（但多次反射后必须考虑）。电极遮挡导致的光吸收，可以采用 ITO 透明电极降低电极对光的吸收。底部反射膜的吸收，是因为当采用吸

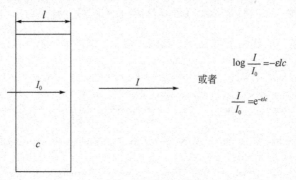

图 4.1 光在介质中的传播

收型衬底时会在衬底上面加反射膜，而反射膜对光也存在一定程度的吸收。

4.1.2 菲涅尔损失（反射损失）

光线到达界面时，在界面的反射如图 4.2 所示。

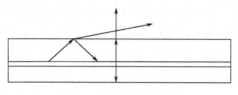

图 4.2 光在界面的反射

假设外部的折射率为 n_e、芯片的折射率为 n_s，则在入射角为 0°时，表面的反射率 R 为（多光束干涉理论）

$$R = \left(\frac{n_e - n_s}{n_e + n_s} \right)^2 \tag{4-2}$$

这是在光线入射角为 0°的情况下的数据，角度为其他值时，反射率更大。透过率 T 为

$$T = 1 - R = \frac{4 n_e n_s}{(n_e + n_s)^2} \tag{4-3}$$

对于玻璃与空气的界面，玻璃与空气的折射率分别为 1.5 与 1.0，可以计算得出 $R=$ 4％、$T=96$％。但是，实际环境中由于光线入射方向并非全部为 0°入射，一般认为玻璃的表面反射率约为 5％。

不同材料体系的 LED 发出的光线入射到空气中对应的透射率如表 4.1 所示。

表 4.1　LED 材料发出光线入射到空气中对应的透射率

LED 材料	折射率 n_s	透射率 T
AlGaAs	3.3～3.6	0.69
AlGaInP	3.2～3.6	0.69
GaN	2.4	0.83

4.1.3 全反射损失

光线到达物质界面时，存在折射与反射，如图 4.3 所示。根据光线的折射定律

$$n_1 \sin\theta_1 = n_2 \sin\theta_2 \tag{4-4}$$

可以看出，当光线从折射率大的介质（n_1）进入折射率小的介质（n_2），由于 n_1 大于 n_2，因此，在 θ_1 大于某值时，θ_2 大于等于 90°，该式子没有意义，此时折射光线消失，入射光全部反射回折射率为 n_1 的介质中，该现象称为全反射。人们把对应于折射角等于 90°的入射角叫做临界角。可以很容易得到临界角

$$\theta_1 = \arcsin\left(\frac{n_2}{n_1} \right) \tag{4-5}$$

在入射角大于等于该角度时出现全反射。

各种材料体系 LED 及其相应全反射临界角见表 4.2。

折射光

θ_2

θ_1　θ_1

反射光

图 4.3　　的反射与折射

表 4.2　各种材料体系 LED 及其相应全反射临界角

材料体系	折射率 n_1	临界角 θ_1
GaN	2.4	24.6°
AlGaAs 或 AlGaInP	3.4	17.1°

GaN 材料体系 LED 的临界角很小,对此,人们研究了很多降低全反射角以提高其光引出效率的方法。

假定 LED 在发光点的出射光是垂直于发光层的朗伯分布,可以算出即因全反射造成的透过率 T_i 为

$$T_i = \sqrt{1 - \left(\frac{n_2}{n_1}\right)^2} \tag{4-6}$$

考虑到内部吸收、菲涅尔损失以及全反射损失这三个方面的影响,采用最简单的封装形式,如图 4.4 所示。

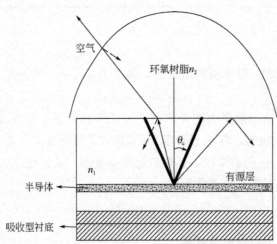

空气

环氧树脂n_2

θ_c

有源层

n_1

半导体

吸收型衬底

图 4.4　封装在环氧树脂管帽中的传统 LED 逸出角锥示意图

光引出效率为

$$\eta_{opt} = \frac{4n_2}{(n_2+1)^2} \times \frac{1-\sqrt{1-\left(\frac{n_2}{n_1}\right)^2}}{2} \times \sum_{i=1}^{N} T_i \tag{4-7}$$

此式右边第一项是在 LED 封装的环氧树脂管帽内反射的光子不再被利用的假设下，树脂-空气界面上的菲涅尔（Fresnel）反射损耗。对于 $n_2 = 1.50$ 的典型值，这一项为 0.96。第二项是一个逸出角锥的比立体角 $(1-\cos\theta_c/2)$。第三项是 N 个角锥中的每一个在半导体-树脂界面上的透射率 $(0 \leqslant T_i \leqslant 1)$ 的和。通常，某些逸出角锥被吸收光的电极部分遮挡。另外，由于厚度不够，横向角锥可能被截取导致张开不完全，这样从一个角锥底部反射的光可能通过相对的角锥逸出。

4.2 >>>>>>>> 提高 LED 出光效率

4.2.1 加中间层

当两个界面的折射率相差很大时，全反射临界角就很小，如果在芯片和空气中间加入一个折射率介于两者之间的中间层，其全反射临界角就会增加。例如在芯片和空气之间加一层折射率为 1.5 的环氧树脂，而环氧树脂和空气的接触面可以做成半球形，使光线在环氧树脂到空气的界面不至于发生全反射。如图 4.4 所示。

假设芯片材料为 GaN 基材料，包括 GaN、InGaN、AlGaN，材料的平均折射率为 2.5（GaN 为 2.4，InN 为 2.6），空气折射率为 1.0；加环氧树脂之前，GaN 和空气之间界面的全反射临界角为

$$\theta_1 = \arcsin\left(\frac{n_2}{n_1}\right) = \arcsin\left(\frac{1}{2.5}\right) = 23.6° \tag{4-8}$$

在芯片和空气之间加上半球形、折射率为 1.5 的环氧树脂以后，环氧树脂和空气之间的界面不存在全反射，GaN 和树脂之间的界面的全反射临界角为

$$\theta_1 = \arcsin\left(\frac{n_2}{n_1}\right) = \arcsin\left(\frac{1.5}{2.5}\right) = 36.9° \tag{4-9}$$

由此可见，通过增加中间层可以加大全反射临界角。如果认为发光中心发出的光是朗伯体分布，那意味着出射光的效率增加了 2.23 倍。

另外，还可以在芯片表面沉积一层增透膜，用于减少出射光的 Fresnel 反射，提高光引出效率，该方法多用于通信的 LED。

4.2.2 透明衬底技术

InGaAlP LED 通常是在 GaAs 衬底上外延生长 InGaAlP 发光区和 GaP 窗口区制备而成。与 InGaAlP 相比，GaAs 材料具有小得多的禁带宽度，因此，当短波长的光从发光区与窗口表面射入 GaAs 衬底时，将被悉数吸收，成为器件出光效率不高的主要原因。透明衬底技术将 LED 的 GaAs 衬底剥离，换成透明的 GaP 衬底，使光从下底面出射，所以被称为透

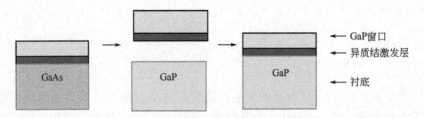

图 4.5 AlGaInP LED 衬底转移示意图

明衬底 LED（TS-LED）法，示意图如图 4.5 所示。从理论上讲，这种方法可以提高一倍光的出射率。

对于以蓝宝石衬底为主的 GaN 系 LED 而言，其剥离技术（laser lift-off，LLO）是基于 GaN 的激光剥离同质外延发展的一项技术。GaN 基半导体材料和器件发展的一个重大问题是由于没有合适的衬底而造成的外延层质量问题，只能用蓝宝石或 SiC 衬底，衬底虽然透明，但还是会部分阻挡光的出射，并且衬底绝缘，无法制作垂直电极结构。解决这个问题的一种可能途径是利用对衬底透明的短脉冲激光照射衬底，融化缓冲层而将 GaN 外延层从蓝宝石衬底上剥离下来，再用 HVPE 生长技术制成 GaN 衬底，用以实现同质外延并把外延薄膜转移到硅或金属材料，也称薄膜芯片技术，示意图如图 4.6 所示。美国的惠普（HP）公司在 20 世纪末最先在 AlGaInP/GaAs LED 上实现；2002 年，日亚正式把它用于 UVLED 的工艺上，使 LED 发光效率得到很大的提高；2003 年 2 月，德国 OSRAM 公司用 LLO 工艺将蓝宝石去除，将 LED 的出光效率提升至 75%。

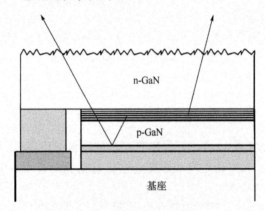

图 4.6 薄膜芯片技术示意图

为进一步减小电极区的吸收，有人将这种透明衬底型的 InGaAlP 器件制作成截角倒锥体的外形，使量子效率有了更大的提高。

4.2.3 分布布拉格反射层（DBR）结构

LED 的有源层发出的光是向上下两个表面出射的，而封装好的 LED 是"单向"发光，因此有必要将向下入射的光反射或直接出射。直接出射的方法即为透明衬底法，但该法成本较高，且工艺复杂。布拉格反射层是两种折射率不同的材料周期交替生长的层状结构，它在有源层和衬底之间，能够将射向衬底的光利用布拉格反射原理反射回上表面，示意图如图 4.7 所示。分布布拉格反射层法可以直接利用 MOCVD 设备进行生长，无须再次加工处理，有很好的成本优势，因而目前已经应用于商业生产。

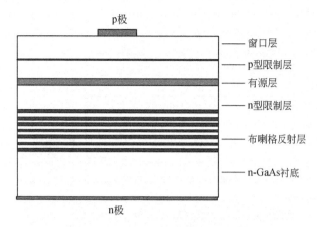

图 4.7　带有 DBR 结构的 LED 示意图

4.2.4　金属膜反射技术

透明衬底技术首先起源于美国的 HP、Lumileds 等公司，而金属膜反射法主要由日本、中国台湾地区厂商进行了大量的研究与发展。金属膜反射法不但回避了透明衬底专利，而且更利于规模生产，其效果可以说与透明衬底法有异曲同工之妙。对于 AlGaInP 红、黄光 LED，该制作过程首先是去除 GaAs 衬底，在其表面与 Si 基底表面同时蒸镀 Al 质金属膜，然后将其在一定的温度与压力下熔接在一起。如此，从发光层照射到基板的光线被 Al 质金属膜层反射至芯片表面，从而使器件的发光效率提高 2.5 倍以上。其结构如图 4.8 所示。

对于 GaN 基蓝光 LED，则更加简单，只需要在蓝宝石衬底下面蒸镀一层金属 Ag 反射层即可将反射光从上表面反射出去，从而提高光的方向性。如图 4.9 所示。

4.2.5　表面粗化技术

光由 LED 引出的基本问题是沿某些特定方向传播的光子不能从半导体芯片中逸出，虽然多次反射可以辅助逸出，但最终达到以适当入射角到达表面所需的光程可能太长，使吸收

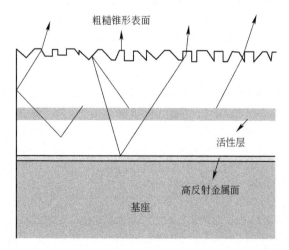

图 4.8　金属膜反射层 AlGaInP LED 光线反射示意图

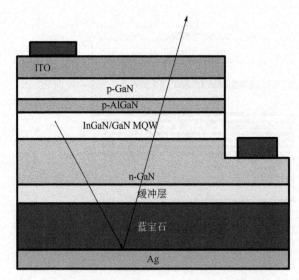

图 4.9　带有背金属反射层的 GaN 基 LED 结构示意图

难以避免。解决方法是保持光子短光程的前提下把光传播方向随机化。具体做法可以是表面粗化工艺或通过光刻在表面制造随机分布的圆柱。

　　例如，为了抑制 GaN 与空气折射率相差过大而造成的全反射光线较多的问题，可以采用把 p-GaN 表面粗化的方法。将界面按一定的规律打毛可以使部分全反射光线以散射光的形式出射，从而提高了出射率，示意图如图 4.10 所示。2003 年，美国康奈尔大学 Chul Huh 等人在 GaN 基 LED 的 p 型顶层制作 5nm 厚的 Pt 膜，利用快速热退火使薄膜形成纳米金属 Pt 球，形成球形掩膜，其后利用湿法腐蚀 LED 的 p 型层，形成粗化表面，降低了有源层光子全反射，提高了光子引出效率，提高达到 62%。2004 年，T Fujii 等人在垂直结构 LED 上利用表面粗化技术显著提高了 LED 光引出效率，如图 4.10 所示，在 LED 的上表面直接将其打毛，但该法对有源层及透明电极会造成一定的损伤，制作也较为困难，故很多时候采用直接刻蚀成型。加州大学的 I Schnitzer 和 E Yablonovitch 提出了自然光刻法，就是先用旋转镀膜的方法将直径 300nm 的聚苯乙烯球镀在 LED 的表面，这些小球遮挡一部分表面，然后用等离子腐蚀的方法将未遮蔽的表面腐蚀到深度为 170nm 左右，形成了粗糙的

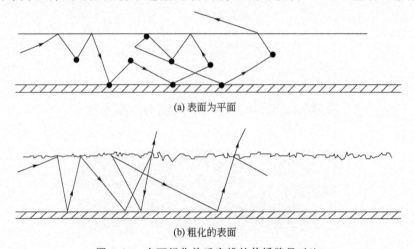

(a) 表面为平面

(b) 粗化的表面

图 4.10　表面粗化前后光线的传播路径对比

LED 表面。德国物理技术研究所的 R Windisch 等人用 430nm 的聚苯乙烯球进行了进一步的实验，效果也很好。

4.2.6 电流阻挡层

由于电极只分布于芯片局部表面，往往电极下的电流密度最大而且发光也最多，但电极往往又不透明，电极遮挡光线造成了极大的损失。如果在电极下方设置电流阻挡层，则电流将被分散到芯片电极的各个地方，从而减少电极遮光，提高引出效率，示意图如图 4.11 所示。

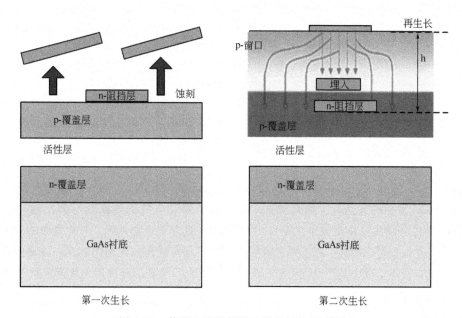

图 4.11 使用电流阻挡层的设计的 LED 结构

4.2.7 采用 TCL 或 ITO

TCL 是 transparent conductive layer 的缩写，意为透明导电层；ITO 是 indium tin oxide 的缩写，即氧化铟锡，是一种透明导电薄膜，其原理类似电流阻挡层。由于一些材料体系中 p 型掺杂有一定困难，如 p 型 GaN 材料，载流子浓度最高不超过 $10^{18}\,cm^{-3}$，因此当应用于蓝光 GaN 基 LED 上的包覆层时，其电阻较大，电极电流难以分散均匀而且在电极附近电流密度最大，造成发光不均匀、在电极附近发光强，并且被电极阻挡。如果在 p 金属电极下面增加透明电导层，TCL 层电阻很小，电流在表面扩散几乎没有电压梯度，电流可以在 TCL 分散均匀，注入发光层，减少了电极遮光。

TCL 层要求电阻小，对可见光透明，比较理想的材料是 ITO，对于可见光可以达到 95% 以上的透过率，并且电阻很小；使用 ITO 电极的 LED 引出效率也可以得到提高。示意图如图 4.12 所示。

4.2.8 非平面结构芯片

一般的 LED 都是立方体的结构，LED 芯片发出的光很大一部分由于全反射而无法直接

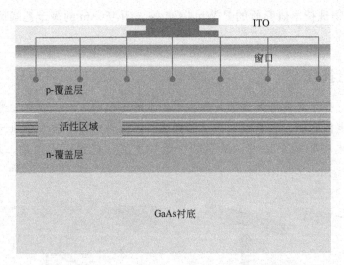

图 4.12 ITO 作为 TCL 的 LED 结构示意图

射出，而且这样的结构使得光在 LED 内部传输的光程很长，造成有源层及自由载流子对光的吸收加剧。可以通过对芯片的形状进行加工部分解决此类问题。

（1）球形芯片

20 世纪 60～70 年代就出现了非平面结构的芯片，如球形芯片。其中一种方法是将衬底做成半球面，LED 发出的光透过半球面射出，这样在芯片和空气的界面就不会出现全反射。另一种方法是将衬底做成抛物反射形并镀 Au 作反射层，芯片置于焦点处，芯片发出的光经抛物面反射变成平行光垂直射出衬底。以上两种方法的优点是具有较高的光引出效率，而缺点是衬底切割和抛光的成本很高，成为其产业化中致命的缺点。因此，现在所有商用芯片皆采取平面结构。

（2）倒金字塔结构

Krames 等人利用特殊的切片刀具，将 InGaAlP 红光 LED 台面制成平头倒金字塔形状，键合到透明基片上，实现了 50％以上的外量子效率。如图 4.13 所示，LED 晶片被切去四个方向的下角，斜面与垂直方向的夹角为 35°，成倒金字塔形。LED 的这种几何外形可以使内部反射的光从侧壁的内表面再次传播到上表面，而以小于临界角的角度出射，同时使那些传播到上表面大于临界角的光重新从侧面出射，这两种过程能同时减小光在内部传播的路程。

这种芯片也称为倒斜截棱锥形芯片（truncated inverted pyramid，TIP）。采用了 TIP 形状的芯片比矩形芯片引出效率高出很多，多用于高宽比不太大的小功率芯片。

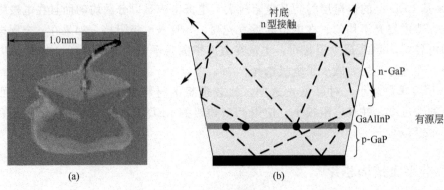

图 4.13 倒金字塔形 LED

以上的问题是将从有源层中传播出的光集中到狭窄的角锥中，通过这种方法可制出引出效率为 30％ 的器件。更复杂的结构可得到 50％～60％ 的引出效率。这些都属于几何光学的改进方法，但对于 GaN 基芯片往往不适用。GaN 基芯片的衬底是蓝宝石或 SiC，硬度很大，不容易切割。

4.2.9　图形化蓝宝石衬底技术

图形化蓝宝石衬底技术（patterned sapphire substrates，PSS）是最近发展起来、在 LED 研究领域较为热点的技术。图形化衬底技术制备 LED 往往具有两个方面的优点。其一，提高外延薄膜材料的质量，提高内量子效率。图形化衬底对蓝宝石衬底进行加工，在其上外延薄膜，往往具有类似横向外延技术（epitaxial lateral over growth，ELOG）的效果，减小了位错密度。正是由于晶体质量提高，多量子阱有源区会增加内部辐射复合的几率，从而通过提高内量子效率来增加发光效率。另一个优点是图形化衬底由于在衬底刻制了特殊的图案，量子阱发出的光传播到图形的表面，往往会产生方向改变，使原本在临界角外发不出去的光重新折回，有可能折回到临界角内，从而增加了光的取出效率，增加了外量子效率，提高了发光效率。PSS 衬底提高光的出射率示意图如图 4.14 所示。

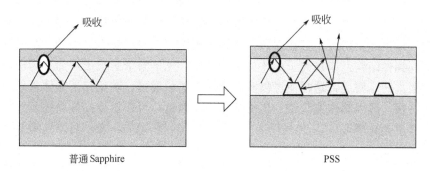

图 4.14　PSS 衬底提高光的出射率

不同的图形对于发光效率的提高往往并不相同。当前效果最好的是馒头锥形 PSS，如图 4.15 所示，在日本、韩国及我国台湾地区用得较多。

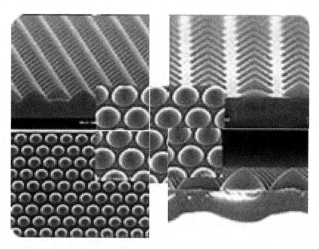

图 4.15　馒头锥形 PSS 衬底

4.2.10 光子晶体

光子晶体实际上就是一种将不同介电常数的介质在空间中按一定周期排列而形成的人造晶体，该排列周期为光波长量级。光子晶体中介质折射率的周期变化对光子的影响与半导体材料中周期性势场对电子的影响类似。在半导体材料中，由于周期势场的作用，电子会形成能带结构，带与带之间有带隙（如价带与导带），电子的能量如果落在带隙中，就无法继续传播。在光子晶体中，由于介电常数在空间的周期性变化，也存在类似于半导体晶体那样的周期性势场。当介电常数的变化幅度较大且变化周期与光的波长可相比拟时，介质的布拉格反射也会产生带隙，即光子带隙。频率落在禁带中的光是被严格禁止传播的。如果光子晶体只在一个方向上具有周期结构，光子禁带只可能出现在这个方向上。如果存在三维的周期结构就有可能出现全方位的光子禁带，落在禁带中的光子在任何方向都被禁止传播。据此，光子晶体可分为一维光子晶体、二维光子晶体和三维光子晶体，DBR 即是一维光子晶体。

光子晶体尺寸为光波长量级，无法用普通光刻制造。而纳米压印的掩模是电子束蒸镀的，其精度很高。因此，可用纳米压印实现二维光子晶体。由于工艺水平限制，三维光子晶体很难制造。

在发光二极管的发光中心放一块光子晶体，使发光中心的自发辐射和光子带隙的频率重合，并在光子晶体中引入一缺陷态，自发辐射将不能沿其他方向传播，只能沿特定的通道传播，这将大大减少能量损失，且能通过控制缺陷态而成为单模发光二极管。如果人为地破坏光子晶体的周期性结构，如在光子晶体中加入杂质，光子禁带中会出现品质因子非常高的杂质态，具有很大的态密度，这样便可以实现自发辐射的增强。利用光子晶体可以控制原子的自发辐射的特性，可以制作宽频带、低损耗的光反射镜，可以制作高效率的发光二极管。实验已证明，其发光效率可以达 90% 以上。具体到 GaN 基 LED，光子晶体提高引出效率的一个重要原因是在 LED 的出光面内制做二维的、周期大约为光波长的、周期性的、折射率不同的材料排列（通常是空气和 GaN 或 ITO 等），出射光在面内横向出光受到周期性结构的散射，使得大角度横向出光受到制约，光场在垂直面方向增强，光垂直发射出芯片的概率增大，从而增强了 LED 的光引出效率。对于 GaN 基材料，通常的光子晶体排列是在 GaN 材料上打孔形成周期性空气洞，它们和 GaN 形成光子晶体；也有刻蚀 GaN 材料，形成周期性的 GaN 柱，和空气形成光子晶体结构。

2003 年，松下电器产业根据光子晶体原理成功开发了光效为 30% 的 GaN 蓝色发光二极管芯片，并声称通过改进芯片，预计能够照射出 60% 左右的光，如图 4.16 所示。该产品通过在蓝色 LED 芯片表面大量设置基于 p 型 GaN 的直径 1.5μm、高约 0.5μm 的圆柱状凸部（折射率 2.5），形成凸部和凹部的空气层（折射率 1）沿水平方向排列的光子晶体。照射到光子晶体中的光线因其周期性折射率分布而使光线发生衍射，使原先全反射的光出射。但是，从现在的情况来看，如何将光子晶体结构应用在 LED 芯片仍然是一个难题。首先，光子晶体的位置对于光的引出效率影响较大，现阶段研究和制作的光子晶体一般是在 LED 芯片的表面，表面光子晶体与 LED 发光层的有源层具有一定的距离，耦合作用效果不是很明显，而在 LED 的芯片内部制作光子晶体则比较困难。其次，光子晶体的尺寸和排列一般在亚微米级，很难制备大面积的光子晶体结构，纳米压印技术可以获得大面积的图形，但是成本太高。另外，电子束、全息曝光技术可以得到完美的光子晶体结构，但是曝光速度太慢，无法制备大面积的光子晶体，且价格很高。如何获得大面积的规则排列的光子晶体结构将是未来研究的重要方向。

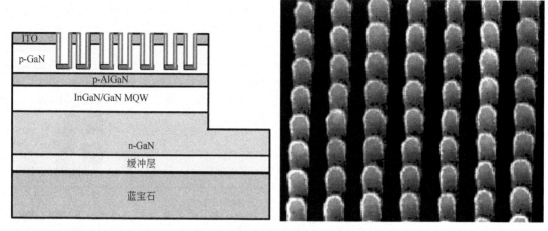

图 4.16　具备圆柱状凸起光子晶体的白光 LED

4.2.11　表面等离激元

表面等离激元（surface plasmon，SP）是外界光场与金属中自由电子相互作用的电磁模。具体在 LED 应用中，可以在 LED 发光表面制作纳米金属颗粒，纳米金属颗粒中的自由电子可以与 LED 芯片光子相互作用，光子容易被集体振荡的电子俘获，提高 LED 光的取出效率。表面等离激元已经在 GaN 基 LED 中应用，并提高了引出效率，但表面物理机理复杂，还处在研究阶段，感兴趣的读者可以参考相关材料。

LED 光的引出是个长期困扰人们的难题，往往涉及到复杂的工艺，并且利用上述多种手段综合提高光的引出效率。如 GaN 基蓝光 LED，往往同时利用 PSS 技术、TCL 技术、表面粗化技术、金属薄膜反射技术等，使得在蓝光 LED 中光的引出效率超过 80%，极大地提高了 LED 外量子效率。

参考文献

[1] Baur J，Baumann F，Peter M，et al. Status of high efficiency and high power ThinGaN®-LED development [J]. physical status solidi (c)，2009，6 (S2)：S905-S908.

[2] Huang H W，Huang J K，Lin C H，et al. Efficiency improvement of GaN-based LEDs with a SiO₂ nanorod array and a patterned sapphire substrate [J]. IEEE Electron Device Letters，2010，31 (6)：582.

[3] Gao H，Yan F，Zhang Y，et al. Enhancement of the light output power of InGaN/GaN light-emitting diodes grown on pyramidal patterned sapphire substrates in the micro-and nanoscale [J]. Journal of Applied Physics，2008，103 (1)：014314-014314-5.

[4] 刘思南，邹德恕，张剑铭等. 表面粗化提高红光 LED 的光提取效率[J]. 固体电子学研究与进展，2008，28 (2)：245-247.

[5] 马洪霞，韩彦军，申屠伟进等. 基于 Ni/Ag/Pt 的 P 型 GaN 欧姆接触[J]. 光电子. 激光，2006，6：001.

[6] 翁建华. 芯片位置对红外二极管辐射强度在空间分布的影响[J]. 红外技术，2012，34 (7)：389-392.

[7] 宋国华，宋建新，缪建文等. 白光 LED 能量转换效率的研究[J]. 半导体技术，2008，33 (7)：592-595.

[8] 仲琳，刘英斌，陈国鹰等. AlGaInP 发光二极管内量子效率测量分析[J]. 光电子. 激光，2008，9：016.

[9] 熊伟平，范广涵，李琦. 提高 LED 光提取效率的研究[J]. 光子学报，2010，39 (11)：1956-1960.

[10] 占美琼，吴中林，吴恒莱等. 提高 LED 外量子效率[J]. 激光与光电子学进展，2007，44 (12)：61-67.

[11] 钟广明，杜晓晴，田健. GaN 基倒装焊 LED 芯片的光提取效率模拟与分析[J]. 发光学报，2011，32 (8)：773-778.

[12] 万珍平，赵小林，汤勇. LED 芯片取光结构研究现状与发展趋势[J]. 中国表面工程，2012，25 (003)：6-12.

第 5 章

LED的芯片制造技术

LED 芯片制造技术主要分为两个部分：外延片的制造和芯片的结构的制造。

外延片的制造指在衬底材料上外延生长第 3 章中提到的各种构成 LED 的材料和第 4 章提到的 LED 发光结构。

芯片的结构制造指在外延片基础上制备电极、钝化层、反射层、TCL 等器件结构，并划片、测试。

5.1 LED 外延片的制造技术

外延技术是 LED 产业链的最上游，其过程用于产生 LED 发光的最核心部分，即同质结、异质结和量子阱等。由于 LED 器件很小，出于批量化生产的考虑，总是利用外延设备制备成大面积的外延片，包括 2in 片、4in 片或 6in 片等，然后加工、切割以获得多个 LED 发光颗粒。

5.1.1 历史发展

根据 LED 材料体系，我们知道最早制备出的是 GaAsP 基红光 LED，利用的是液相外延，然而其量子效率并不是很高。其后发展到等电子陷阱掺杂 GaP，并制备黄绿光 LED，效率有了较大提高，材料制备手段是液相外延或气相外延，然而其发光效率仍然不是很高。直到后来开始利用液相外延，在 GaAs 体系材料上制备出第一支亮度超过 1cd 的红光 LED，但 GaAs 材料体系无法制备更短波长的 LED。后来，MOCVD 技术应用到材料外延领域，可以外延出高质量的 AlGaInP 材料，发光效率大大提高，并且发光波长可以到达黄光领域。然而，对于蓝光领域始终无法突破，因而无法获得白光用于半导体照明。直到 1986 年，Amano 研究小组采用氮化铝缓冲层技术和低能量电子束（low-energy electron-beam irradiation，LEEBI）技术提高 GaN 基材料并获得 p 型氮化镓，开始在蓝光领域的材料制备方面获得突破；同一时期，中村修二等人利用低温 GaN 缓冲层技术和退火激活技术进一步改善 GaN 基蓝光发光材料的制备工艺，并在 1994 年制备出第一支 GaN 基高亮度蓝光 LED。采用 MOCVD 技术研制成功了 GaN 基蓝绿光 LED，轰动了世界。至此，可见光红、绿、蓝全谱 LED 获得成功，半导体发光跨入了全新的领域，基于半导体发光的白光 LED 照明产业迅速发展壮大。现阶段对于半导体照明芯片的研究主要集中在蓝光 GaN 基芯片上，但是 GaN 基 LED 芯片技术并不成熟，仍有很大提高空间。故本章节讲述的 LED 芯片技术主要集中在 GaN 基蓝光 LED 芯片。

5.1.2 外延设备

GaN 基材料到目前为止，还很难大规模制备大块单晶材料，因而只能制备外延薄膜。目前，主要有三种途径外延生长氮化物系材料。

① HVPE（hydride vapor-phase epitaxy）氢化物气相外延。

② MBE（molecular-beam epitaxy）分子束外延。

③ MOCVD（metal-organic chemical vapor deposition）有机金属化学气相淀积。

HVPE 生长速率很快（$1\mu/\min$）。早期的 HVPE 由于控制手段不佳，不能用于量子阱、超晶格等结构的生长，因此在 20 世纪 80 年代被 MOCVD 和 MBE 技术取代。但这项技术近年来重新进入 GaN 基材料制备的视野，利用其快速生长的特点，可以在蓝宝石上制备厚膜 GaN，通过激光剥离出厚膜大块 GaN，成为同质衬底材料。HVPE 方法制备的大块 GaN 单晶有希望成为商业化的 GaN 衬底。同时，近年来随着控制技术发展，HVPE 也可以制备量子阱、超晶格等，可以制备 LED，但效率不如 MOCVD 技术制备的 LED。

MBE 生长速度在三种方法中是最慢的，能够在低温下生长。与 MOCVD 外延材料相比，MBE 可以生长高质量的富 In 组分的 InGaN 材料和 InN 材料，但在生长 GaN 和富 Ga 的 InGaN 材料方面，质量不如利用 MOCVD 生长。此外，MBE 维护成本高，生长周期长，产能低，使其无法应用到商业化生产中。

下面着重讨论实际生产中广泛被采用的 MOCVD 技术。此技术可以外延生长质量更优的 GaN 材料、富 In 的 InGaN 材料和富 Al 的 AlGaN 材料，而这几种材料主要应用于蓝光和近紫外波段，因而 MOCVD 技术在蓝光 LED 中成为主要制造方法。MOCVD 中的 MO 是指参加反应的物质为金属有机物，具体如下。

Ⅲ族金属：由三甲基镓 $[Ga(CH_3)_3]$、三甲基铝 $[Al(CH_3)_3]$、三甲基铟 $[In(CH_3)_3]$ 和三乙基镓 $[Ga(CH_3CH_2)_3]$ 等提供。

Ⅴ族元素：由氨气（NH_3）提供。

n 型杂质 Si：由硅烷（SiH_4）提供。

p 型杂质 Mg：由二茂镁 $[Mg(C_5H_5)_2]$ 提供。

CVD 指上述有机物通过化学反应，形成氮化物并在衬底上淀积成所需的氮化物薄膜。如生长 GaN，反应方程式如下。

$$Ga(CH_3)_3 + NH_3 \longrightarrow GaN + 3CH_4 \tag{5-1}$$

GaN 薄膜吸附在衬底上，CH_4 气体排出。

5.1.3 衬底材料

良好的衬底材料必须具备晶格常数匹配、热膨胀系数匹配、化学性质稳定、大尺寸、能大量生产等特点。由于 GaN 拉单晶很困难，大尺寸、高品质的 GaN 衬底无法量产，因此现在的氮化物 LED 都是基于 Sapphire、SiC 或 Si 衬底的异质外延。

(1) 蓝宝石

蓝宝石即 Sapphire，是使用最广泛的 GaN 基衬底材料，标准两步法生长 GaN 材料专利被日本日亚公司垄断。

优点：高温下稳定，透明，价格低。

缺点：不导电，使得 p、n 两层的电极只能在同一面，导致电流分布不均，必须利用干法刻蚀为 n 型层开出窗口，减少发光面积；同 GaN 晶格失配为 13.9%，由于晶格常数匹配的问题，外延材料位错密度较高，绿光引出效率低；导热性一般，使得芯片工作结温较高。

此外，如前所述，现今蓝宝石衬底上生长 GaN，通常使用的是极性面 c 面，存在自发极化和压电极化效应，使得制备的长波长 LED 发光效率变低。

(2) SiC

SiC 衬底主要是美国 Cree 公司采用，因为 Cree 公司前身是制作 SiC 晶体材料的，可以制备得到稳定的高质量单晶 SiC 衬底材料用于 GaN 基外延。

优点：同 GaN 晶格失配较小，为 3.5%，使得外延 GaN 材料晶体质量较高，发光效率高；导热性佳，单晶 SiC 材料的导热性能非常好，超过大多数的金属材料；SiC 衬底 GaN 基 LED 封装后热阻小，芯片工作温度降低，可靠性好，并可以加大功率密度；衬底可导电，因此可以做成垂直电极结构，可以简化芯片工艺制造流程，降低成本，并且垂直结构不容易造成刻蚀浪费芯片，电流扩散更均匀，避免电流拥挤现象。

(3) Si

如前所述，Si 基 GaN 现在受到世界各国的关注，成为研究的重要方向。国内一些科研小组已经成功研制出了基于 Si 基衬底的氮化物 LED，并实现了产业化。

优点：硅衬底材料具有高质量、低成本、大尺寸、导电性能优良等特点，且 Si 材料传统工艺成熟；硅材料可以用湿法腐蚀去除，适合剥离衬底，制备成大功率垂直结构 LED 芯片和垂直结构薄膜型 LED 芯片，同时大尺寸的优势可以保证产量大，降低价格；另外，Si 的导热性好，与 SiC 衬底一样，封装得到的 LED 热阻小，芯片工作温度低，更适合大电流驱动。

缺点：热膨胀率和晶格常数同 GaN 失配大，分别达到 56% 和 17%，生长过程中由于巨大的失配很容易形成缺陷；此外，Si 的晶格常数大于 GaN 的晶格常数，表现为 GaN 受到张应变，容易拉伸造成裂痕，用一般的方法生长的无裂痕的 GaN 很难超过 $1\mu m$；Si 的带隙较小，容易吸收量子阱发光，降低光的引出效率，到目前为止，Si 基 GaN LED 的发光效率还不能和蓝宝石或 SiC 衬底 LED 相比。

(4) GaN 同质衬底

当前 GaN 材料都采用异质外延，都不是最优的材料生长方式，容易引起位错等。如果能够获得大块 GaN 单晶，可以利用同质外延这样最优的方式。

优点：GaN 衬底可以利用同质外延 GaN 基 LED，综合了上述材料的所有性能方面的优点，包括无晶格失配和热失配、化学性质稳定、导热性好、导电性好等；利用 GaN 衬底生长面可以自由调节，不再仅限于 c 面极性面的生长方向，还可以进行半极性面 r 面外延生长、非极性面 m 面或 a 面生长等，这样可以克服自发极化和压电极化带来的影响，避免造成电子空穴空间波函数分离，从而提高复合效率。美国加州大学 Nakamura 教授对此做出了比较细致的研究工作，并发现在半极性面上 GaN 同质衬底生长支持 GaN 基黄绿光 LED，外量子效率很高，有望解决广泛存在的 Green Gap 难题。

缺点：GaN 大块单晶材料非常难制备，到目前为止，通过传统晶体生长技术生长的大块 GaN 单晶，其尺寸不超过 2cm，难以制备成单晶衬底。而通过前述 HVPE 方法制备的 GaN 厚膜单晶材料，尺寸同样还不够。

（5）其他衬底

除了上述衬底材料外，制备 GaN 的单晶薄膜还可以是 $LiAlO_2$、ZnO、镁铝石等。其中，$LiAlO_2$ 和 ZnO 材料与 GaN 的晶格常数差别很小，但是化学稳定性较差，不能用于商业生产。

GaN 基材料外延是 GaN 基 LED 制备的关键工艺，最具有难度，直接决定了 GaN 基 LED 的效率和其他性能，而其中适当的衬底材料更是直接决定外延整个工艺。寻找适当的、最具有性价比的衬底材料仍然是 GaN 基 LED 研究和应用的重中之重，将是一个长期的任务。

5.1.4 LED 发光部分的结构

GaN 蓝光 LED 发光部分的器件结构是借鉴传统 AlGaAs 和 AlGaInP 器件结构而来的，通过逐层外延而得到。

图 5.1 所示是一个典型的基于蓝宝石衬底的外延片结构图。其外延生长步骤如下。

① 在蓝宝石衬底上生长低温 GaN 缓冲层，这一层的作用是缓冲蓝宝石和其上一层的高温 GaN 的晶格失配，减少热失配和应力作用，并为上一层高温 GaN 层提供成核层作用。生长温度为 550℃ 左右，平均厚度为 20nm。最早，Yoshida 等人采用 MBE 生长 300nm AlN 缓冲层；后来，Amano 等人利用 MOCVD 技术在蓝宝石上生长 AlN 缓冲层；最后，中村修二利用 MOCVD 直接生长低温 GaN 缓冲层，其后在缓冲层上高温生长 GaN。这样，先在蓝宝石上生长一层低温 GaN 缓冲层，然后升高温度生长高温 GaN 的工艺已经成为 GaN 基 LED 制备的标准工艺，称为两步法生长。

② 如步骤 1 所述，在缓冲层上生长高温 GaN 和 n-GaN。高温 GaN 生长往往需要较高的温度，促进 Ga 原子迁移的 NH_3 分解获得 N 原子，生长温度一般为 970～1080℃，生长速率控制在 $4\mu m/h$ 左右，当 GaN 层达到一定厚度时在 MOCVD 里通入 SiH_4，掺杂 Si 获得

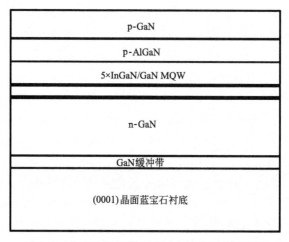

图 5.1 典型的基于蓝宝石衬底的外延片结构图

n-GaN，掺杂浓度控制在 $5\times10^{18}\sim10^{19}\,cm^{-3}$ 之间。

③ 有源层的生长。有源层一般采用 5 周期的量子阱结构。在步骤 2 的基础上，降低温度，开始生长第一个 InGaN 量子阱。生长 InGaN 量子阱的温度较低，一般控制在 700~800℃ 之间，往往温度越高，量子阱中的 In 含量越低，发光波长越短；而温度越低，InGaN 量子阱中 In 含量越高，波长越长。InGaN 量子阱的厚度一般控制在约 3nm，其后升高温度到约 850℃，生长 GaN 势垒，温度不能太高，太高容易使得已经生长的 InGaN 量子阱中的 In 分凝、脱附。GaN 势垒层的厚度往往控制在 10~20nm 之间。之后，再降低温度，继续生长第二量子阱，其后重复生长工艺步骤，生长 5 周期量子阱发光层。势垒和势阱往往不进行掺杂。这一步骤是 GaN 基 LED 制备的最为关键的步骤，其中的 InGaN 量子阱直接决定了 LED 的发光性能。

④ 电子阻挡层。在上述步骤基础上外延 p 型 AlGaN 层，作为电子阻挡层。GaN 基 LED 材料中，电子具有比空穴大得多的电子迁移率，生长一层 AlGaN 电子阻挡层，可以抬高电子势垒高度，阻挡电子穿过最后一个量子阱到达 p 型覆盖层，使电子和空穴在量子阱中发光。生长高质量 p 型 AlGaN 层往往需要较高温度，然而由于已经存在量子阱，太高的温度容易破坏已经生长的 InGaN 量子阱，故往往需要找到适当的温度平衡点（不超过 1000℃）。p 型掺杂的杂质是 Mg，取代 GaN 中的 Ga 原子位。此外，温度太高也容易造成 Mg 原子扩散到量子阱中破坏量子阱。

⑤ p 型覆盖层生长。继续适当降低温度，在 p 型 AlGaN 层上生长 p 型 GaN，厚度控制在 200nm 左右，同样需要控制温度到适当值。温度太低，材料质量退化；温度太高，破坏量子阱。此外，需要适当增大 Mg 的掺杂浓度，以便获取良好的欧姆接触。

⑥ p 型层退火激活。一般采取原位退火。在生长 p 型 GaN 后，MOCVD 腔体中通入 N_2 并切断 NH_3，对外延片进行退火 10~20min，退火温度为 750℃。Mg 掺杂的 GaN 材料中，Mg 很容易在 MOCVD 生长的过程中同 H 结合形成 Mg-H 络合物，因此必须通过加热或采取其他方式使得 Mg-H 络合物分解，从而使杂质 Mg 活化来提高载流子密度。一开始，Amano 等人利用低能电子束的照射使 Mg-H 络合物分解，以激活 Mg。而后来，中村修二利用热退火达到 Mg 激活的目的，由于热退火方便、规模大，现在已经成为 Mg 激活的主流工艺。然而，无论 Mg 的掺杂浓度多高，p 型 GaN 的空穴载流子浓度都不会很高，这是因为 Mg 在 GaN 中属于深能级，在室温下离化率很低，即使掺杂浓度接近 $10^{20}\,cm^{-3}$，空穴浓度也不会超过 $10^{18}\,cm^{-3}$，使得 p 型 GaN 仍然具有一定的电阻，在 LED 工作中，造成电压降，影响性能。因而，如何获得高空穴浓度的 p 型 GaN 材料也是将来研究和应用中的一个重要关注点。

至此，通过上述步骤，LED 发光部分制备完成，需要对芯片进行工艺加工，以便形成单颗粒 LED 晶粒。

5.2 LED 芯片的制造技术

5.2.1 几种相关的工艺制程介绍

GaN 基量子阱结构薄膜已经在外延工艺中用 MOCVD 制作完成，需要制作 TCL、电极、钝化层等。工艺包括：热蒸镀、EBE（E-beam evaporator，电子束蒸镀）、光刻、PECVD 制作钝化层及干法刻蚀。下面介绍几种常用的制作工艺。

（1）热蒸镀、EBE

热蒸镀往往是用来蒸镀 TCL 层，采用加热的方式加热 ITO，在 LED 芯片的 p 型层表面蒸镀一层透明导电的 ITO 薄膜，使得电流扩散均匀。而金属电极的蒸镀，往往需要电子束蒸镀。在真空腔体内，用电子束将置于坩埚中的金属加热汽化，汽化金属在晶圆表面淀积形成薄膜。如图 5.2 所示。

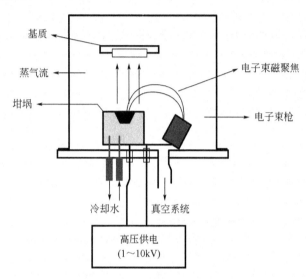

图 5.2 电子束蒸发示意图

优点：利用电子束直接加热金属，坩埚水冷不被加热，不会引入不必要的杂质；容易控制薄膜的蒸镀速率。

（2）光刻

光刻的目的是为了生长一层带有设计图案的光刻胶掩模，从而可以通过后续的刻蚀将掩模上的图案转移到掩模下的薄膜上。

光刻工艺的步骤如下（图 5.3）。

① 在所需图形化处理的薄膜表面涂覆光刻胶，光刻胶通常为有机物，在紫外光的作用下产生反应。需要利用旋涂仪旋转涂覆光刻胶，通过控制旋转速率控制膜厚。

② 利用光刻版覆盖上述光刻胶，并在紫外光照射下对光刻胶进行曝光，使曝光部分受到紫外光的照射发生化学反应。光刻版通常采用镀金属的玻璃片，用高精度的电子束直接制作而成。

③ 将曝光后的光刻胶在显影液中显影，上述步骤中被曝光的部分往往在显影液中可以溶化去除，这种胶称为正胶；相反，未曝光的部分可以在显影液中溶化的称为负胶。现在，大部分为正胶，正胶被显影液溶化后去除，留下的光刻胶作为刻蚀的掩模。

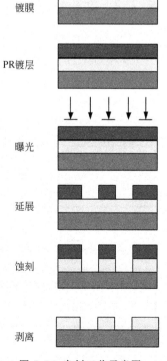

图 5.3 光刻工艺示意图

④ 将上述薄膜通过刻蚀将未被光刻胶覆盖的薄膜去除。可以采用湿法刻蚀或干法刻蚀，但干法刻蚀往往方向性更好。

⑤ 用有机溶液（如丙酮）将剩余的有机光刻胶剥除。光刻版的图形复制到薄膜上。

（3）干法刻蚀

刻蚀往往分为湿法刻蚀和干法刻蚀，湿法刻蚀使用溶液进行化学刻蚀，而不使用溶液的刻蚀称为干法刻蚀，往往是利用物理方法。对于 GaN 材料，由于其硬度高，耐腐蚀性强，不能利用湿法刻蚀，也不能用一般的反应离子刻蚀（RIE），需采用具有高密度等离子体特点的刻蚀方式，如采用 ICP（inductively coupled plasma）感应耦合等离子干法刻蚀。其原理为：等离子体中的离子在电场作用下对晶圆表面进行物理轰击，将表面原子键打断，从而对未被掩模覆盖的部分进行刻蚀。

优点：各向异性，刻蚀速率快。

（4）PECVD（Plasma Enhanced Chemical Vapor Deposition）制作钝化层

LED 芯片经过切割后，量子阱和 p 型层往往暴露在大气中，容易吸收水分和灰尘失效，需要对 LED 芯片进行保护。在芯片周围蒸镀一层致密保护层，材料往往选择 SiO_2 或 Si_3N_4，以钝化表面活性，称为钝化层。而制作 SiO_2 或 Si_3N_4 往往需要高温，容易破坏已经生长完毕的 InGaN 量子阱，因而采用 PECVD 沉积 SiO_2 或 Si_3N_4 多晶或非晶薄膜，以降低温度，避免对量子阱破坏。

利用 PECVD 制作 Si_3N_4 的反应方程如下。

$$3SiH_4 + 4NH_3 \longrightarrow Si_3N_4 + 12H_2 \qquad (5\text{-}2)$$

或采用 $SiCl_4$ 做 Si 源

$$3SiCl_4 + 4NH_3 \longrightarrow Si_3N_4 + 12HCl \qquad (5\text{-}3)$$

5.2.2 芯片的制作流程

下面将结合商用蓝光 LED，从电极结构、电流扩散层与整体布局的发展的角度来讨论一下 LED 芯片的制造技术。

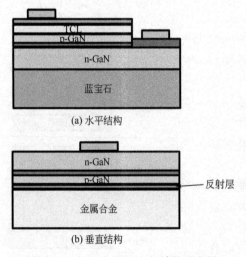

(a) 水平结构

(b) 垂直结构

图 5.4 GaN 基 LED 电极结构示意图

5.2.2.1 水平结构与垂直结构

从电极布局上说，LED 的结构可分为垂直结构与水平结构，这是由衬底是否导电决定的，并不存在演进关系。

（1）水平结构 LED

当使用蓝宝石等不导电材料做衬底的时候，必须使用水平结构，上表面的 p 型层和量子阱被刻蚀，直到露出 n 型层，然后才能分别在 p 型层和 n 型层上蒸镀电极。水平结构 LED 的缺点在于 n 电极只能蒸镀在被刻蚀暴露出来的 n 型 GaN 上，使得电极制作并不自由，容易造成电流扩散不均匀，导致拥堵，并且在正面出光时，电极容易挡光。但如果选用倒封装背面出光，可以克服这一问题。后文将进一步说明。

在一些封装情况下，如大功率集成模块化封装，水平结构底部绝缘，可直接在金属基板上封装。

（2）垂直结构 LED

垂直结构如图 5.4（b）所示，上下电极的方向与薄膜的表面垂直，下电极可以直接焊接在基板导电线路上，而上电极通过焊线引出。相比水平结构的两个电极，垂直结构电极挡光少，上电极设计自由，不需要刻蚀芯片露出 n 电极，因而不会造成芯片浪费，并且电流扩散自上而下，扩散均匀，电流拥挤现象不严重。

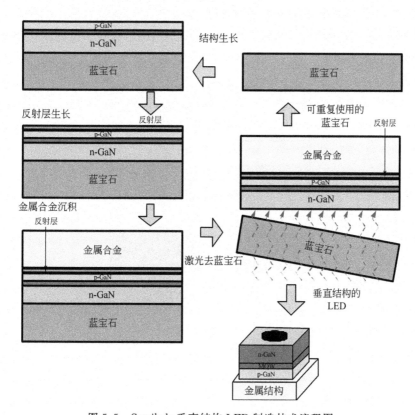

图 5.5　Semileds 垂直结构 LED 制造技术流程图

5. 2. 2. 2　Semileds 基于激光剥离的蓝宝石循环垂直结构 LED 制造技术

其关键技术在于 Cu 合金衬底与反射层的键合及激光剥离蓝宝石衬底。此结构优点如下。如图 5.5 所示。

① 发光面积大，不会损失平台蚀刻区。

② n-GaN 在上方，其掺杂浓度高，故无需 TCL。

③ 电流扩散性能好，电流分散可承受更大电流。

④ 金属衬底导热性能极佳，且串联电阻小，使 LED 的偏置电压小。

⑤ 蓝宝石衬底可循环使用，成本降低。

垂直结构缺点如下。

① 芯片比较脆弱。

② 成本较高，激光剥离工艺复杂。

5.2.2.3 正装与倒装

LED封装从光的出射方向来分，可以分为正装与倒装，其各有优劣，对应不同的芯片结构。下面结合商用蓝光LED的发展具体讨论一下这个问题。

1994年，Nakamura做出的第一支蓝光LED即采用了前面所述蓝宝石衬底水平结构，正装、两个电极在表面、有Au电流扩散层。此结构优点是首次制备出高亮度蓝光LED，由于是原始版本，下面借由此结构来说明氮化物蓝光LED的基本制造工艺。

(1) 正装的基本工艺

① 制作外延片，即MOCVD生长量子阱LED结构。

② 制作透明电极（p-type contact TCL）。可以利用热蒸镀法蒸镀透明电极，如ITO电极，获得如图5.6所示芯片。

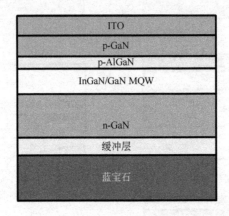

图5.6 具有TCL层的LED芯片

③ 第一次光刻，开p型金属电极窗口。

④ 采用电子束蒸镀淀积Ni/Au p金属电极，厚度为200/10（nm），获得如图5.7所示芯片。

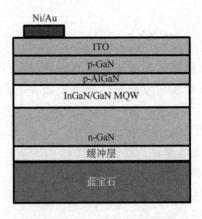

图5.7 带有p电极的LED芯片

⑤ 去除光刻胶后，对p型电极进行退火处理，以获得欧姆接触。

⑥ 第二次光刻，为制备n型接触窗口做准备。

⑦ 干法刻蚀，制备n型接触窗口，露出n层。如图5.8所示。

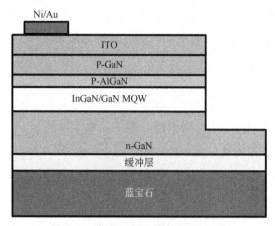

图 5.8　带有 n 刻蚀槽的 LED 芯片

⑧ 去除光刻胶后，利用 PECVD 淀积 Si_3N_4 阻挡层或 SiO_2。Si_3N_4 厚度为 200nm 左右。

⑨ 第三次光刻，为刻蚀 Si_3N_4 做准备。

⑩ 干法刻蚀 Si_3N_4。要求光刻后 p 电极露出，Si_3N_4 完全覆盖量子阱。如图 5.9 所示。

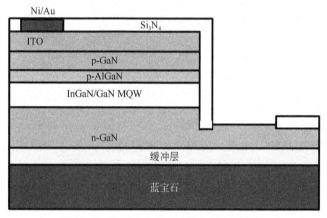

图 5.9　带有钝化层的 LED 芯片示意图

⑪ 第四次光刻，开 n 型接触淀积窗口。

⑫ 利用电子束蒸镀金属 Ti/Al/Ti/Au，厚度为 10/100/10/100（nm）。

⑬ 去胶，工艺流程结束，获得的芯片示意图如图 5.10 所示。

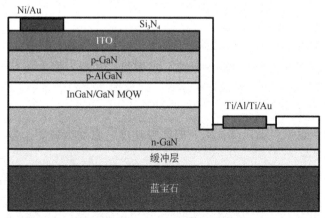

图 5.10　LED 芯片结构示意图

⑭ 对芯片进行减薄，一般蓝宝石芯片的厚度是 $300\sim500\mu m$，需要减薄到 $80\sim110\mu m$。

⑮ 在芯片背面制作金属薄膜反射面，反射光从正面射出。

⑯ 利用激光切割划片。

⑰ 裂片、检验、分级、包装。

制作水平结构的工艺成熟，但要涉及多个光刻和制备薄膜工艺，容易造成失效。水平结构在正装工艺封装出光时，光从 p 电极引出，容易导致电极挡光。为此，发展出了倒装芯片工艺。

(2) 倒装工艺

典型的倒装工艺结构芯片如图 5.11 所示。

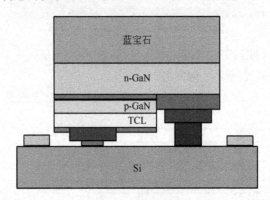

图 5.11　倒装结构

LumiLEDs 首先提出了 Flip Chip（倒装芯片）的概念，在当时是非常先进的，其结构如图 5-11 所示。将芯片翻转，用金点阵列或铅锡焊料与 Si 的基底焊接，并在 p 型层表面制作金属反射层，光从蓝宝石背面出射。在芯片的制作工艺上，其与传统正装芯片工艺的区别是不需要在蓝宝石背面制作金属膜反射层，而是在 p 型 GaN 表面制作反射层。其优点在当时有以下几点。

① 散热好。金导热性能好，倒装结构有源区离基底近，不须经过蓝宝石，因此散热性能很好。

② 取光好。无电极挡光，蓝宝石比 GaN 折射率更小，有更大出光光锥角。

③ 蓝宝石厚度很厚，可以在蓝宝石表面制作各种结构，有利于光发射。

倒封装结构的缺点同样明显。

① 工艺复杂，导致材料多、研发多、成品率低，进而导致价格贵。

② 散热并不优越。这是一个相对的概念，金散热固然好，但 Flip Chip 中使用的是金浮点点阵，实际散热面积同芯片面积相比小很多，同减薄蓝宝石的正装 LED、SiC 衬底 LED、金属衬底 LED 比并不优越。

Flip Chip 是一个过渡产品，现在唯一的优势是可以直接在模组上做 Flip Chip，且金绑定的固晶技术必须改进。

Flip Chip 出现之后至今，蓝光 LED 又回到了正装主流的时代，并发展出了新一代的正装芯片制作过程。其中，SiC 基 LED 凭借着 SiC 衬底良好的导热、导电性能一直采用正装结构；蓝宝石基 LED 为了改进衬底的热阻，或采用磨薄蓝宝石衬底的方法，或采用替换蓝宝石衬底为金属衬底的方法。

上述各种结构虽有产生先后，但现今都在市场上出现，各有各的优缺点，将长期作为竞争产品并存。

5.2.2.4 TCL 与 ITO、金属电极

TCL 即 transparent conductive layer，如前所述，它是为了使电流扩散更加均匀。从其组分上来分，分为金属电极与 ITO。

(1) 金属电极

指 10～100nm 数量级厚度的金属薄膜构成的电极，金属薄膜在低于一定的厚度时，对于光具有一定透明性。其专利由最早做出蓝光 LED 的 Nichia 占有，其中指出，采用 Gr、Ni、Au 、Ti 、Pt 等两种以上金属制作 TCL 皆属于侵权，而专利也是推动其发展的最主要因素，后人加入了对 Pd、Mg、Si 、Ta 等元素用于制造 TCL 的研究。

(2) ITO

出于进一步减少光吸收（金属 TCL 透过率为 75%）与专利规避的考虑，将 ITO（氧化铟锡）引入了 LED 制作过程，作为 TCL 的材料，可大大提高透光率，且无专利问题。ITO 在 $In_2O_3：SnO_2 = 95\%：5\%$ 时，具有最大的可见光透过率和最小的电阻率，是较理想的 TCL 层。

(3) 电极的制作

早期多为小功率正方形芯片，多采用 Nichia 对角设计，易在晶体边缘产生电流密度低的区域。之后，小功率芯片多设计成长方形，可得到较均匀的电流密度。而对于大功率芯片，其面积大、电流大，故将电流均匀分布到芯片各处更为困难。水平结构图样如 EpiStar 的 45mil（密耳，1 密耳=1/1000 英寸=0.00254cm）芯片电极与美国普瑞的 45mil 芯片电极，分别如图 5.12 (a)、(b) 所示，其目的是尽量将电极分散到芯片的各个表面部分，使电流分散较均匀，而垂直结构电极，如 Cree EZ1000，见图 5.13。

除此之外，还有其他结构的电极形状，其目的都是为了使电流均匀地分布在芯片中。

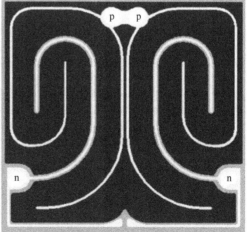

(a) EpiStar的45mil芯片电极　　　　　　(b) 美国普瑞的45mil芯片电极

图 5.12 EpiStar 的 45mil 芯片电极与美国普瑞的 45mil 芯片电极

图 5.13　Cree EZ1000 芯片结构图

参考文献

[1]　Kovac J，Peternai L，Lengyel O. Advanced light emitting diodes structures for optoelectronic applications [J]. Thin Solid Films，2003，433 (1)：22-26.

[2]　Hinzen H，Ripper B. Precision grinding of semiconductor wafers [J]. Solid state technology，1993，36 (8)：53-53.

[3]　Blech I，Dang D. SILICON-WAFER DEFORMATION AFTER BACKSIDE GRINDING [J]. Solid State Technology，1994，37 (8)：74-76.

[4]　Liu Z，Liu S，Wang K，et al. Status and prospects for phosphor-based white LED packaging [J]. Frontiers of Optoelectronics in China，2009，2 (2)：119-140.

[5]　Tao X，Wang L，Liu Y，et al. Effects of reflector-induced interferences on light extraction of InGaN/GaN vertical light emitting diodes [J]. Journal of Luminescence，2011，131 (9)：1836-1839. [6]　Xiong C，Jiang F，Fang W，et al. The characteristics of GaN-based blue LED on Si substrate [J]. Journal of luminescence，2007，122：185-187.

[6]　Hu C Y，Qin Z X，Feng Z X，et al. Temperature dependent diffusion and epitaxial behavior of oxidized Au/Ni/p-GaN ohmic contact [J]. Materials Science and Engineering：B，2006，128 (1)：37-43.

[7]　雷本亮，于广辉，孟胜等. 采用低温 AlN 插入层在氢化物气相外延中生长 GaN 膜 [J]. 光电子·激光，2006，17 (12)：1453-1456.

[8]　薛小琳，韩彦军，张贤鹏等. 基于 BCl3 感应耦合等离子体的蓝宝石光滑表面刻蚀 [J]. 光电子学·激光，2007：1078-1081.

[9]　张剑铭，邹德恕，刘思南等. 透明导电 ITO 欧姆接触的 AlGaInP 薄膜发光二极管 [J]. 光电子·激光，2007，18 (5)：562-565.

[10]　李述体，范广涵，周天明等. 退火对 AlGaInP/GaInP 多量子阱 LED 外延片性能的影响 [J]. 發光學報，2004，25 (5)：510-514.

[11]　艾伟伟，郭霞，刘斌等. GaN 基发光二极管的可靠性研究进展 [J]. 半导体技术，2006，31 (3)：161-165.

[12]　李刚. 半导体照明发光二极管 (LED) 芯片制造技术及相关物理问题 [J]. 物理，2005，34 (11)：0.

[13]　倪贤锋. MOCVD 方法生长硅基 GaN 与 $Al_xGa_{(1-x)}N$ 薄膜及其性能研究 [D]. 杭州：浙江大学，2004.

[14]　魏芹芹，薛成山，孙振翠等. 氮化硅基 Ga_2O_3/Al_2O_3 制备 GaN 薄膜性质研究 [J]. 稀有金属材料与工程，2005，34 (5)：746-710.

第**6**章 ◀◀◀

LED的封装技术

6.1 LED 封装简介

　　发光二极管（LED）制造流程一般分为前道工序（芯片制作）和后道工序（封装）。其中，LED 封装，特别是大功率白光 LED 封装，由于结构和工艺复杂，并直接影响到 LED 的使用性能和寿命，一直是近年来的研究热点。

6.1.1　LED 封装的目的

　　LED 封装的主要目的是确保发光芯片和电路间的电气和机械接触，并保护发光芯片不受机械、热、潮湿及其他外部影响。此外，LED 的光学特性也必须通过封装来实现。LED 封装的目的如下。

　　（1）固定保护

　　为了提高光引出效率，一般会对 LED 表面进行粗糙化处理或生长特殊结构的欧姆接触电极，这些结构无法受到氮化物钝化层的保护。所以，LED 芯片十分脆弱，细微的划伤就可能伤及电极，从而使得器件失效。即使没有被划伤，长期暴露在空气中的芯片也会被氧化。因此，通常出厂的芯片都会用蓝膜进行保护。LED 芯片通常体积很小，小功率芯片细如沙粒，即使是 1W 的大功率芯片表面积也只有 1mm×1mm。很难想象，如果没有封装，怎样将 LED 芯片固定到电路系统中，并且不受损伤。因此，LED 封装最基本的目的是固定并保护芯片。

　　（2）电路连接

　　要点亮一个 LED 芯片就必须在 LED 正负电极上施加电压，而 LED 芯片表面的电极尺寸肯定比芯片更小，通常在 1mm×1mm 的数量级，如何将电源上的电压引到 LED 的电极上，LED 封装为此提供了一个可行的电接口。

(3) 光引出

第4章的LED光引出效率提到，LED有源层发出的光线并不是完全逸出LED器件，这主要是由于光线内部的全反射及界面表面的菲涅尔损失等。因此，常通过增加一个中间折射层而增加光引出效率。

(4) 散热

虽然现在LED的光效不断地被提升，使其成为一种高光效的节能光源，但是它依然有将近2/3的电能被转化成热能，即使未来LED的光效达到或超过200lm/W，仍然有近45％的能量转化为热能。如何将这部分能量从LED中移除，尤其对于大功率LED是一个严峻的课题。如果热量不能被及时移除，将导致高的工作结温，而高的工作结温会导致LED光效下降、加速衰减、减少寿命、漂移颜色等一系列问题，使得LED高光效、长寿命的优势丧失。不同于白炽灯能通过红外辐射散发热量，LED的发光光谱在红外部分是没有能量的，这决定了LED散热只能靠热传导。封装的另一项艰巨任务就是将LED芯片所发出的热量通过封装结构传导出去。

(5) 光转化

白光LED技术主要有三种方案：其一是红、绿、蓝三种芯片发光混合形成白光；其二是紫外LED通过二次激发产生红、绿、蓝三种光谱形成白光；其三是利用蓝光芯片加荧光粉，利用荧光粉二次激发黄光与透过的蓝光混合形成白光。第三种方案由于简单、成本低、工艺成熟，成为现在白光LED的主流技术。这就涉及到封装工艺中的一个非常重要的步骤——荧光粉涂覆技术。现在有各种荧光粉涂覆技术，如自由点胶法、保型涂覆法、远程荧光粉法等。荧光粉涂覆技术将直接决定LED的光效、光色和光品质等。

(6) 光型变换

LED芯片很小，基本上可以看作点光源，光型分布类似朗伯光型。然而这种光型有时并不是所需要的光型，如指示光源需要很强的方向性。通过封装，利用不同的封装胶透镜，可以把光汇聚形成一定的指向性。也可以通过支架反光杯设计，如设计成抛物面，芯片落在抛物面焦点，使光接近平行发出。

6.1.2 LED封装的两个关键问题

LED具有长寿命和高光效的优势，如前所述，为了能实现这两个优势，在封装这个环节必须从LED芯片中引出更多的光，并通过好的散热设计控制工作结温。因此，散热和引光是LED封装中的两个最关键的问题。为了解决这两个问题，封装结构不断被改良，封装材料不断被更替。下面从这两个角度叙述LED封装形式的演化与发展。

6.2 LED封装形式的发展

LED封装方法、材料和工艺的选择主要由芯片结构、电气机械特性、具体应用和成本等因素决定。随着芯片性能、发光颜色、外形尺寸和安装方式的不断更新进步，以及应用需求的不断增加，LED的封装技术也在不断推陈出新。经过40多年的发展，LED封装先后经历了支架式（lead LED）、贴片式（SMD LED）、功率型（power LED）、板上芯片（chip on board，COB）等发展阶段。图6.1显示的是LED封装形式的演变和技术进步的过程。

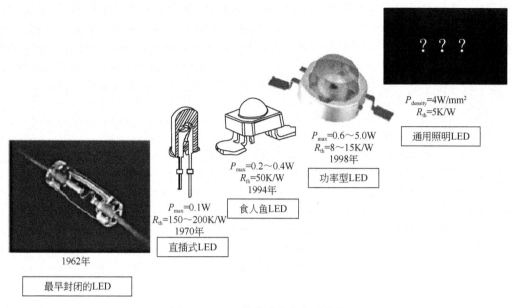

图 6.1 LED 封装形式的发展进程

6.2.1 DIP 封装

DIP（dual-in-line package）封装 LED 即两列直插式 LED，或称草帽式 LED，是引脚式 LED 的一种，是最早投入市场的封装结构，产品种类繁多、技术成熟。根据透镜的直径可分为 ϕ5mm、ϕ3mm 等型号，封装结构如图 6.2 所示。

封装支架为铝质镀银支架，LED 芯片于支架负极的凹杯内固晶，金线连接芯片与支架的正极，整个结构被环氧树脂透镜包裹，起到了保护的作用。环氧树脂 1.5 左右的折射率更

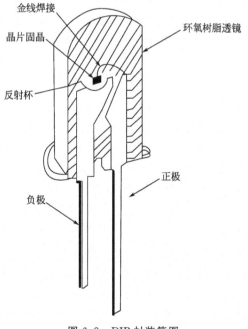

图 6.2 DIP 封装简图

加利于光从高折射率的芯片中取出。热量通过负极铝制基座传递至引脚再到 PCB 板，最后发散到空气，热阻约为 150～200K/W。由于散热能力的限制，这种封装形式通常用于小功率 LED，电流为 20mA、功率为 0.06W，主要用于 LED 早期的一些应用场合，如指示灯、交通灯等。由于此类器件主要用于指示而非照明，因此评价过程中主要用亮度而非光通量。

食人鱼（Piranha）封装 LED 也是引脚式 LED 的一种，是对于 DIP LED 的改进。封装结构如图 6.3 所示。

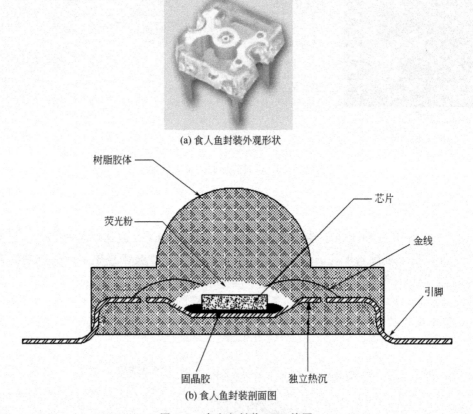

(a) 食人鱼封装外观形状

(b) 食人鱼封装剖面图

图 6.3　食人鱼封装 LED 简图

不同于 DIP 草帽式或椭圆形 LED 使用的铝制支架，食人鱼 LED 采用热导率更高的铜质镀银支架，并将引脚增加为四个，从而大大降低热阻，使 LED 可以承受更大的功率（0.2～0.4W）和电流（70～150mA）。食人鱼 LED 非常适合制成线条灯、背光源的灯箱和大字体槽中的光源。因为线条灯一般用来作为城市高层建筑物的轮廓灯，并且背光源的灯箱广告屏和大字体的亮灯都是放置在高处，如果 LED 灯不亮或变暗，其维修十分困难。由于食人鱼 LED 的散热好，相对 φ5mm 的普通 LED，其光衰小、寿命长，因此使用的时间也会长，这样可以节省可观的维修费用。食人鱼 LED 也可作为汽车的刹车灯、转向灯、倒车灯。在行驶的汽车上，蓄电池的电压波动较大，特别是使用刹车灯的时候，电流会突然增大，但是这种情况对食人鱼 LED 没有太大的影响，因此其广泛用于汽车照明中。

6.2.2　SMD 封装

2000 年以来，表面贴装封装的 LED（SMD LED）逐渐被市场所接受，并获得一定的市场份额，从引脚式封装转向 SMD 符合整个电子行业发展大趋势，很多生产厂商推出了此类产品。

SOT（small outline transistor），如图 6.4（a）所示，是电子工业中对于晶体管的一种表面贴装封装形式。早期的 SMD LED，如图 6.4（b）所示，大多采用 SOT-23 改进型，用透明塑料体代替原先的黑色塑料外壳。后来经过改良，采用更轻的 PCB 基板作为基座，在基板上采用精密模具的低压移送成型工艺（transfer molding）制作环氧树脂透镜，去除了较重的碳钢材料引脚，缩小了尺寸，降低了重量，减少了材料成本，解决了亮度、视角、平整度、可靠性、一致性等问题。由于其体积小，设计灵活，应用面广，适合于汽车仪表照明、指示照明、手机照明等。但由于基座采用了传统的树脂 PCB 基板，其散热性能较差，限制了它在照明领域中的应用。

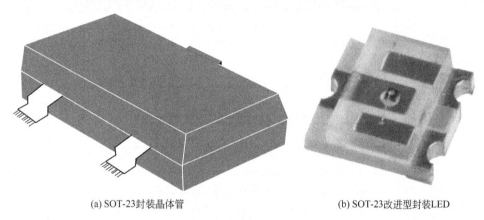

(a) SOT-23封装晶体管　　　　　　　　(b) SOT-23改进型封装LED

图 6.4　表面贴装封装形式

PLCC（plastic leaded chip carrier）是电子工业中对于 IC 芯片的一种表面贴装封装形式（图 6.5），引脚从封装的四个侧面引出在底部向内弯曲，因此在芯片的俯视图中是看不见芯片引脚的。其外形尺寸比 DIP 封装小得多。PLCC 封装适合用 SMT 表面安装技术在 PCB 上安装布线，具有外形尺寸小、可靠性高的优点。如图 6.6 所示。

为了提高功率和亮度，超高亮度的 SMD LED 采用了 PLCC 封装，按照其尺寸分为 5050、5030 等型号，即 5mm×5mm、5mm×3mm。封装结构如图 6.7 所示。

芯片在铜或铝制镀银的引脚上固晶、打线，引脚将电极引致支架背面。支架的材料为塑料，导热很差，因此芯片产生的热量主要由金属引脚传导至 PCB 基板，因此热阻相对较大，早期产品热阻可至 400K/W。支架形成的凹杯由硅胶填充，保护芯片的同时提供

图 6.5　PLCC 封装 IC 芯片

图 6.6　PLCC 封装 LED

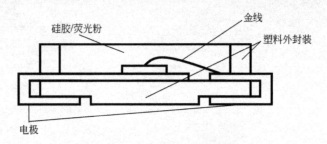

图 6.7　PLCC 封装 LED 结构简图

了更好的热稳定性和透射率。按照其不同的焊盘设计，可以在一个器件内封装单颗或多颗小功率芯片，从而实现 RGB 全彩 LED，多用于 LED 显示屏。对于三颗芯片封装的 5050 型，其驱动电流可达 60mA，可代替早期的 LAMP LED，被广泛应用于 LED 日光灯、LED 球泡灯等。

为了改善其散热性能，CLCC（ceramic leaded chip carrier）封装被用于 LED。2008 年，Vishay 推出业界首个采用 CLCC-2 扁平陶瓷封装且基于蓝宝石 InGaN/TAG 技术的高强度白光 SMD LED——VLMW84。其结构与 PLCC 并无本质区别，但是通过将 PLCC 中塑料支架用陶瓷材料代替，热量除了通过引脚外，也能通过陶瓷支架直接传导至 PCB 板，从而大大改善了其热学性能，具有 25K/W 的低热阻以及长达 50000h 的高使用寿命，这使其在以热管理为主要考虑因素的空间受限应用中成为理想光源，可广泛用于照相机的闪光灯、应急灯与标志、汽车仪表板以及外部照明装置，例如刹车灯及转向信号灯。

6.2.3　大功率 LED 封装

为了进一步提高单颗 LED 器件的功率以使其能应用于通用照明这个巨大的市场，人们在 PLCC LED 的基础上，通过封装材料与结构两方面的改进试图改善器件散热能力，来施加更大功率。

由于塑料热导率的低下，人们试图直接将 LED 在金属基座（一般为镀银的铜基座）上固晶，这样热量能直接从高热导率的金属基座传导至 PCB 基板，从而减小器件热阻。Lumi-LEDs 的 LUXEON K2、OSRAM 的 GOLDEN DRAGON、Nichia 的 HELIOS 等第一代的大功率 LED 都属于此列。

LumiLEDs，LUXEON K2

OSRAM, GOLDEN DRAGON；

Nichia, HELIOS

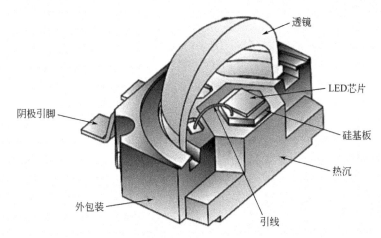

图 6.8　LumiLEDs，LUXEON K2 封装结构

著名的 LUXEON K2 封装结构如图 6.8 所示，该型号的 LED 采用了当时先进的 Flip Chip 芯片和现在被国内封装厂商广泛应用的 TOP SMD 封装形式。图中，支架和 PLCC 相同，采用了塑料，但是芯片直接在铜基座上固晶，整个器件底部都被铜基座占据以增加传热面积，因此引脚向外弯曲，不仅方便了平时用焊枪焊接，也同样能适用于回流焊。支架上方带有 PC 透镜，透镜内部空间由硅胶填充。根据应用需要，通过使用不同透镜就可实现不同的配光，如朗伯体、Sideview，现在已经有自由曲面透镜实现矩形配光。通过结构的改进，直接在金属基座上固晶，这类器件的热阻通常可以减小到 10K/W 的数量级，可承载 1～3W 的功率。

另一条思路是直接将 LED 在覆铜的陶瓷基板上固晶，这可以看成是对于 CLCC 结构的一种改进，或对于 SOT-32 封装的一种改进。虽然陶瓷的热导率只有铜的 1/6 左右，但是比传统 PCB 采用的树脂材料好很多，通过做成 PCB 板的形式，只要够薄，同样可实现小的热阻。2006 年，Cree 推出了业界首款基于陶瓷基板的大功率白光 LED——XLAMP XR-E，如图 6.9 所示。

其封装结构如图 6.10 所示。大功率 LED 芯片直接在双层覆铜镀银陶瓷基板上固晶，电极通过通孔引到器件背面的电极。其中固晶工艺采用共晶焊，直接将芯片背面的金锡合金熔化作为固晶材料，代替传统的银浆，有效减小了

图 6.9　Cree 的 XLAMP XR-E

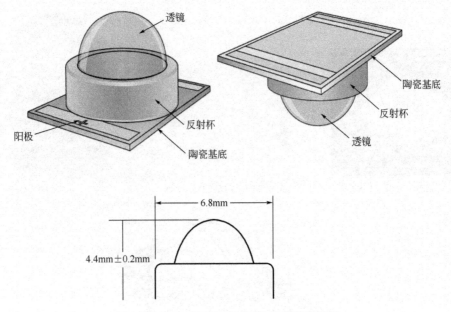

图 6.10　Cree 的 XLAMP XR-E 封装结构图

固晶界面的热阻。陶瓷基板上以芯片为中心围了一圈金属环，其上覆盖透镜，透镜与金属环围成的内部空间用硅胶填充。

这个结构将器件热阻降为当时业界最低的 8K/W，可以用来封装 1W 大功率白光 LED 用于照明，如路灯、隧道灯等。至此，器件热阻已经被控制在 10K/W 以内，改进的空间已经不大，大功率器件的小型化成为发展的重点，器件尺寸的缩小，能使得产品设计更加灵活，应用更加广泛。小型化的另一个好处就是极大降低了材料成本，陶瓷基板相对于传统 PCB 基板而言是相当昂贵的。

为了实现小型化，PC 透镜被抛弃，采用 Molding 工艺直接在陶瓷基板上制作硅胶透镜成为高端主流。如 LumiLEDs 的 REBEL、Cree 的 XP-G、OSRAM 的 OSLON 都采用了这种封装方式，如图 6.11 所示。

6.2.4　COB 多芯片集成封装

大功率 LED 照明灯具快速发展，越来越需要模块化 LED，能够产生更多的光通量并且适合更换，如 LED 路灯、工矿灯、投射灯等。因此，多芯片封装是未来大功率照明发展的另一个方向。而散热和取光效率仍然是多芯片 LED 封装需要考虑的主要问题。

LumiLEDs, REBEL　　　　Cree, XP-G　　　　OSRAM, OSLON

图 6.11　陶瓷基板封装的单颗粒 LED

　　多芯片 LED 封装，如图 6.12 所示，其热流密度和热量更加集中，因而需要散热效果更好、热阻更小。多芯片集成封装一般利用板上封装形式（chip on board，COB），芯片直接焊接在散热基板上，而不需要支架，使得散热路径短、热阻小。在常用的散热基板材料中铝的散热性较好、轻质、成本低；铜的热导率更高，成本也较低，但铜的密度大，重量较重。因此，多芯片 LED 封装支架主要采用铝和铜作为散热基板材料。但金属基板也有缺点，金属基板的热膨胀系数较大，而 LED 芯片主要是蓝宝石单晶材料，热膨胀系数远小于金属基板。随着 LED 工作循环，芯片的热胀系数和金属材料热膨胀系数相差较大，LED 工作循环多次后，容易造成芯片和铝基板间的微小裂缝，增大热阻并导致脱离。由此，铝片作为封装基板不是理想选择。为解决此类问题，有人开始利用陶瓷基板封装 LED。陶瓷材料由于良好电气绝缘特性、与 LED 芯片相匹配的热膨胀系数等特点，成为新一代的封装基板优选材料，如 AlN 陶瓷材料，热导系数达 170W/mK。然而，AlN 陶瓷材料制备困难，价格昂贵，难以大规模应用，很多陶瓷基板材料趋向于价格低的氧化铝陶瓷，如低温共烧结陶瓷（LTCC）等。2003 年，Lamina Ceramics 公司推出多层低温陶瓷金属基烧结（LTCC-M）技术，获得高集成度的 LED 阵列，如图 6.13 所示，其多芯片 LED 发光效率超过 40lm/W，寿命长达 10 年。

图 6.12　多芯片 LED 封装

　　多芯片集成封装制备得到模块化 LED 光源，将热沉与模块化光源的散热基板相连接，利用热沉的高导热率将芯片产生的热量高效地传递给灯具散热器，使得灯具的结构紧凑，散热效果良好。

　　多芯片集成 LED 封装硅胶面是平面，导致 LED 发出的光容易受到反射影响。目前，市场上单芯片 LED 封装产品的发光效率可以达到 110～150lm/W；在实验室制作出的高亮度 LED，其发光效率超过 200lm/W。然而，LED 集成封装模块的发光效率一般只是在 70～90lm/W，远远低于单颗 LED 封装产品的效率。对涂覆在芯片表面的硅胶进行表面粗化可以提高多芯片 LED 封装的引出效率。此外，在硅胶表面制作不同形状、不同密度的微结构，对取光效率的提升可以达到 10%～20%。

　　纵观 LED 封装的发展，可以发现封装结构的改进、封装材料的改变主要是为了改善 LED 的散热性能。因为 LED 器件的散热性能决定了 LED 器件的光衰、寿命、可靠性，制约了 LED 单颗器件的大功率集成，从而制约了 LED 的应用。从 DIP 封装到陶瓷基板封装，从铝质支架到铜质基座，从环氧树脂银浆固晶到共晶焊，将热阻从 400K/W 降低到 8K/W，使得大功率的 LED 成为可能。未来的趋势是什么？进一步的功率集成无

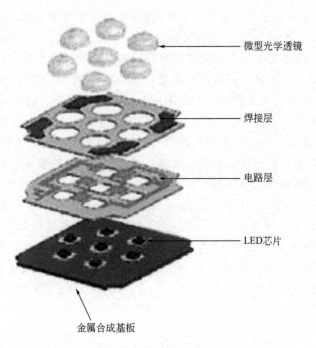

微型光学透镜

焊接层

电路层

LED芯片

金属合成基板

图 6.13 LTCC 封装

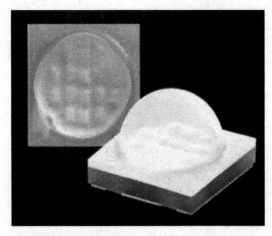

图 6.14 Cree XLamp XT-E HVW LEDs
（典型工作电压为 46V, 22mA）

疑是业界的一种趋势，Cree 最近推出了单颗集成 16 颗大功率 LED 芯片的器件，如图 6.14 所示。

国内也有公司推出大功率的 LED 模组，并在矿灯、路灯等室外照明中得到了一定的应用。多芯片封装采用 COB（chip on board）形式，简化了 LED p-n 结到热沉之间的散热路径，使其散热性能与同等功率的 LED 相比更好，且在灯具设计中，可以不用再设计 PCB。但是多芯片封装的 LED 由于其发光面积较大，因此在做二次光学设计时会有较大的难度。且当 LED 数量达到一定的限度时，芯片之间的热偶效应将会明显。

6.2.5 其他封装形式

LED 芯片的革新也会促进封装的革新。由于工艺的不良或者封装中材料间物理性能的不匹配，金线成为 LED 可靠性的一个重要环节。Cree 公司推出了一款新型的可以直接实现电气互联的 LED 芯片。该 SiC 衬底的 InGaN 芯片将正负电极设计在芯片底部，如图 6.15 所示。采用此种封装，减少了引线键合的环节，可以降低封装成本，但对固晶环节提出了更高的精度要求。

为应对降低封装成本的需求，LED 封装产业从半导体封装中引入晶圆级封装方式，主要是为了降低单芯片的封装成本，将大部分的封装在晶圆级完成。如图 6.16 所示。而传统

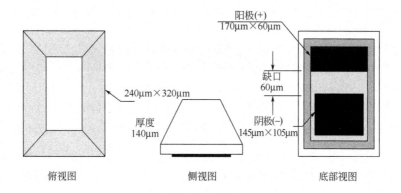

俯视图　　　　　　　侧视图　　　　　　　底部视图

图 6.15　Cree DA2432 LED 芯片

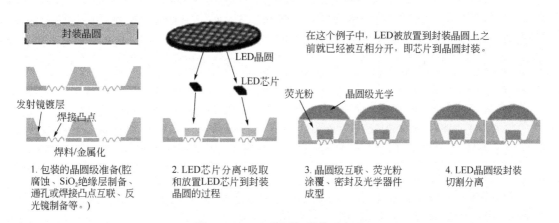

1. 包装的晶圆级准备(腔腐蚀、SiO_2绝缘层制备、通孔或焊接凸点互联、反光镜制备等。)

2. LED芯片分离+吸取和放置LED芯片到封装晶圆的过程

3. 晶圆级互联、荧光粉涂覆、密封及光学器件成型

4. LED晶圆级封装切割分离

图 6.16　LED 晶圆级封装示意图

的单芯片封装要将晶圆中的小芯片切割开后，再逐个封装。晶圆级封装还可以将单芯片封装中的外围电路整合到晶圆中，实现更高的集成度。晶圆级封装主要在 MEMS 和影响传感器的封装中发展较好。但 LED 器件最终还是要将相应的芯片放置在单一的封装结构中，所以只能在 LED 封装中有限地应用晶圆级封装。常见的是芯片到晶圆的封装形式，即 LED 芯片切割以后放入另一片刻蚀好的晶圆，再在此片晶圆上进行电气互联、荧光粉涂覆和透镜成型等工艺过程，最后进行切割。晶圆级封装的优势在于：可以让封装结构更小型化；良好的导热性能；低成本（由于晶圆的增大和芯片面积的减小促使物料成本降低）。这种封装方式存在两个主要的技术挑战：一个是生产具有硅通孔和植入式齐纳二极管的硅衬底的技术瓶颈；另一个是 LED 芯片到目标衬底晶圆之间的键合技术。

>>>>>>>>>
6.3 LED 封装工艺

　　LED 封装工艺过程主要包括固晶（die attached）、烘烤（silver or isolation epoxy curing）、引线键合（wiring bonding）、灌注成型（encapsulate/coating/molding）、烘烤（epoxy or silicon curing）、切割（cutting）、测试（testing）、分类（sorting）、包装（packing）。LED 封装主要经过以上九个主要过程形成 LED 成品。对 LED 性能影响最大的为前六个过程。对于不同芯片的封装，由于芯片结构的不同，封装过程会根据实际情况有所调整。本节将介绍 DIP LED 封装流程的几个主要工艺过程以及大功率封装流程。

6.3.1 小功率 LED 封装

(1) 固晶
　　LED 封装就是将 LED 芯片置于支架中进行封装。首先要将 LED 芯片在支架上固定住，这个工艺步骤就叫做固晶；同时，这个过程也是为了提供热界面，减少界面热阻。为了将 LED 芯片与支架固定，需要涂黏剂，即固晶胶。银浆是常用的固晶材料，它实质上是银粉和环氧树脂的混合物。银粉的作用是为了导电和更好地导热。除了通过银浆固晶外，还可以通过涂绝缘胶及共晶焊的方式。绝缘胶只是用于芯片两个电极都在顶部的情况，对于芯片底部也需要实现电气互联时，必须使用导电的固晶方式，如共晶焊和涂银浆。与绝缘胶相比，后者的导热性更强，机械强度更高，电气界面不会出现腐蚀，可以通过改变界面材料来实现两种物质界面处的热膨胀系数的匹配，并且能够承受较高的温度，这对后续工艺的温度设计有利。

　　固晶的过程如下。
　　① 要对芯片和支架做相应的准备工作。在进行固晶工序之前，需要对芯片进行镜检，检查 LED 晶片材料表面是否有机械损伤及细微的坑洞。由于晶片切割后依然排列紧密，芯片与芯片之间的间距很小（约 0.1mm），不利于后续制作操作。需要对黏结 LED 晶片的薄膜进行扩张操作，增加 LED 芯片的间距。另外，还需对支架进行等离子清洗，提高芯片与支架的接触面性能，为后续的引线键合做准备。
　　② 在支架上要固晶的位置点银浆。对于自动固晶机，由马达控制针头先蘸取银浆盘上的银浆，再将针头点在支架上使银浆黏附在支架上。
　　③ 放置芯片。由于小功率芯片细如沙粒，镊子很难夹，因此通常采用机器固晶。通常芯片置于蓝膜上，自动固晶机通过陶瓷磁嘴配合真空压缩机来吸取芯片，通过机械臂精确移动到支架点银浆处，在通过空压机让磁嘴吹气，将芯片吹到支架上，由吹气造成的压力使得银浆被压平，均匀分布在芯片与支架之间。
　　④ 此时银浆是胶体，需要加热固化，因此要将放好芯片的支架放置于烤箱内加热，使银浆固化从而完成固晶。如图 6.17 所示。

(2) 引线键合
　　固晶后，为了能点亮 LED，必须将 LED 芯片上的电极引到支架上，通过支架将电极引出。LED芯片上的电极到支架上的连接是通过金线连接的，这个过程称为引线键合，有时也称为打线。如图6.18所示。

引线键合是一个相对复杂的过程，需要人们对冶金、热力学及表面化学有深入的了解。在打线之前需要对支架进行前期等离子清洁处理，打线后还需要进行预注模检验。实现芯片与封装引线的电气互联的键合方式主要有引线键合和焊点键合。对于常见的 LED 芯片主要采用引线键合的方式，对于 Flip Chip LED 则需要采用焊点键合的方式。引线键合常采用超声波焊机。当金属暴露在超声波辐射下时，其屈服应力会降低，这种现

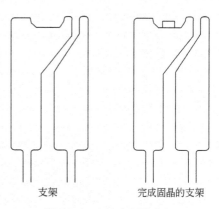

支架　　　　　　完成固晶的支架

图 6.17　小功率封装支架

象常被称为超声波软化效应，超声波焊机正是利用了这一点。将超声波应用在焊接技术中，可以促进金属之间的结合。超声波在键合过程中能够提供的不仅仅是减低金属的屈服应力，更重要的是它能够让键合的金属之间产生相对位移。Mayer 采用 In-situ 传感器测量压力和温度来研究热超声金球焊接，结果表明球体与衬底接触界面之间的相对位移对键合的形成至关重要，没有相对位移焊接不能形成。

引线键合方式包括球焊键合、楔形键合和针脚键合。

球焊键合（图 6.19）中导线从球焊劈刀（capillaries）中穿出，其旁边有一个电子火花系统，可以将位于送丝孔下端的导线前端烧融，由于金属的表面张力使其成为球形。球焊劈刀将已熔融的球体以一定的力度压在芯片的焊点上，金属球发生塑性应变后金属丝的原子与焊点表面的原子相互扩散后金属化，使金属球与焊点表面金属紧密结合在一起，第一焊点即形成。然后球焊劈刀上升并移动到第二焊点处。在第二焊点处，球焊劈刀向下与焊点接触并截断金线后，金线在第二焊点形成一个楔形或鱼尾形的焊接点。第二焊点形成后引线断裂，球焊劈刀上升且其旁边的电子火花系统将送丝孔下端的引线再次烧融成球形，为下一次焊接做准备。球焊键合可以是热压键合也可以是热声键合。在 LED 封装工艺中，主要采用热声键合方式，即在每个焊接点的形成过程中都会加上超声波，用以加速焊点的形成和提高焊点的质量。两个焊点之间的引线的形状、弧度、焊点与焊盘之间的结合程度都会影响到整个期间的可靠性。

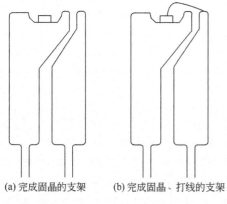

(a) 完成固晶的支架　(b) 完成固晶、打线的支架

图 6.18　小功率 LED 打线过程

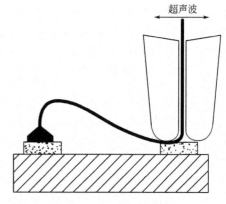

图 6.19　球焊键合示意图

由于使用金线，而金只能和金或同为贵金属的银键合，因此支架表面通常都镀银。上升磁嘴，用电弧将磁嘴上的金线头上一小段熔化成球，从而回到焊前的状态，并用一小段金线将芯片电极与支架连接。此时在支架的引脚上加电就可点亮芯片了。楔形键合的命名是因为在键合过程中使用的设备出线孔的形状为楔形（图6.20）。而针脚键合主要应用于多芯片封装中芯片与芯片之间的互联（图6.21）。

图6.20　楔形键合焊点形状

图6.21　针脚键合

（3）灌胶

上述两个工艺步骤在所有封装形式中都是必须的，也是相同的，如果是白光LED，还需要涂覆荧光粉，这在大功率LED封装中将叙述。之后的工艺是灌胶工艺，以环氧树脂为材料。为了在常温下保存环氧树脂，使其为液体，在使用时才使其成为固体，通常胶原剂即环氧树脂主体和固化剂是分开保存的。环氧树脂分为A胶和B胶，在使用时才混合。一般在购买时，厂家会给出一个建议的配比值，常用的是1:1。

灌胶的第一步是配胶，即将环氧树脂A、B胶按照配比混合并搅拌均匀。此时的胶中存在大量气泡，如果直接使用在成品的透镜中会有气泡，经过气泡的光会发生折射，从而导致光的损耗并影响配光。因此第二步是脱泡，将均匀混合的环氧树脂置于真空箱内，用真空压缩机抽走树脂中的气泡。对于DIP封装，草帽型的透镜外形是胶水本身形成的，实际中通过将液态的胶水注入塑料模条并加热固化，从而使胶水变成模条中的形状。因此，第三步是将环氧树脂注入模条。为了避免气泡，不能直接倒入，首先将树脂装入针筒，将针头抵住模具内表面底部将胶水注入。第四步，将完成固晶、打线的支架插入盛有环氧树脂的模具中，并固定。第五步，将模条和支架置于烤箱烘烤固化。第六步，脱模，将固化的环氧树脂透镜

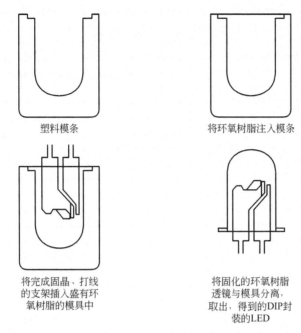

塑料模条　　　　　　　　　　将环氧树脂注入模条

将完成固晶、打线　　　　　将固化的环氧树脂
的支架插入盛有环　　　　　透镜与模具分离，
氧树脂的模具中　　　　　　取出，得到的DIP封
　　　　　　　　　　　　　　装的LED

图 6.22　小功率 LED 灌胶过程

与模具分离，然后进行切割、测试、分类和包装等工艺后，就完成了一个 DIP LED 的封装。如图 6.22 所示。

6.3.2　大功率 LED 封装

所谓大功率 LED，是指单颗功率大于 1W 的 LED。大功率 LED 封装形式主要要考虑散热设计、光学设计、可靠性设计等。

大功率 LED 采用的是大尺寸 LED 芯片（如边长 45mil），其工作电流一般在 350mA，可输出几十流明的光通量。大功率 LED 尽管现在效率较高，但仍然有超过 70% 的电能转化为热量，因而如果散热设计不佳，很容易导致芯片温度过高而失效。1998 年，美国 Lumi-LEDs 公司推出面向大功率 LED 的 LUXEON 支架式封装。LUXEON 支架式封装采用表面贴装技术，利用大尺寸的铜金属热沉（Heat Slug）作为底部材料，强化了封装对 LED 芯片的散热能力，并利用热电分离的原理提高了 LED 封装的可靠性。

下面以白光大功率 LED 为例，简单介绍封装工艺，包括芯片固晶、打线、荧光粉涂覆、安装透镜、灌胶固化的流程；但如果是集成封装多颗粒 LED，可以免除安装透镜步骤，直接在荧光粉或荧光粉胶上罐胶并加热固化。

（1）固晶

大功率 LED 固晶工艺和小功率 LED 固晶工艺大同小异，但需要考虑散热问题。小功率 LED 固晶可以用导热硅脂做黏结剂，也可以用普通银胶。导热硅脂导热性不佳，而导热银胶是由有机聚合物包裹银粉颗粒制成的，热导率也不大。由于固晶胶固化的过程是物理反应，内部基本结构为环氧树脂骨架＋银粉填充式导热导电结构，导热性能不佳，对器件的散热与物理特性的稳定不利。为此，业界寻找了替代的办法：以锡片或锡膏焊作为晶粒与热沉之间的连接材料，通过回流焊使锡膏与芯片的金属发生化学反应，实现紧密接触，可以获得较为理想的导热效果（热阻约为 16K/W）。同时，现在也在开展高热导率银胶产品的研发，如美国优尼韦尔公司的 6886H 系列高热导银浆产品，最高热导率可达 58W/mK，比较适合于大功率 LED 的固晶。除了以上固晶方式和固晶材料外，还有共晶焊接。共晶焊接也称为共晶键合。大功率 LED 封装中常用的共晶键合的材料有 Au/Sn（80/20）和 Ag/Sn（3.5/96.5）。与采用导热硅脂和银胶的固晶方式相比，共晶键合具有较低的热阻和较高的可靠性等优点，并且可以在较低的温度下进行。在充分考虑并设计两个界面材料的热膨胀系数后，共晶焊接可以得到高的黏合强度。共晶焊过程中最重要的三个参数是焊接温度、持续时间、工具压力。如图 6.23 所示。

此外，按照芯片出光方向，也有正封装固晶和倒封装固晶（flip-chip），如前面章节所述。

（2）打线

大功率 LED 打线工艺与小功率 LED 相同，但是考虑到大功率 LED 注入电流较大，一般在正负电极各打 2 跟金线。如图 6.24 所示。

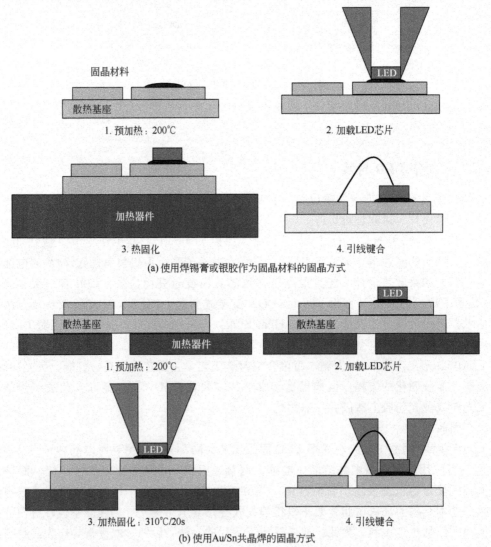

1. 预加热：200℃

2. 加载LED芯片

3. 热固化

4. 引线键合

(a) 使用焊锡膏或银胶作为固晶材料的固晶方式

1. 预加热：200℃

2. 加载LED芯片

3. 加热固化：310℃/20s

4. 引线键合

(b) 使用Au/Sn共晶焊的固晶方式

图 6.23　大功率 LED 芯片的两种固晶方式

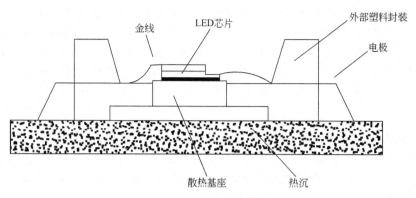

图 6.24 大功率 LED 打线

（3）荧光粉涂覆

荧光粉的涂覆工艺是目前白光 LED 封装工艺研究的热点。荧光粉的涂覆直接影响 LED 的效率、光色、均匀性等。荧光粉涂覆如图 6.25 所示。当前，近场涂覆和远场涂覆是荧光粉涂覆的两种思路。其中，近场涂覆中自由点胶涂覆和保形涂覆是两种主流的涂覆工艺。三种荧光粉涂覆工艺如图 6.26 所示。自由点胶法是荧光粉涂覆的传统工艺，从小功率 LED 发展而来。该方法将荧光粉胶点涂在芯片表面，胶体自由流动到边缘区域，最后荧光粉胶的表面张力达到平衡态形成一种特定的形状。该方法的优点是荧光粉层的厚度可以通过控制荧光粉胶的胶量和涂胶面积大小来方便地控制，不需要特殊的工艺处理，从而降低了生产成本；但是这种涂覆方式往往会造成荧光粉沉淀，在 LED 芯片的两侧或固晶杯底部积累，使得两侧荧光粉比中心厚，造成白光 LED 中心偏蓝、外围边缘偏黄的光色，形成色圈或色斑。而保形涂覆技术有效克服了这个缺点，该方法使荧光粉颗粒紧密地堆叠在一起，从而可以将荧光粉层的厚度制备的非常薄。通过控制沉积的条件，荧光粉可以很均匀地覆盖在整个芯片表面，使得侧向光和中心光穿过荧光粉的厚度大致相等，光色均匀。这是近场涂覆工艺。然而，近场涂覆工艺中，荧光粉由于紧密接触芯片表面，使得荧光粉的温度变高，引起荧光粉退化，因而远场涂覆工艺得到发展。封装工艺的好坏直接决定了 LED 性能的高低。

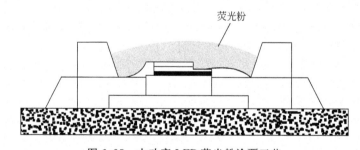

图 6.25 大功率 LED 荧光粉涂覆工艺

(a) 自由点胶工艺　　　　(b) 保形涂覆工艺　　　　(c) 远场涂覆工艺

图 6.26 荧光粉的三种涂覆工艺

此外，传统的以 LED 蓝光芯片＋YAG 黄色荧光获得白光 LED 的显色性不好，在户外照明尚可，但用在家庭照明方面，显色性还不够。硅酸盐荧光粉发光波长可以调节，颜色丰富，可以发出绿光、黄光、橙光，但硅酸盐性质很不稳定，寿命不长，因而在半导体照明领域应用有限。近年来，氮化物荧光粉研制获得成功。氮化物荧光粉可以发出红光，量子效率较高，与 YAG 荧光粉组合，补充红色部分，可以使得白光 LED 显色性大为增强。

（4）安装透镜

为保护荧光粉胶免受外界风沙侵蚀，也为了调节 LED 出光光形，需要在 LED 出光口安装透镜，如图 6.27 所示。为适应各种应用，需要设计不同的出光光形，为此可以设计各种样式的透镜，包括草帽头、圆头、子弹头等。

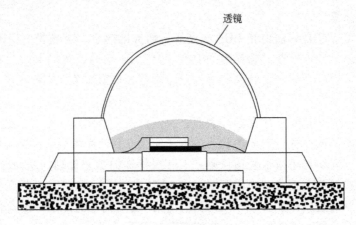

图 6.27　安装透镜

（5）灌胶固化

安装透镜后，需要灌胶固化，目的是使封装更加牢固，减少芯片和透镜之间的空气隙，使引出效率增大。可以根据不同需要灌封不同折射率的胶体，硅胶具有耐紫外线、性质稳定的特点，成为 LED 经常使用的材料。如图 6.28 所示。

无论采用何种方式和工艺封装 LED，封装材料都有非常重要的影响，包括力、热、光、电等。下面介绍 LED 封装使用的各种封装材料。

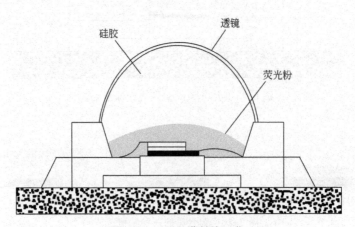

图 6.28　LED 灌封胶工艺

6.4 LED 封装材料

6.4.1 大功率 LED 封装基板

(1) 支架

LED 支架的作用主要是用来固定、导电和散热。随着 LED 亮度的提升，对支架的散热提出了更高的要求。单颗粒大功率支架一般采用铜材镀银结构加塑料反射杯，铜材起连接电路、反射、焊接、散热等作用，镀银是为了提高反射率。随着对 LED 小型化的需求，LED 封装结构朝着薄型化发展，已经涌现出越来越多其他类型的新型封装结构。

(2) 陶瓷基板

陶瓷基板是指利用陶瓷粉末高温烧结制成薄片，并对薄片进行金属化后适用于 LED 封装散热的基板材料。其中，金属化一般分为三种：直接键合铜基板（DBC）、低温共烧陶瓷基板（LTCC）和直接镀铜基板（DPC）。其中，DBC（direct bonded copper）是当前重点应用的覆铜陶瓷板，其结构与制作工艺如图 6.29 所示。

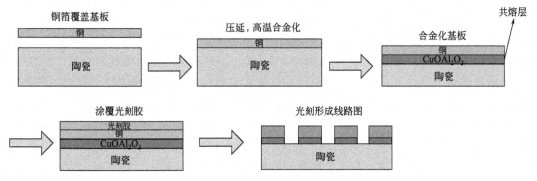

图 6.29　DBC 基板结构示意图

(3) MCPCB

MCPCB 又称绝缘金属基板（insulated metal substrate，IMS），其结构如图 6.30 所示，是一种由金属铝板、有机绝缘层和铜箔组成的"三明治"结构，其优点是成本低，可实现大尺寸、大规模生产。但它也存在一些明显不足：

① 热导率较低。由于中间绝缘层为含无机填充物的环氧树脂，热导率较低（2.2W/mK），限制了整个 MCPCB 的导热能力。

② 热膨胀系数不匹配。金属 Al 和 Cu 与 LED 衬底材料的热膨胀系数都不匹配，高低温循环工作将导致微小裂缝，从而增大热阻。

③ 使用温度较低。由于有机绝缘层的存在，限制了 MCPCB 的使用温度。

MCPCB 的改进主要集中在采用高导热、高耐热材料取代有机绝缘层，如采用高导热陶瓷代替有机绝缘层。

(4) 硅基板

半导体硅具有热导率高、与 LED 芯片材料热失配小，加工技术成熟等优点，非常适合作为大功率 LED 的散热基板。但是，硅作为一种半导体材料，当温度升高时，电阻率

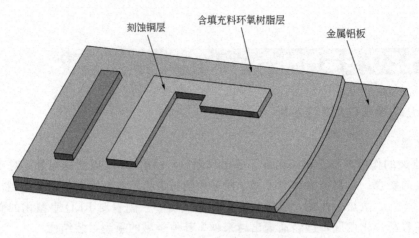

刻蚀铜层　　含填充料环氧树脂层　　金属铝板

图 6.30　MCPCB 结构示意图

降低，作为基板应用受到一定限制。此外，硅材料较脆，抗机械冲压能力弱，容易导致基片碎裂。

6.4.2　其他大功率 LED 封装材料

（1）键合引线

目前，LED 封装中常用的键合引线为金线（Au），因为 Au 的延展性好，在键合后能很好地释放应力（抗拉强度＞7MPa，延展率＜1％）。也有人提出用铜线代替金线。使用铜线能降低成本且易于键合；铜线电导率高，并且强度也较高。但是，铜的熔点较高，要求键合温度更高，并且硬度大；此外，铜在空气中容易快速氧化。

（2）灌胶

LED 对透明塑封材料有特殊要求：透光性必须在封装和组装过程中及全寿命范围中保持稳定；折射率尽量高，使光在芯片和灌胶界面的全反射角尽量大，提高引出效率；塑封材料必须足够坚韧，能够抵抗固化过程中可能的热冲击；对于紫外光 LED，其必须可以抵抗紫外光导致的发黄。

大功率 LED 封装常用的灌胶材料为环氧树脂和硅胶。环氧树脂作为 LED 封装材料应用的历史较长，它具有优良的介电性、黏结性和透光率，操作简便，可在常温下固化，成本低廉。环氧树脂是含有一个以上的环氧基团且能够转换成热固形式的聚醚树脂，其在固化过程中，尽管存在挥发性溶剂，但不会生成挥发性分解物。环氧树脂在光学元件中应用相当普遍，它在机械、电气和光学特性决定了其在 LED 封装中的广泛应用。环氧树脂还具有良好的耐腐蚀性、附着力好及低收缩、成本低等特点，在低功率 LED 中应用比较广泛。随着大功率 LED 封装的需要，环氧树脂作为封装材料逐渐呈现出劣势，如固化后内应力大、不耐机械冲击、耐热性差等。因此，大功率 LED 产品普遍采用有机硅材料作为封装材料。

与环氧树脂相比，硅胶的分子架构使其具有环氧树脂所不具有的优势，它的热稳定性要优于环氧树脂。硅胶的稳定温度范围达到 $-65 \sim 232$℃。此外，它还有极佳的黏着性、吸振性及缓冲性。其与环氧树脂在热稳定性、抗 UV 特性等方面的差异如表 6.1 所示。硅胶具有良好的耐热性和抗紫外光性，因而常作为大功率 LED 和户外应用的塑封材料。

表 6.1　硅胶和环氧树脂的特性比较

性能	硅胶	环氧树脂
热阻	极好	一般
抗紫外光性能	极好	差
硬度	好	极好
黏附强度	好	极好
热膨胀系数	一般	好
吸湿性	好	一般
透湿性	差	好

（3）荧光粉

目前，荧光粉材料体系形成了铝酸盐、硅酸盐和氮氧化物三大体系。铈掺杂的钇铝石榴石（$Y_3Al_5O_{12}：Ce^{3+}$，又称 $YAG：Ce^{3+}$）是应用最为广泛的荧光粉材料，荧光粉的内量子效率普遍较高，可以达到 90%，发光光谱在黄绿光波段。通过在 YAG 荧光粉的制备过程中加入助熔剂，改变传统的高温固相法为溶胶-凝胶法、沉淀法、喷雾热解法等制备方法，调整荧光粉中离子的掺杂量和种类，对荧光粉颗粒进行包膜处理等，可以改善荧光粉的结晶质量、颗粒均匀性和发光强度。

铕激活的硅酸盐荧光粉系列具有多种颜色的荧光粉，在 $280\sim550nm$ 光的激发下，可以发出绿光、黄光、橙红色光和红光。利用铕激活的绿光硅酸盐荧光粉和红光硅酸盐荧光粉可以得到显色指数较高的白光 LED。硅酸盐荧光粉中，$(Ba，Si)_2SiO_4：Eu^{2+}$ 具有对紫外光、近紫外光、蓝光显著的吸收，内量子效率高于 90%。但是，该类荧光粉在温度高于 120℃时热衰退严重，材料的化学稳定性也不好，容易吸收水分分解，因而制备和使用该荧光粉时必须考虑这个问题。

氮氧化物的荧光粉材料于近年才发展起来，主要包括硅铝氧氮系列和硅氧氮系列。氮氧化物荧光粉具有较高的湿热稳定性和化学稳定性，极小的温度荧光淬灭效应（至少＞120℃），被认为是较理想的高亮度白光 PCLED 用荧光粉，受到固态照明产业界的青睐，目前主要用于制备高性能的红光荧光粉，以代替传统的硫化物红光荧光粉。但是氮氧化物的内量子效率普遍不高，很难超过 80%。利用氮氧化物和 YAG 荧光粉得到的白光 LED 不仅显色指数高，而且可以具有较高的颜色稳定性。但是氮氧化物荧光粉制备非常困难，需要非常高的温度和压强等严格的工艺条件，因而价格很高，因此只能用于 YAG 等黄色荧光粉的补充材料，用以提高显色指数。

三个系列的荧光粉综合性能如表 6.2 所示。

（4）透镜

LED 透镜在 LED 中应用，可以改变光形，例如各种会聚光束和发散光束，并且可以对 LED 发出的各个角度的光进行有效控制，设计自由度大，实现方式灵活。近年来，自由曲面透镜

表 6.2　不同系列荧光粉的性能比较

系列	典型	应用发光段	效率	稳定性	价格	合成
铝酸盐	$YAG：Ce^{3+}$	黄光	高	高	较贵	较难
硅酸盐	$(Ba，Si)_2SiO_4：Eu^{2+}$	黄绿光	高	不高	较贵	较难
氮氧化物	$Sr_2Si_5N_8：Eu$	红光	不高	高	昂贵	困难

的加工大众化，使得 LED 出光光形更加容易控制，因此透镜对 LED 具有越来越重要的作用。

LED 透镜常用的材料有硅胶、PC、PMMA 与玻璃。硅胶透镜因为硅胶耐温高（也可以过回流焊），因此常用于直接封装 LED 发光器件。一般硅胶透镜体积较小，直径为 3～10mm。PC 具有相当强的韧性，耐冲击性能好，透光率可达到 90%，折射率在 1.586 附近，熔点为 149℃ 左右，热变形温度为 130～140℃，但其耐疲劳性能不佳，故主要被用于一次光源透镜上。PMMA 是一种优良的透镜材料，其透光率可以达到 94%，折射率在 1.49 附近，但其耐温性能不佳，只有 80～110℃，在功率型 LED 透镜中主要应用在二次光源透镜上。玻璃透镜也被广泛应用在功率型 LED 上，其特点是透光率高；但玻璃透镜易碎，难以加工成各种所需形状。

(5) 热界面材料

目前，LED 封装常用的热界面材料有导热胶、导热银胶、金属焊膏等。其中，导热胶的主要成分为环氧树脂或有机硅，作为一种聚合物材料，其本身导热性能较差。为了提高其热导率，通常填充一些高热导率材料，如 SiC、AlN、Al_2O_3、SiO_2 等，填充材料含量及其性能决定了导热胶的性能。尽管如此，其目前仍然仅限于在小功率 LED 封装中应用。导电银胶是将微米和纳米银粉加入环氧树脂中形成的一种复合材料，具有较好的导热、导电和黏结性能。但银胶固化后的热导率并不高。近年来，锡膏固晶成为大功率 LED 热界面材料的应用热点。利用锡膏固晶，采用回流焊工艺，锡膏与 LED 晶片发生化学反应，使其强度高、导热和导电性好等。特别是采用共晶工艺将芯片贴装到基板上，由于衬底与基板间形成了良好的合金层，其散热效果要比用银胶固晶好得多，且由于固晶黏结力大大增加，提高了 LED 器件的可靠性。

对于大功率 LED 封装，理想的热界面材料除了具有高热导率（降低热阻）外，还要求其具有与芯片衬底材料相匹配的热膨胀系数和弹性模量（降低界面热应力）、工艺温度低、使用温度高、材料和工艺成本低等。

参考文献

[1] Cree，Cree® XLamp® XR-E LED data sheet［OL］．Available：http：//www．cree．com/～/media/Files/Cree/LED Components and Modules/XLamp/Data and Binning/XLamp7090XRE．pdf．2013．

[2] Langenecker B．Effects of ultrasound on deformation characteristics of metals［J］．Sonics and Ultrasonics，IEEE Transactions on，1966，13（1）：1-8．

[3] Mayer M，Paul O，Bolliger D，et al．Integrated temperature microsensors for characterization and optimization of thermosonic ball bonding process［J］．Components and Packaging Technologies，IEEE Transactions on，2000，23（2）：393-398．

[4] Kim H H，Choi S H，Shin S H，et al．Thermal transient characteristics of die attach in high power LED PKG［J］．Microelectronics Reliability，2008，48（3）：445-454．

[5] Liu S，Luo X．Led packaging for lighting applications：design，manufacturing，and testing［M］．John Wiley & Sons，2011．

[6] 钟广明，杜晓晴，田健．GaN 基倒装焊 LED 芯片的光提取效率模拟与分析［J］．发光学报，2011，32（8）：773-778．

[7] 申屠伟进，胡飞，韩彦军等．GaN 基发光二极管芯片光提取效率的研究［J］．光电子·激光，2005，16（4）：385-389．

[8] 万珍平，赵小林，汤勇．LED 芯片取光结构研究现状与发展趋势［J］．中国表面工程，2012，25（3）：6-12．

[9] 李刚．半导体照明发光二极管（LED）芯片制造技术及相关物理问题［J］．物理，2005，34（11）：827-833．

第 **7** 章 ◀◀◀

白光LED

从本质上说，LED 是一种单色光源。然而在日常应用中，单色光远远不能满足各类需要，白光 LED 才是固态照明技术用于普通照明的最终目标，从而使 LED 能够替代传统白炽灯甚至荧光灯。白光 LED 有着很多要求：首先，应达到较高的显色指数，使其光照效果尽量接近太阳光，即显色指数要求高，例如室内照明要求的显色指数一般在 80 以上；其次，在满足色度学参数的基础上尽可能提高 LED 的光效；眩光的控制也是需要被考虑的。

从满足功能性照明一般要求的角度来看，光效及显色指数是两个主要考虑的因素。目前实现白光 LED 的主流方法有三种，本章将具体介绍。

由于 LED 发出的光全部在可见光范围内，因此对 LED 来说，可见光效率为 1。LED 的效率可以表示为 $\eta = \eta_r K$。式中，K 值可以通过 LED 光谱求得；η_r 为 LED 的光电效率。本章讨论白光 LED 的发光效率时，由于 LED 技术依然在快速发展，效率被不断刷新，而效率的变化主要是光电效率的提高，因此本书将讨论几种白光 LED 产生方法的最大理论光效，实际上也就是 K 值。根据 K 值的定义可知，其仅与对应的光谱能量分布有关，但由于 LED 光谱的灵活性，所以无法直接计算 LED 的 K 值，必须做一定的假设。作为舒适且有应用价值的白光，我们做如下假设：光谱坐标 x、y、z 均为 0.33 左右，显色指数为 80 以上。

7.1 ▷▷▷▷▷▷▷ 三基色白光 LED

该方法是将单色光 LED 进行组合，将它们发出的光混合成白光。最为常见的方式是 RGB 三基色混合得到白光。RGB 三基色白光 LED 的光谱示意图如图 7.1 所示（参见彩图 7.1）。

这种方式的显色性和辐射光效受三颗单色的 LED 共同影响的。

理论上，LED 的光谱是非常灵活的。单色 LED 的光谱比较窄，约为 20～30nm。在可见光范围内，有各种中心波长的 LED。以三个典型的中心波长及光谱半宽度值按照高斯模

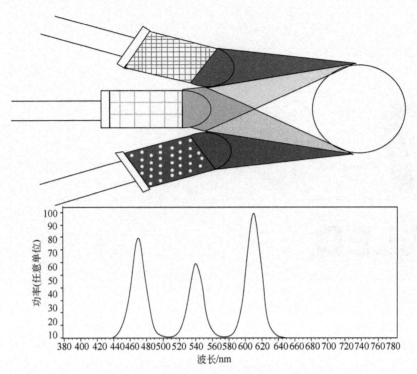

图 7.1 三基色白光 LED RGB 光谱示意图

型计算光谱，作为实际的 RGB 光谱能量分布，拟合白光，以分析 RGB 方式产生白光的光效情况。三个典型的波长值见表 7.1。

表 7.1 用于分析 RGB 白光 LED 光效的三个典型单色 LED 波长

颜色	中心波长/nm	半宽度/nm
红	614	20
绿	546	30
蓝	465	20

MQ Liu 等基于以上波长数据，采用高斯拟合光谱能量分布，在进行多次拼凑配比实验后，在三种单色光谱峰值之比为 $1:1.2:1$ 时得到色度坐标（$x=0.34$，$y=0.35$），显色指数为 87，且光谱辐射光效最高，为 350lm/W。由于所选三基色的光谱不同，计算出的最高光效可能会有所不同，如美国科学家 Jeffrey Y Tsao 也有过类似的计算，约为 373lm/W。但是，350lm/W 这个数据应该是 LED 的最大理论光效。

三基色 LED 最简单的实现方法是三支单色 LED（红、绿、蓝）的组合管，和全色电视屏（Bogner 等，1999 年）中所用的一样。单个白光 LED 器件的做法是通过把多个光发射器件异质集成到单个外延结构上来实现，即所谓的多芯片 LED（MC LED）。这种异质集成器件可能已通过镜片复合（Floyd 等，1999 年）以及区域玄色 MOCVD（Yang 等，2000 年）实现。

除了 RGB 三基色组合白光 LED 的形式，还可以添加更多单色 LED。后面介绍的蓝光加黄光在色度学上等价于两色合成白光，而这里介绍的是 RGB 三色混合产生白光。由于单色 LED 光谱的灵活性，因此可以使用四色或更多单色 LED 合成白光 LED。值得一提的是，随着单色 LED 数量的增多，白光 LED 的显色性会越来越好，然而理论辐射光效则会下降。

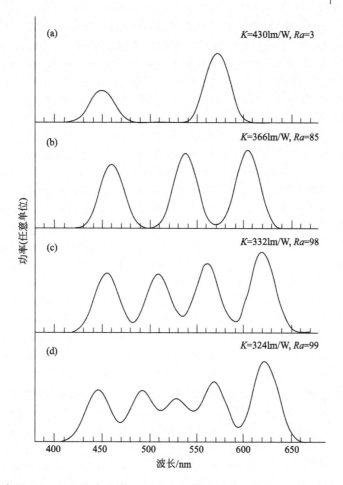

图 7.2　色温 $CT=4870K$ 多芯片 LED 白光的模型光谱（基色 LED 的线宽为 30nm）
(a) 二基色灯；(b) 三基色灯；(c) 四基色灯；(d) 五基色灯

多颗单色 LED 组合成白光 LED 便是多基色 LED，见图 7.2。

　　三基色和四基色白光 LED 可以较好地兼顾显色指数与辐射光效，引入五个或更多基色的 LED 可以使显色指数再提高一些，但是辐射光效将进一步下降。但是，五基色或更多基色 LED 灯能够提供光谱准连续的及更加接近太阳光光谱的高质量白光。这样的灯对于某些特殊照明应用是重要的。实际上，更多的单色 LED 可以组合出类似于太阳光的光谱。

　　三基色（包括多基色）白光 LED 有着较高的光效和良好的显色性。然而，由于目前绿光 LED 的光电效率很低，即所谓的 Green Gap，大大地限制了采用 RGB 或更多单色 LED 组装白光 LED 的实际使用。另一方面，价格较高是限制其发展的原因之一。另外，红光 LED 的光衰大于蓝光和绿光 LED，因此随着时间的推移，三基色白光 LED 将会出现色漂。因此，目前三基色白光 LED 主要应用在 LED 显示屏领域。

7.2　紫外芯片加三基色荧光粉白光 LED

　　这是一种类似荧光灯中紫外光激发荧光粉发出可见光的方法。选用紫外芯片的 LED 发出波长约为385nm的紫外光，打在三基色荧光粉上，发出白色可见光，可见光的中心波长约为560nm，所以这部分的荧光粉转换效率可以估算为385/560＝70％。前面分析RGB三基色白光LED的理论最大光效为355lm/W，由此可以算出该方法的最大光效约为250lm/W。该种方式的白光LED示意图如图7.3所示（参见彩图7.3）。

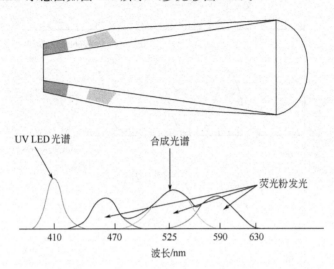

图7.3　紫外芯片＋三基色荧光粉产生白光LED示意图

该方法在实际应用中较为少见。因为在将紫外光转换成白光的过程中，有较多的能量损失，因此其光效明显小于三基色白光LED。另外，紫外芯片LED难以得到深紫外光线，而荧光灯发出的紫外线波长主要为253.7nm，所以与之相适应的三基色荧光粉不能直接用到LED中，因此开发新的适合紫外芯片LED光波长的荧光粉是一个挑战。另一个不容忽视的缺点是，紫外光有可能会从LED光源中泄漏出来，将对人的眼睛和皮肤有所损害。从光效角度考虑，该种方式的前景并不是很乐观。

与RGB白光LED一样，通过紫外芯片加多种单色荧光粉的方法也有四色或者四色以上的光谱合成方法，这些方法一样可以获得较高的显色指数，但目前研究较少。

7.3　蓝光LED加黄色荧光粉的方法

蓝光芯片上面涂覆黄色荧光粉得到白光是现今业界中应用最广的方法。该方法是通过蓝光芯片发出波长约为465nm的蓝光，打在YAG荧光粉上，激发出波长为570nm左右的黄光。在色度图中可以看出（图7.4，参见彩图7.4），这两种光色合成在一起即呈白光。

由于该种方式不像RGB三基色白光LED一样，组成光色完全依赖于LED芯片，也不像紫外芯片加三基色荧光粉白光LED一样，组成光色完全依赖于荧光粉，它是一种巧妙的折衷方式，由LED发出的光和荧光粉激发出的可见光共同组成，实际出光光通量是部分透射蓝光与黄色荧光粉二次发光之和。该种方式的光谱示意图如图7.5所示。

为了得到较高的显色性，光色尽可能地接近白光，MQ Liu等根据目前市场上采用的蓝光LED及YAG荧光粉的典型波长数据（表7.2）计算了该方法。

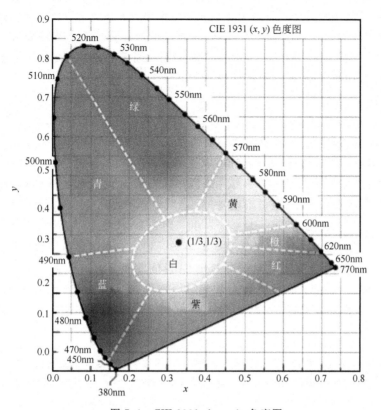

图 7.4　CIE 1931（x，y）色度图

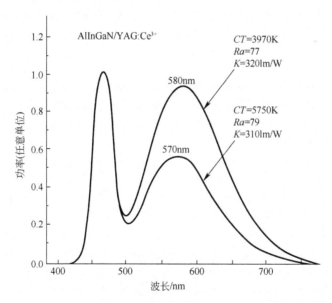

图 7.5　蓝光 LED 加不同 YAG 荧光白光 LED 光谱示意图

表 7.2　用于分析蓝光加 YAG 荧光粉产生白光的典型波长数据

颜色	中心波长/nm	半宽度/nm
蓝	465	20
黄色	560	120

在兼顾显色指数、色度坐标时，MQ Liu 等计算出在黄光与蓝光的比例为 1∶0.36 时，具有最佳辐射光效：$Ra=74.7$，$x=0.3238$，$y=0.3264$。但由于蓝光激发黄光过程时，最大理论转换能效为 465/560＝80％，为产生 1W 的黄光需要更高功率的蓝光，据此可以算出这种产生白光的 LED 的最高理论光效约为 284lm/W。

值得一提的是，蓝光 LED 加 YAG 荧光粉产生白光的方式只有两种光色混合，而且在图 7.5 的光谱上可以看出，630nm 之后的红光很少，因此可以在该 LED 中加入红光成分。方法有两种：一种是加入红光荧光粉，由蓝光激发出红光；另一种是仿照 RGB 白光 LED 的形式，加入红光 LED，与其共同混合出白光，这样可以显著提高 LED 的显色指数，但是这种方法必然导致最终光效的下降，因为对于大功率器件来说，红光 LED 的光电效率低于蓝光 LED，同时红光的光衰大于其他光色的光衰也是难点之一，这将引起不同程度色漂，使光色不稳定。

以上介绍了三种实现白光 LED 的方法。由于白光 LED 的作用是实现功能性照明，替代传统光源，因此光效和显色指数是最为重要的参数。追求更高的显色指数和更高的光效，使之色彩还原性优良，同时更为节能是三种白光 LED 的发展方向。综合来看，RGB 三基色白光 LED 理论上可以得到最高的显色指数和光效，随着技术的发展，有着较为光明的前景。但这依赖于绿光 LED 光效的提高以及单色 LED 光衰不同步问题的解决。

7.4 视觉照明对于 LED 技术的需求

照明是人类对白天的延续。人类的进化依赖于太阳光，因此最适合人类的光即为太阳光。除去夜景照明的装饰性照明外，人们若想在夜幕降临之时继续昼间的活动，那么这种功能性照明便应该尽可能地趋近太阳光，以满足人类的需求。因此人类的终极光源的光谱应该是接近太阳光谱的。

对于人造光源来说，若想尽可能地接近太阳光，其中一个重要的评价指标便是显色指数，即还原物体在太阳光下的颜色的能力。其实，显色指数的评价是无奈之举，这是因为 LED 之前的光源除白炽灯外，都与太阳光谱偏离较远。另一方面，为了达到绿色照明、节能减排，光效也是需要被重点考虑的因素之一。

前面介绍了三种实现白光 LED 的方法，均给出了达到较高的显色指数时所能得到的光效理论最大值。这是实验室中拼凑配比的方法，具体比较见表 7.3。表中可以看出，RGB 方式产生的白光具有更大的理论优势。假定未来绿光光效可以获得很大的提高，那这种白光产生方式将具有很大的优势。

表 7.3 三种白光 LED 的光效和显色指数

方法	辐射光效（最大理论光效）/(lm/W)	显色指数
三基色 LED 混色	355	接近 90
UV LED 加荧光粉	250	接近 90
蓝光 LED 加 YAG 荧光粉	280	75 左右

我们在这里评价 LED 的光谱是以显色指数为标准的，实际上，近年来由于 LED 光谱的极大灵活性已经造成对显色指数评价体系的质疑，为此诞生了新的评价体系如 CQS 等。显色指数诞生于传统光源时代，主要由于荧光灯、HID 等光源的光谱与太阳光谱相距太远，

而人们又希望夜间在人造光源的照射下看到的物体颜色与太阳光下的颜色接近，从而制定的一个无奈的指标。可以想像，假定一个光源的光谱本身与太阳光谱很接近的话，那显色指数应该是接近 100 了，也就是可以完美地重现白天太阳光下的颜色。LED 潜在的高光效、三维空间的无限组合潜力和光谱空间的无限组合能力等优点使得 LED 产生类太阳光谱的光源成为可能。当然这依靠的是多种单色 LED 的叠加，可以是几个甚至十多个。根据现有产业链，实现这种叠加有三种方法，下面一一进行介绍。

（1）应用级组合

这是一种类似 RGB 三基色白光 LED 的方式，多个 LED 器件应用于同一目的，依靠外部混光来实现。在这样的灯具中，我们可以放入多颗 LED，并对每一个 LED 分别控制，从而可以实现整体调光调色，控制起来非常方便。该方法的缺点在于这样的组合使得该 LED 灯具体积较大，LED 类点光源的特点将消失，光学设计变得困难。

（2）材料级组合

LED 发光材料中将具有多种带隙（E_g）的材料。这种组合将实现多光谱白光，实现的难度最大，但是却是最优的。它的缺点是 LED 不易控制，只能够调节亮度，但不能调色。

（3）芯片级组合

多种单一带隙（E_g）材料的 LED 组合在同一个 LED 器件中，这些芯片之间可以串联亦可并联，体积并不会太大，并且可以设计一种控制电路，分别控制几个芯片，可形成多输出管脚的 LED，适合调光调色。

可以设想，这种类太阳光的 LED 将为人们提供舒适习惯的照明，完美地还原物体的色彩，理论上光效可以超过 300lm/W，可调光调色，实现各种色温。这是一种十分理想的光源。当类太阳光谱的白光 LED 的显色指数都接近 100 时，那么现有的评价体系是否适用就值得商榷了，显色指数不再需要，将诞生"类太阳光谱指数"，这在可预见的未来是极有可能实现的。

参考文献

［1］ 方志烈. 半导体照明技术［M］. 北京：电子工业出版社，2009.

［2］ A. 茹考斯卡斯. 固体照明导论［M］. 黄世华译. 北京：化学工业出版社，2006.

［3］ Mukai T，Narimatsu H，Nakamura S. Amber InGaN-based light-emitting diodes operable at high ambient temperatures［J］. Japanese journal of applied physics，1998，37：L479-L481.

［4］ Wang F C，Tang C W，Huang B J. Multivariable robust control for a red-green-blue LED lighting system［J］. Power Electronics，IEEE Transactions on，2010，25（2）：417-428.

［5］ Ohno Y. Spectral design considerations for white LED color rendering［J］. Optical Engineering，2005，44（11）：111302-111302-9.

［6］ Liu M，Rong B，Salemink H W M. Evaluation of LED application in general lighting［J］. Optical engineering，2007，46（7）：074002-074002-6.

［7］ Bergh A，Craford G，Duggal A，et al. The Promise and Challenge of Solid-State Lighting［J］. Physics Today，2001，54：42.

［8］ Junyuan L，Haibo R，Wei W，et al. Optical simulation of phosphor layer of white LEDs［J］. Journal of Semiconductors，2013，34（5）：053008.

［9］ Hirosaki N，Xie R J，Kimoto K，et al. Characterization and properties of green-emitting β-SiAlON：Eu 2＋powder phosphors for white light-emitting diodes［J］. Applied Physics Letters，2005，86（21）：211905-211905-3.

［10］ Yamada M，Naitou T，Izuno K，et al. Red-enhanced white-light-emitting diode using a new red phosphor［J］. Japanese journal of applied physics，2003，42：20.

［11］ K YAMADA T，MUKAI T. Superbright green InGaN single-quantum-well-structure light-emitting diodes［J］.

Jpn. J. Appl. Phys，1995，34：1332-1335.

[12] 范铎，白素平，闫钰锋等．LED模拟太阳光谱的理论研究［J］．长春理工大学学报（自然科学版），2011，34 （3）：16-18.

[13] 郝海涛，周禾丰，梁建等．白光LED蓝光转换材料的发光特性研究［J］．光谱学与光谱分析，2007，27（2）：240-243.

[14] 何欣，曹冠英，邹念育等．基于RGB的白光LED混光模拟研究：2011绿色照明与科学发展科技研讨会暨第四届中日韩照明大会，大连，2011［C］．

[15] 徐时清，金尚忠，王宝玲等．固体照明光源-白光LED的研究进展［J］．中国计量学院学报，2006，17（3）：188-191.

[16] 李忠辉，丁晓民，杨志坚等．高亮度InGaN基白光LED特性研究［J］．红外与毫米波学报，2002，21（5）：390-392.

[17] 谢平．功率型白光LED的实现及应用［J］．灯与照明，2008，32（1）：8-10.

[18] 徐国芳，饶海波，余心梅等．白光LED的实现及荧光粉材料的选取［J］．现代显示，2007（8）：59-63.

第 **8** 章 ‹‹‹‹

LED器件的性能

传统光源的性能参数主要有光参数和电参数。光参数包括光度学参数及色度学参数，前者包括光通量、光强、亮度和照度等，后者包括色度坐标、显色性和色温等。电参数包括电压、电流、功率，还有光源电器镇流器的功率因数、谐波、波峰比等。在光源点亮工作过程中，温度必然会升高。传统光源的光通量随温度升高而略有升高，但光效的升高并不是负面的，而是我们愿意看到的，因此传统光源的热特性并不被关注。LED 与之不同，结温的变化对 LED 的性能有着极大的影响，因此对于 LED 器件的性能，不仅要考虑其光参数和电参数，还要关注其热参数。下面将一一进行介绍。

▶▶▶▶▶▶▶▶
8.1 光参数

8.1.1 光度学参数

（1）光效

在本书的第 1 章、第 2 章有提及与 LED 有关的多个效率的概念，如内量子效率、外量子效率、引出效率等，然而对于 LED 器件整体，我们最关注的是流明光效，单位为"1m/W"。不同于 LED 灯具的光效考量，这里不用考虑光学器件和驱动对于流明光效的影响，只用关注 LED 器件本身的光效。目前业内一些大功率 LED 标注出的功率为 1W、2W 等，其实际可使用功率一般都大于此值。

值得一提的是，由于目前 LED 主要用于显示、信号、照明等视觉应用，因此用流明光效表示是合适的。但是，由于 LED 的灵活性，目前已经在农业、医疗、通信等非视觉领域获得较大的应用，在这些应用领域，用流明光效表示 LED 的效率是不合适的。如农业领域中，就常用光量子密度表示。对于植物来说，应该用到达植物的光子的数目来衡量光照的强度。用于植物照明的光源，光子以恒定的速率从光源辐射出来，并向各个方向传播，当光源离目标平面越远，目标平面上获得的光子的数量越少。在目标平面上单位面积能够获得光子的数量，称为光量子密度。它是一个与光源空间位置相关的量。

（2）发光强度

发光强度是指光源在给定方向单位立体角内发射的光通量，单位为坎德拉，记为 cd。在显示、指示领域这是一个非常值得关注的参数。不同于照明类光源，在指示显示领域，人眼将直视光源，所以发光强度、亮度这些参数就显得尤为重要。表征 LED 发光强度的单位一般为毫坎德拉，记为 mcd。

与流明光效一样，发光强度同样指视觉应用的情况。

（3）配光曲线

光源的配光曲线指光源在 4π 立体角范围内各个方向的光强分布。由于很多光源是旋转对称分布的，其数值较为简单，往往变为一个与光线角度相关的一维函数。而对于 LED 光源，由于其发光方向往往在 2π 立体角内，因此数据也会少一半。配光曲线常以 IES 文件的格式存储，目前常用的灯具设计软件如 Tracepro 等都接受 IES 文件格式。

配光曲线是灯具设计的基础。实际上，灯具设计的光学工作也就是将 LED 的配光曲线经过透镜、反射镜等调制变为要求的灯具配光曲线。如图 8.1 所示，就是将图 8.1（a）的接近朗伯体的 LED 配光曲线经过光学设计变为图 8.1（b）近似矩形光斑的灯具配光曲线。

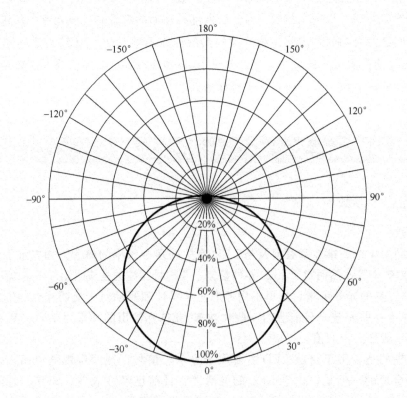

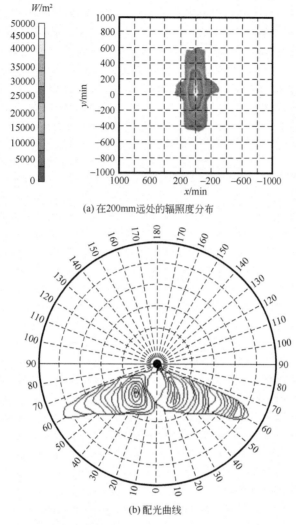

(a) 在200mm远处的辐照度分布

(b) 配光曲线

图 8.1　利用配光曲线对 LED 路灯进行二次光学设计

(4) 光谱参数

单色光 LED 的光谱曲线如图 8.2 所示。

LED 的光谱参数主要有以下几个：中心波长，半宽度，主波长。

如图 8.2 所示，在可见光范围内，光谱的峰值波长即为中心波长。中心波长对应的相对光谱能量值的二分之一，相应得到的横坐标波长差值则为半宽度。对于 LED 来说，半宽度一般在 20～30nm 左右。

与中心波长相区别的是主波长。任何一种颜色都可以看作是用某一个光谱色按一定比例与一个参照光源（如 CIE 标准光源 A、B、C 等，等能光源 E，标准照明体 D65 等）相混合而匹配出来的颜色，这个光谱色就是颜色的主波长。主波长是用来描述观察非纯色光的颜色所对应的某个纯色光的波长。如图 8-3 所示（参见彩图 8.3），在标准白光点 W（0.33，0.33）与光谱轨迹线某点 Y 相连的直线上，任意一点（A 点或 B 点）的主波长都是相同的，即是 Y 点对应的波长值。这也是查找或计算某色光主波长的方法。

由此可以看出，中心波长是一个客观的物理量，而主波长则是一个延伸量。不过，对于同一个 LED 器件，二者的值相差不大。

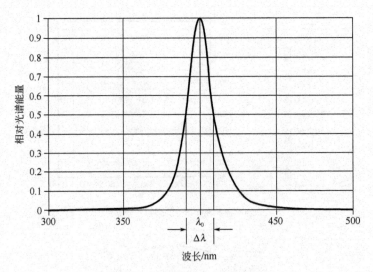

图 8.2　典型单色 LED 光谱曲线

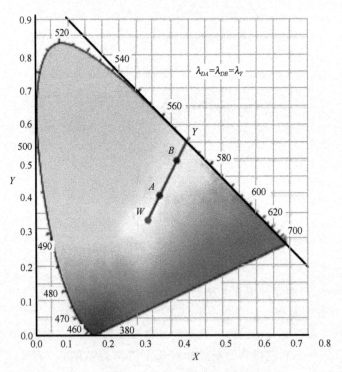

图 8.3　主波长的计算方法

　　发光原子无规则热运动引起的多普勒效应造成原子辐射谱线的频谱展宽，称为多普勒加宽，相应的谱线形状称为高斯线形（图 8.4），谱线宽度称为多普勒线宽。LED 光谱线形可以用高斯线形进行模拟，属于数学模拟 LED 光谱线型的一种。下面是其中一种函数表达式。

$$S_{LED}(\lambda,\lambda_0,\Delta\lambda) = g(\lambda,\lambda_0,\Delta\lambda) + 2g^5(\lambda,\lambda_0,\Delta\lambda) \tag{8-1}$$

　　式中，LED 的光谱能量分布为 $S_{LED}(\lambda)$；峰值波长为 λ_0；半宽度为 $\Delta\lambda$。

　　在这里，$g(\lambda,\lambda_0,\Delta\lambda) = \exp\{-[(\lambda-\lambda_0)/\Delta\lambda]^2\}$。

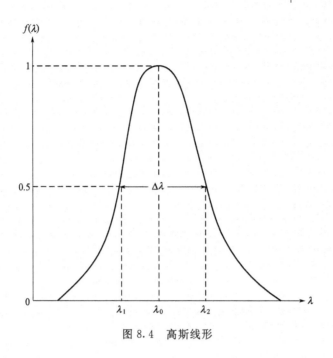

图 8.4　高斯线形

8.1.2　色度学参数

LED 的色度学参数主要包括色度坐标（x，y）、显色指数和色温。当然，对于单色 LED 来说，是不存在显色指数这一概念的。显色指数主要是对于白光 LED 而言。色温也是对于白光 LED 更有价值的一个参数衡量。

图 8.5 是白光 LED 的光谱分布曲线，这是典型的蓝光 LED 加 YAG 荧光粉组成的白光 LED。从图中可见，如果蓝光成分增加，那么 LED 整体色温将升高；若黄光成分增加，那么色温将降低。由于黄光是由蓝光打在 YAG 荧光粉上产生的，而这一过程中存在能量损

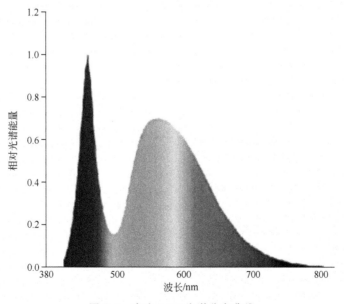

图 8.5　白光 LED 光谱分布曲线

失,因此黄光成分的增加必然导致光效的降低。同时,从图中不难看出,650nm 之后的红光成分很少,这意味着实际上 LED 很难做到 3000~4000K 的较低色温。为了达到低色温,可以采用在第 7 章提到的加入红色 LED 或者红色荧光粉来补充红光的方法。这样虽然可以达到低色温,同时提高了显色指数,但是由于没有合适的荧光粉等原因,会使光效明显下降。实际上,色温为 3000K 左右的 LED 比 5000~6000K 的 LED 光效要低 10%左右。

LED 色度学参数的差异有以下三个概念。

① 一组 LED 器件之间色度参数的差异:在一个 LED 灯具内,各颗 LED 色度学参数之间的差异。

② 单个 LED 器件在不同角度发出光的色度参数的差异:从两个不同的角度观察同一 LED 器件,所得到的色度学参数很可能是不同的。

③ 单个 LED 器件随时间的颜色漂移:时间的推移带来热量的积累,导致结温的上升,这使得 LED 中心波长发生变化,从而引起色度学参数的变化。

8.2 电参数

8.2.1 LED 伏安特性曲线

图 8.6 所示是 LED 的伏安特性曲线。从图中可以看出,若 LED 工作在恒压情况下,由于难以避免电压微小的波动,而电压微小的波动将引起电流极大变化,从而使得功率骤变,这是不合适的。因此,LED 应工作在恒流情况下,这样,即使电流有些许扰动,电压值仍基本保持恒定,功率值也不会发生较大变化,LED 才能够稳定工作。伏安特性曲线各区间说明如下。

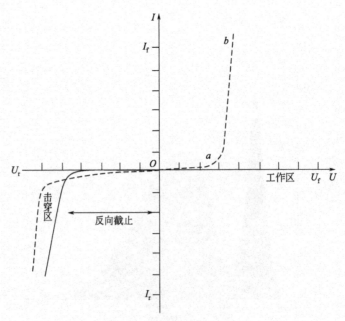

图 8.6 LED 伏安特性曲线

(1) 正向特性区（图 Oa 段）

a 点对应的电压为开启电压，在开启电压以下，也有电流，只不过较小。开启电压主要由 p 层和 n 层费米能级之差决定，跟材料的禁带宽度、掺杂浓度和温度有关。其原理是在正向偏压下，施加电压较小，还不能完全抵消内建电场产生的势垒高度，多数载流子的扩散运动仍然受到内建电场的阻碍作用，因而电阻很大；当施加电压大于某个值，可以完全抵消内建电场所产生的势垒高度时，则多数载流子产生的扩散电流急剧加大，二极管开启。开启电压对于不同 LED 的值不同，GaAs 为 1V，红色 GaAsP 为 1.2V，GaP 为 1.8V，GaN 为 2.5V。

(2) 正向工作区

$U > U_a$ 时，电流与外加电压呈指数关系，即工作于该区域，电流随着电压的增加而快速增加。

(3) 反向截止区

$U < 0$ 时，p-n 结加反向偏压，电流很小。如在 $U = -U_a$ 时，GaN 反向漏电流约为 10mA。

(4) 反向击穿区

在反向截止区之后，如果反向电压继续升高到一定程度，则出现反向电流突然增加的现象，这一点称作反向击穿点，对应的电压称为反向击穿电压。由于所用化合物材料种类不同，各种 LED 的反向击穿电压也不同。

8.2.2　LED 的主要电参数

LED 器件的电参数比较简单，有电流、电压和功率。一般比较关注的几个参数如下。

(1) 正向电压（forward voltage）

通过发光二极管的正向电流为确定值时，在两极间产生的电压降为正向电压。

单个 LED 器件的正向电压一般为 3V 左右。不同 LED 器件的材料不同，使得其性能差别很大，主要影响其光效、散热和寿命。因为加在 LED 两端的电压除了用于发光，还有一部分电压消耗在进线与电极之间、电极与有源层之间，这些接触电阻上的电压降会产生热能。一般来说，正向电压越低，光效越高。

(2) 反向电压（reverse voltage）

被测发光二极管器件通过的反向电流为确定值时，在两极间所产生的电压降为反向电压。

LED 器件中存在的另一个比较重要的电压参数是最大反向电压。LED 正常工作时的电压是正向电压，而当操作失误将 LED 接上了反向电压时，只要不超过最大反向电压，器件一般不会烧毁。最大反向电压一般为几十伏，甚至上百伏。最大反向电压一般是击穿电压的一半左右。

(3) 正向电流（forward current）

加在发光二极管两端的正向电压为确定值时，流过发光二极管的电流为正向电流。

不同功率的 LED 器件的正向电流不同。一般来说，1W（大功率）的 LED 工作电流为 350mA 左右，而显示屏中小功率 LED 的工作电流为 20mA 左右。但最近大功率 LED 的工作电流有上升的趋势。

（4）LED 的响应时间

响应时间包括上升沿时间与下降沿时间。用作照明时，我们对这个参数不太关心。但是，在本书第 16 章中会介绍 LED 的非视觉应用，其中 LED 用于可见光通信时，将非常关注这个特点。LED 的响应时间一般为 100ns 数量级，经过特殊处理的可达到十余纳秒。

LED 的这个特点使其在农业补光、健康治疗上也有一定的用途。

8.3 热参数

热参数主要表征结温对 LED 器件的影响，主要影响光效、寿命和色温漂移三个方面。

在一定范围内，LED 器件的光通量随着结温的变化几乎是线性的，如图 8.7 所示。不同的器件斜率不同。而光通量的下降直接导致 LED 器件光效的降低。图 8.7 是 Cree 某型号的 LED 器件电压和光通量随结温的变化情况，大致为每 4℃ 的结温的升高将带来 1% 的光效的下降。

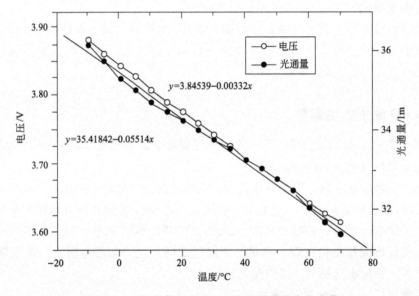

图 8.7　LED 器件正向电压和光通量随温度的变化

结温对于 LED 器件寿命的影响呈指数关系，曲线如图 8.8 所示。寿命的测量有两种，一是平均寿命，即随机抽取光源样品，在额定条件下燃点时寿命的平均值，即总量的 50% 的灯不能工作时所燃点的时间；二是经济寿命（有效寿命），即光源的光通量维持率下降到某一百分比（一般 70%）时所燃点的时间。

结温的变化会引起 LED 发光光谱中心波长的变化，从而引起色坐标的变化，最终使得色温漂移。不同 LED 器件的色漂情况不尽相同。若一个灯具内有多个 LED 器件，那么这盏灯具发出来的光看起来就会是花的，这便涉及到色差的概念。色差有三种形式：个体之间的差异、时间上的差异、空间上的差异。不同的 LED 器件产品表现出的色差和色差形式不尽相同。

热参数的表征形式有以下几种。

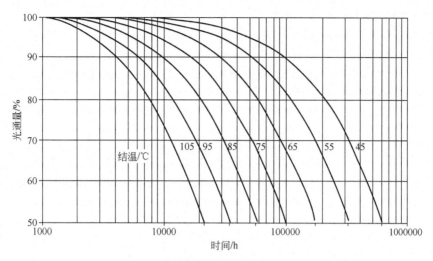

图 8.8 Cree 公司的 LED 的光衰曲线

（1）热阻

热阻是指 LED 芯片焊点与有源层之间的温差与输入功率的比值，单位为"K/W"。其实这里的功率应为发热功率，但是因为不同的 LED 芯片发热情况不一致，难以衡量，故一般以输入功率代替。热阻过大会影响 LED 器件的使用寿命。对于大功率 LED，要降低热阻除了加大衬底面积（即芯片面积）外，用高导热系数材料作衬底及用高导热系数的合金材料作黏结料是降低 LED 热阻的主要途径。目前，大功率 LED 的热阻可以做到 3K/W。

（2）结温

结温是影响 LED 器件光效和寿命的最重要的参数，它与使用环境、外部灯具都有关系。结温过高会使得 LED 光效下降、寿命缩短甚至烧毁器件。最大结温是 LED 器件的一个极限参数，超过最大结温 LED 器件就会烧毁。从安全角度出发，最大结温数值应越大越好。一般来说，大功率 LED 器件的最大结温为 120℃左右。

（3）最大最小工作温度

LED 器件受高温的影响较大，在低温情况下，LED 的光效会较高，寿命也会有所延长。但是，与荧光灯在低温时难以启动一样，在过低的温度下，LED 也是难以点亮的。因此，为了 LED 能正常工作，同时不会因温度过高而造成过大光衰，LED 器件的工作温度范围一般为 −40～80℃。

（4）衡量结温对光效、寿命、色漂影响程度的参数

这一参数目前还没有规定的标准，一般在 LED 器件产品的包装上大多使用曲线图来加以说明。如图 8.7、图 8.8 所示。随着 LED 器件的发展，这一参数的规范化将有望实现。

参考文献

［1］ 王劲，梁秉文．大功率发光二极管光电特性及温度影响研究［J］．光学仪器，2007，29（2）：46-49.

［2］ 周太明．光源原理与设计［M］．上海：复旦大学出版社，2006.

［3］ Ozgur U，Liu H，Li X，et al. GaN-based light-emitting diodes：Efficiency at high injection levels［J］．Proceedings of the IEEE，2010，98（7）：1180-1196.

［4］ Nakamura S，Mukai T，Senoh M. High-power GaN pn junction blue-light-emitting diodes［J］．Japanese journal of applied physics，1991，30（12A）：L1998-L2001.

［5］ Nakamura S，Senoh M，Mukai T. P-GaN/N-InGaN/N-GaN double-heterostructure blue-light-emitting diodes［J］．

Japanese Journal of Applied Physics Part 2 Letters, 1993, 32: L8-L8.

[6] Percival D B. Spectral analysis for physical applications [M] . Cambridge University Press, 1993.

[7] Hsu J T, Han W K, Chen C, et al. Design of multi-chips LED module for lighting application [C]//Proc. SPIE. 2002, 4776: 26-33.

[8] Yanagisawa T. The degradation of GaAlAs red light-emitting diodes under continuous and low-speed pulse operations [J] . Microelectronics Reliability, 1998, 38 (10): 1627-1630.

[9] Lee S W, Oh D C, Goto H, et al. Origin of forward leakage current in GaN-based light-emitting devices [J] . Applied physics letters, 2006, 89 (13): 132117-132117-3.

[10] 夏正浩 . 大功率 LED 特性研究 [D] . 广州：华南师范大学，2010.

[11] 丁天平，郭伟玲，崔碧峰等 . 温度对功率 LED 光谱特性的影响 [J] . 光谱学与光谱分析，2011，31 (6)：1450-1453.

[12] 费翔，钱可元，罗毅 . 大功率 LED 结温测量及发光特性研究 [J] . 光电子 . 激光，2008，19 (3)：289-292.

[13] 邝海 . LED 的特性、存在问题及发展展望 [J] . 科技广场，2011 (9)：243-246.

[14] 吕正 . LED 性能参数测量的现状与建议（上）[J] . 中国照明电器，2007 (1)：13-19.

[15] 吕正 . LED 性能参数测量的现状与建议（下）[J] . 中国照明电器，2007 (2)：18-22.

[16] 吴红平 . 高亮度白光 LED 浅析 [J] . 黑龙江科技信息，2009 (36)：55

[17] 陈加琦，邹念育，张云翠等 . LED 路灯的二次光学透镜设计 [J] . 大连工业大学学报 ISTIC，2012，31 (3).

第 **9** 章 <<<

LED光及热特性的测试

>>>>>>>> 9.1 LED 光特性测试

LED 的光特性分为光度学和色度学两部分。与传统光源相比，LED 的色度学参数的测量方法没有变化，LED 的光度学参数中的光强、光谱分布的测量方法也与传统光源相一致。而 LED 光通量的测量则值得研究。目前，LED 光通量测量存在着不确定度大、不同仪器及厂家测量结果一致性差等特点，测量误差甚至达到 40%～50%，而传统光源光通量测量误差仅有几个百分点。这些问题使 LED 光通量的测量一直存在分歧，因而也影响了对 LED 性能的判别，不利于 LED 产业的发展。因此本节重点介绍 LED 光通量的测量方法。

9.1.1 分布光度计测量法

分布光度计是绝对法测量光源光通量的装置，其基本功能是测量光源光强的空间分布，从而通过积分计算得出光源向空间发出的光通量。分布光度计测量法虽然需要复杂的装置，而且测量费时费力，但是由于是相对精确的测量法，经常用于光通量测量的比对，标准光源的光通量值也由分布光度计测量结果进行传递。

由光源光通量、发光强度和照度的定义，可以得出以下关系。

$$\Delta\Phi = I\Delta\omega = E\Delta A \tag{9-1}$$

式中，$\Delta\Phi$ 指通过面积为 ΔA 的面积元上的光通量大小；I 为在面积 ΔA 的法线方向的光强；E 为 ΔA 面积上照度的大小；$\Delta\omega$ 为面积 ΔA 对光源所张的立体角。可以设想一个闭合曲面把光源包围在里面，将这一曲面分隔成许多面积单元，分别测出面积元上的照度，并乘以该面积元的大小，即为光源通过这一面积元的光通量。最后将光源通过所有面积元的光通量相加，即为光源发射的总光通量。这样用照度来求总光通量的方法，并不需要光通量标准灯，可以直接由光强标准灯标定而求出光源的总光通量，常称为光通量测量的绝对法，分

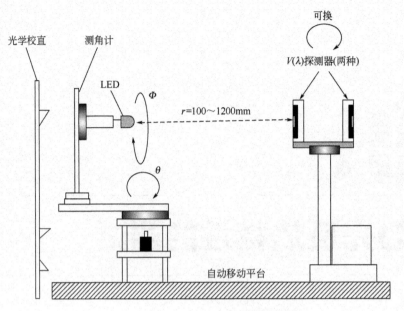

图 9.1　日本 NMIJ 分布光度计结构图

布光度计便是利用这样的原理构造而成的。如图 9.1 所示为日本 NMIJ（National Metrology Institute of Japan）研制的 LED 分布光度计。

9.1.2　光电积分测量法

光电积分测量法通常采用积分球加光度计来实现，传统的方法是将被测光源与总光通量已知的标准灯进行比较而求得总光通量。这种方法简单易行，在传统光源的测量中被广泛采用。

用于光通量测量的积分球是一个空心的完整球壳（图 9.2），球内壁均匀喷涂白色漫反射层，

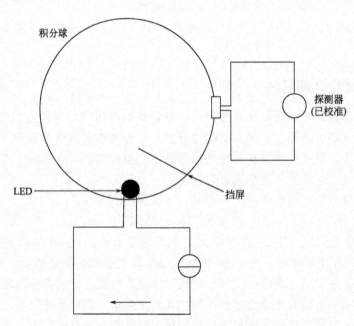

图 9.2　用积分球测量 LED 总光通量示意图

球壁上开一窗口，将待测光源置于球内，光源所发射的光经球壁多次漫反射后，使整个球壁上的照度分布均匀，故通过球壁上的窗口射到探测器上的光通量正比于光源所发射的总光通量。

用积分球测量光通量，通常采用比较法（代替法），为此需用光通量标准灯。先将标准灯（其光通量为 Φ_S）放入积分球内，燃点后，在窗口测得的照度为

$$E_S = \frac{\Phi_S}{4\pi R^2} \times \frac{\rho}{1-\rho} \tag{9-2}$$

式中，R 为积分球的内半径；ρ 为积分球内表面的反射率。

取出标准灯，放入被测 LED（光通量为 Φ_C）燃点后，在窗口测得的照度为

$$E_C = \frac{\Phi_C}{4\pi R^2} \times \frac{\rho}{1-\rho}\varphi \tag{9-3}$$

比较式(9-2)、式(9-3)可得被测 LED 的光通量为

$$\Phi_C = \frac{E_C}{E_S}\Phi_S \tag{9-4}$$

如果探测器工作在线性范围，则标准灯和被测 LED 在探测器上产生的光电流 I_S 和 I_C 分别与 E_S 和 E_C 成正比，则有

$$\Phi_C = \frac{I_C}{I_S}\Phi_S \tag{9-5}$$

由一只已知光通量的标准灯标定系统，通过式(9-5)就可以求得被测光源的光通量值。

9.1.3 光电积分法测量 LED 光通量的问题及解决

LED 作为新兴的光源，是一个指向性很强的光源，它接近点光源，却不具有点光源所具有的余弦辐射特性，要进行光通量传递很困难。积分球测量方法的精确度低，如果被测光源与标准光源光谱分布和空间光强分布不同的话，会带来较大误差，而 LED 又存在多样性，光谱分布和空间分布多种多样，采用传统的积分球测量方法会带来较大误差。主要存在的问题有几下几点。

(1) 积分球内自吸收的影响

采用传统方法，积分球内如放置光源、挡屏时，由于 LED 的总光通量较小，因此用于测量 LED 的积分球体积一般很小，甚至直径只有 5cm，而积分球测量光通量时要求光源尺寸不能大于积分球体积直径的 1/10；另一方面，光源尺寸不能过大，否则挡屏尺寸就应相应增加，挡屏本身对光线的吸收也增加，又进一步影响测量结果。这便使得积分球理论将无法满足，因而造成测量原理性误差。

如图 9.3 所示，可以通过软件模拟的方法分析积分球内的自吸收效应。

另外，被测的 LED 本身不是一个纯光源，还是会反射光的物体。XL Zhou 等模拟出了 LED 越靠近积分球底端，LED 会吸收越多的反射光线，所测量到的照度就越小。

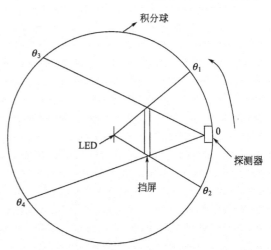

图 9.3 光学模拟原理图

除此以外，LED 的固定件、挡屏的固定件等都对光线有吸收作用，这些都会影响测试结果。

（2）光谱匹配

采用光电池探测器无法对 LED 实现视觉效率函数 $V(\lambda)$ 在所有光谱点的准确匹配，特别是现有探测器在蓝、红波段匹配误差较大，造成测量误差。

一般的光敏元件，如 PMT（光电倍增管）、硅光电池、光敏电阻等有其固有的相对光谱灵敏度，且一般每个器件均有其特殊的曲线。图 9.4（a）、（b）、（c）分别给出了光电倍增管光谱效率曲线、硅光电池光谱灵敏度曲线和 CIE 1931 人眼视觉效率函数即 $V(\lambda)$ 曲线。只有当测光探测器的相对光谱灵敏度曲线与 CIE 1931 $V(\lambda)$ 曲线完全相一致，才能实现精确的光度学测量。

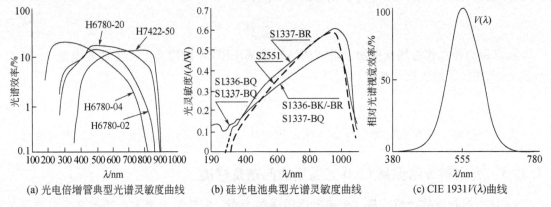

(a) 光电倍增管典型光谱灵敏度曲线　(b) 硅光电池典型光谱灵敏度曲线　(c) CIE 1931$V(\lambda)$曲线

图 9.4　探测器的相对光谱灵敏度曲线

在光度测量中，常常采用多片滤色片叠加来获得相对光谱灵敏度曲线接近于 $V(\lambda)$ 曲线的探头，但是不能实现完全跟 $V(\lambda)$ 一致的水平。LMT 公司设计了一种方案来实现其与 V (λ) 较好地契合。由于滤光片的光谱透过率为 i，式中 K 是与滤光片材料有关的常数，d 是滤光片的厚度。由此可见，改变其厚度和材料均可以调整其光谱透过率。滤光片的厚度方便控制，所以采用不同材料、不同厚度的滤光片放置在硅光电池探测器上则能够得到与 $V(\lambda)$ 较为一致的光谱曲线。这种方案的示意图如图 9.5 所示。

CIE 推荐用失配误差 f_1' 来衡量探测器的匹配误差。

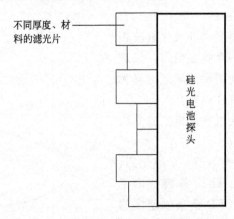

图 9.5　LMT 公司相对光谱灵敏度曲线方案

$$f_1' = \frac{\int_\lambda | s^*(\lambda) - V(\lambda) | \, d\lambda}{\int_\lambda V(\lambda) \, d\lambda} \tag{9-6}$$

$$s^*(\lambda)_{\text{rel}} = \frac{\int_0^\infty S_A(\lambda) V(\lambda) \, d\lambda}{\int_0^\infty S_A(\lambda) s_{\text{rel}}(\lambda) \, d\lambda} s_{\text{rel}}(\lambda) \tag{9-7}$$

式中，$s^*(\lambda)_{\text{rel}}$ 是标准 A 光源的归一化相对光谱灵敏度；$S_A(\lambda)$ 是 A 光源的光谱功率分布。

但是由于 LED 光源是一个带宽约为 20~30nm 的准单色光源，且 LED 光源具有多样性，因此在测量评价 LED 时，会带来许多新的光度学和色度学的问题。例如 f_1' 值很小的高精度光度探头测量某些 LED 光度参数时误差可能较大，原因是 f_1' 评估时定义了在整个可见光区域内的平均误差，因为蓝光波段和红光波段 $V(\lambda)$ 的绝对值很小，因而在现有光度探头中，在这两个区域的光谱匹配校正误差由于对总光通量的影响较小而往往不被重视，致使光谱匹配误差比较大。因此，即使采用有 f_1' 良好校正的光度计测量蓝（红）光 LED 的光通量也会有很大的误差。如图 9.6 所示（参见彩图 9.6）。

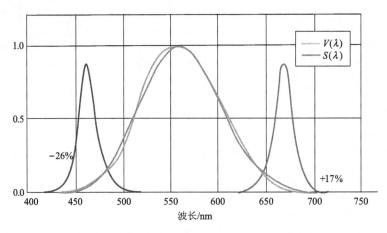

图 9.6　$V(\lambda)$ 匹配及测量红光、蓝光 LED 的误差

如果探测器相对光谱灵敏度和被测光源的相对光谱能量分布已知的话，光谱匹配误差可以得到修正，修正因子可以表示为

$$F(S_t, S_s) = \frac{\int_\lambda S_t(\lambda) V(\lambda) \, d\lambda \int_\lambda S_s(\lambda) s_{\text{rel}}(\lambda) \, d\lambda}{\int_\lambda S_t(\lambda) s_{\text{rel}}(\lambda) \, d\lambda \int_\lambda S_s(\lambda) V(\lambda) \, d\lambda} \tag{9-8}$$

式中，$S_t(\lambda)$、$S_s(\lambda)$ 分别为被测光源和标准光源的光谱功率分布。光谱失配误差可以采用多通道光谱仪代替光度计消除。

（3）散热问题

LED 是温度敏感器件，其输出的总光通量随其自身温度的升高而迅速降低。因此 LED 测量过程中的环境温度及器件的温度平衡是非常重要的一项测量条件，工作中 LED 必需有良好的散热才能保证其输出光通量的稳定。另外，将 LED 放置于积分球中心，由于积分球是密闭空间，且用于测量 LED 光通量的积分球直径较小，因此无法满足 LED 散热的需要，结温上升较为明显，从而造成测量的误差。

为了解决以上这些问题，CIE 在 1997 年出版了 CIE 127—1997 "*Measurement of LEDs*"（发光二极管测量），对 LED 发光强度的测量做了较明确的规定，规定了统一的测试结构和探测器大小，虽然出版物并非国际标准，但目前世界上主要企业都已采用，实际上它是实施准确测试比对的正确途径。该出版物也对 LED 光通量的测量进行了一定的探讨，并提出了多种测量光通量的积分球装置，如图 9.7 所示，在 2007 年，CIE 修订了该出版物，主要增加了部分光通量测量的方法。该方法对 LED 光分布较为敏感，CIE 建议采用与被测光源光谱分布与空间分布接近的标准 LED 作标准光源。由于 LED 的输出光形状多样，这使得标准 LED 很难实现，同时也增加了测量的难度。该方法没有对测量中 LED 的散热条件、结温等做出建议。

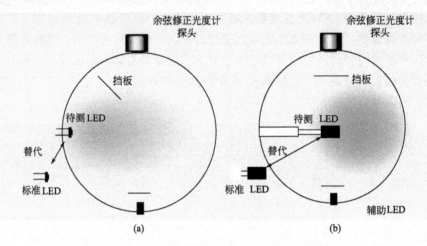

图 9.7　CIE 推荐的几种测试 LED 光通量的装置

9.1.4　目前的一些新型测试方法

（1）定标光源置于积分球之外的测试方法

该光通量测试方法是在积分球的基础上增加了一个入射光通量已知的外部光源。这种测试方法采用的积分球有两个开口，如图 9.8 所示。其中一个开口是用来放置探测器的，被测光源放置在积分球中间，在被测光源和探测器之间有一个挡板。另外一个开口是用来引入外部光源的，这一开口和被测光源之间通过另一个挡板隔开。外部光源的光通量通过一个大小已知的开口入射到积分球内。进入到积分球内的光通量可以通过开口平面的照度和开口的面积来确定。被测光源的光通量可以通过比较外部光源的入射光通量得到。采用这种测试方法和分布光度计比较的相对差异在 0.5% 以内。但是，这一方法对于 LED 光源光通量进行测量的准确性尚未得到验证。

国外还提出了如图 9.9 所示的积分球，该积分球的内径为 50mm 左右，非常小，在上面要开两个口来放置 LED 光源和光探测器。另外，对于直径小于 70mm 的小积分球，积分球的内表面很小，两个半球固定以后存在内壁结合缝的问题，所以这种微型积分球的测试精度不是很高。

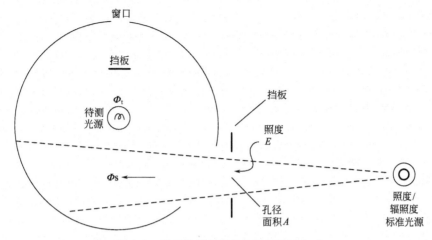

图 9.8　采用外部光源的光通量测试方法

(2) 基于复合抛物面收集器（CPC）的测试方法

复旦大学电光源研究所提出了基于复合抛物面收集器（CPC）的光通量测试方法。该测试方法建立在如图 9.10 所示的 CPC 反射杯上，CPC 反光杯对于光线具有最高的理论收集率。由于 CPC 的体积小，对光线的收集率高，采用 CPC 的光通量测试系统的体积可以做到很小。CPC 的内壁面积小，可以采用反射率为 95％ 并且对各个波长光纤反射率为中性的银涂层。如图 9.10 所示。

复合抛物面收集器（CPC）是根据边缘光学原理设计的非成像聚光器，对光线有最大的理论收集率。早在 1966 年，就有科学家提出用复合抛物面收集器收集太阳能，这也是 CPC 目前主要的应用领域。三维 CPC 是抛

图 9.9　国外的微型积分球
（直径 50mm）

物线绕焦点转动一定角度后绕聚焦中心轴旋转形成的，如图 9.11 所示。图中，ϕ 为可变参数；a' 为出射口半径；r 为抛物线上任意一点距离抛物线焦点距离。

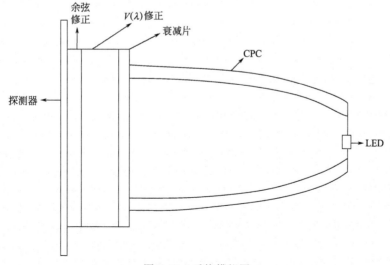

图 9.10　系统模拟图

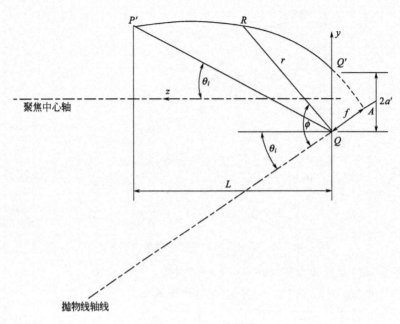

图 9.11 CPC 的设计

抛物线经过旋转最终形成的三维 CPC 的截面图如图 9.12 所示。图中，ϕ 为抛物线上任一点与抛物线焦点连线和抛物线轴线所成角度；a' 为出射口半径；a 为入射口半径；θ_{max} 为 CPC 可以收集到的光线的最大入射角，当入射光线的角度小于 θ_{max} 时，CPC 反光杯可以达到最大的能量收集效率，而且经过一次反射就可以到达出射平面。

CPC 顶点附近的曲线方程可以用极坐标表示为

$$r = \frac{2f\sin(\phi - \theta_{max})}{1 - \cos\phi} - a' \tag{9-9}$$

$$z = \frac{2f\sin(\phi - \theta_{max})}{1 - \cos\phi} \tag{9-10}$$

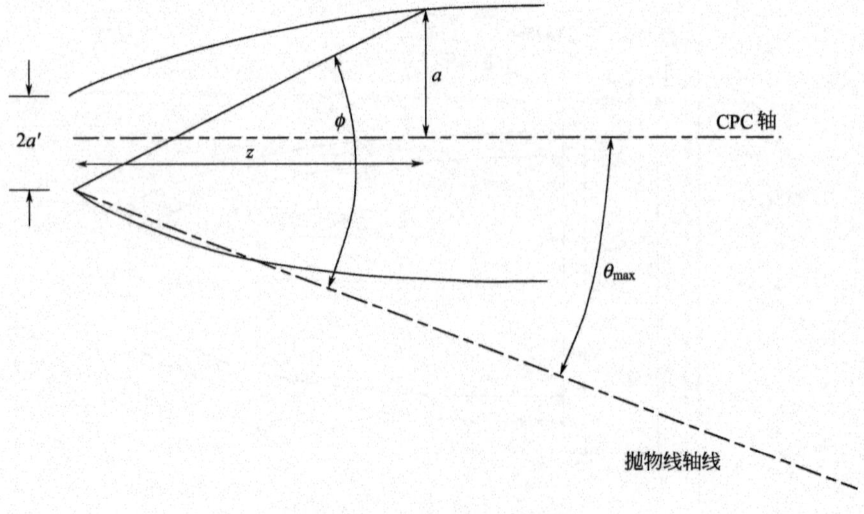

图 9.12 三维 CPC 截面图

焦距 f 为

$$f = a'(1 + \sin\theta_{max}) \tag{9-11}$$

光收集率为

$$c = \left(\frac{2a}{2a'}\right)^2 = 1/\sin^2\theta_{max} \tag{9-12}$$

当 CPC 应用于收集光线时，从直径为 $2a$ 一端进入的平行光线可以汇聚于直径为 $2a'$ 的平面（焦平面）的中点。

由于 LED 近似于点光源，根据光线可逆的原理，当 LED 放置于焦平面的中点时，产生的光线将从直径为 $2a$ 一端出射，出射光线最大出光角小于 θ_{max}，并且为平行光线。当 CPC 作为 LED 聚光器的时候，要进行适当的参数设置，不仅要保证出光角尽量小，也要保证投射到探测器上的光强分布较为均匀，以减小探测器空间响应不均匀性导致的误差。经过在电脑上多次的仿真模拟，在 LED 光通量测试系统中最终采用的 CPC 的最大出光角 θ_{max} 为 20°，入射口直径 d_1 和出射口直径 d_2 分别为 20mm 和 7mm，焦距 f 为 4.7mm，CPC 的内表面涂覆了对可见光波段光线反射率为 95% 的银反射膜，如图 9.13 所示。

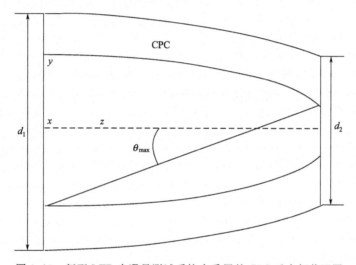

图 9.13　新型 LED 光通量测试系统中采用的 CPC 反光杯截面图

该测量方法采用窄光束标准光源进行定标，被测 LED 和标准光源放在积分球内壁表面，通过光纤将光引入微型多通道光谱仪进行光通量的测量，消除了 $V(\lambda)$ 匹配误差的影响，光源与光纤孔尽量靠近，大大减小了挡屏的尺寸，从而将自吸收效应降到最小。软件模拟结果表明，由于系统减小了挡屏的大小，使得积分球空间响应非均匀性大大地提高了。

LED 的种类繁多，外形封装、配光、光谱形式多种多样，要形成统一的测量方法需要进行大量的 LED 样品的测试对比工作。

9.2　LED 热特性的测量

LED 光源是一个对温度依赖性较强的光源。温度的变化可能会导致光输出、寿命的显著变化和发光峰值波长的漂移等现象。因此，对 LED 温度特性的测试是十分有意义的。随着 LED 产业飞速发展并逐步进入照明领域，对大功率 LED 温度特性进行测量更具有极为重要的现实意义。

9.2.1 LED 的热测量方法

LED 的热特性测量主要是指其结温 T_j 的测量。但是对于封装后的 LED 器件而言，内部有源层处结温的测量十分不方便，因此可以考虑：既然结温与 LED 器件的光通量、寿命、色坐标、正向电压等均有着一定的函数关系，那么可以通过这些较容易测量的参数入手，反向推导出结温值，从而达到测得结温的目的。

但是目前 LED 结温测量尚无统一标准，对于封装后的 LED 无法用热电偶直接测试芯片的温度，通常主流方法是基于电参数的测量间接获得结温。目前多个国内外研究都借鉴了 JEDEC 的半导体芯片热学测量标准 EIA/JESD51，通过测量半导体器件对热敏感的电学量来测量器件温度，对于 LED 来说即测量其正向电压。LED 结温的测量分两部分，首先进行 K 系数定标，确定某测量电流下 LED 正向电压与温度的关系，然后测量实际工作时的正向电压，以求出结温。

LED 结温的测量，如图 9.14 所示，先对 LED 施加测量电流 I_M，得到环境温度 T_0 下的偏压 U_{f0}，然后对 LED 施加工作电流 I_H 加热 LED 足够长的时间，实现热平衡并达到工作状态，最后再次对 LED 施加 I_M。假设所有电流变化都是理想的阶跃，可认为测得的 U_{f1} 为 LED 工作时的结温 T_1 对应的偏压，根据公式

$$T_1 = dT_j + T_0 \tag{9-13}$$

$$dT_j = (U_{f1} - U_{f0})/K \tag{9-14}$$

可计算得到 LED 工作时的结温。

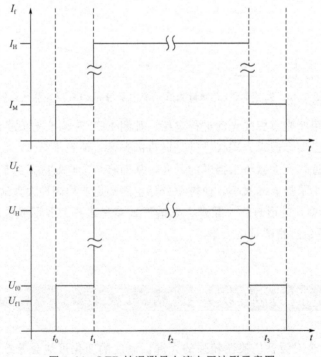

图 9.14　LED 结温测量电流电压波形示意图

采用正向电压方法的具体测试过程如下。

(1) K 系数测定方法

将 LED 系统放入烤箱内，温度可设置为多挡，如五挡 40/60/80/100/120（℃）等。对于每个温度，设置后稳定 90min，以保证充分的时间使 LED 系统与烤箱达到热平衡，然后施加一个幅值为测量电流的电流阶跃，阶跃的幅值即为测试电流。同时，以 200Hz 的频率采样 LED 的正向电压，采样点设置为多个，如 2000 个。通过计算机记录 2000 个数据点并记录下烤箱面板显示的温度。

(2) 结温测量方法

将 LED 系统在工作电流下恒流加热 3h，以使 LED 系统充分加热并和环境达到热平衡，认为此时 LED 稳定在正常工作时的结温。施加一个与 K 系数测试时一样的电流阶跃。对正向电压进行测试，前 1000 个点为测试工作电流下的正向电压，而后 1000 个点为施加电流阶跃后的正向电压。设置的频率为 200Hz，即先后各 5ms 的测试时间测试在工作电流与测试电流下的正向电压。通过计算机记录 1000 个测量的电压数据点并记录下当时的环境温度。

由于测试电流是测试者自己选取的，实际上，不同测试电流下测得的结温可能会有一定的差异。K Han 等研究了采用 1W 大功率 LED，工作电流为 350mA，测量电流选取 350mA、300mA、200mA、100mA、50mA、10mA 六挡，按照上述方法分别测量各测试电流下的 K 系数与结温，发现有一定的差异，这主要是因为在由工作电流转为测试电流的瞬间，LED 的结温实际上已经开始变化。因此，第一个测试点测试到的正向电压对应的结温已经不是之前工作电流下的结温，而是稍微变小了。这种变小的差异与工作电流、测试电流等有关。一般来说，通过提高采样速率以减少电流切换到第一个采样的时间差，可以获得更加精确的结温测试。K Han 等还建议通过工作电流切换到测试电流后正向电压的变化曲线而倒推出切换瞬间的正向电压数据，并进而准确地获得结温。具体可以参阅相关资料。

9.2.2　测试结温的其他方法

(1) 色坐标测结温法

由于结温的变化会引起 LED 器件色坐标的变化，其光谱中心波长将会发生改变。因此可以利用二者的关系，测量中心波长的变化情况，反推得到结温数值。但是该方法中，中心波长的变化不大，亦难以准确测量，因此仍在研究中，不被业界普遍采用。

(2) 反向电压法

由于 LED 的反向电压也与 LED 的结温有关，因此可以通过测试 LED 的反向电压进而获得 LED 的结温。但该方法的问题是必须在 LED 正向电压下工作一段时间再换到反向电压，有时候这是不允许的。

(3) 红外测温仪

该仪器通过红外探头外带的半导体激光对准待测物体，测得某处温度。对于 LED 器件来说，有源层的结点是照射不到的，因此不能用红外测温仪测量结点温度。但是由于结点温度与芯片焊点温度接近，因此可以利用红外测温仪测量 LED 焊点温度，从而大致了解结温水平。

(4) 红外热像仪

红外热像仪可以测得某一区域表面温度，得到这一区域的温度分布。然而 LED 的结点温度是内部温度，因此红外热像仪也难以准确测得。当多颗 LED 一同点亮时，可以用红外热像仪测出器件内部的温度分布的大致情况。

参考文献

[1] Ohno Y. New method for realizing a luminous flux scale using an integrating sphere with an external source [J]. Journal of the Illuminating Engineering Society，106-1.

[2] Ohno Y. Realization of NIST luminous flux scale using an integrating sphere with an external source [J]. PUBLICATIONS-COMMISSION INTERNATIONALE DE L ECLAIRAGE CIE，1995，119：87-90.

[3] Hanselaer P，Keppens A，Forment S，et al. A new integrating sphere design for spectral radiant flux determination of light-emitting diodes [J]. Measurement Science and Technology，2009，20 (9)：095111.

[4] 费翔，钱可元，罗毅. 大功率 LED 结温测量及发光特性研究 [J]. 光电子 & ♯183；激光，2008，19 (3)：289-292，299.

[5] 刘娉娉，武锐，王景伟等. 浅谈结温与热阻在 LED 中的作用：第六届中国国际半导体照明论坛 (CHINASSL 2009) [C]. 深圳：2009.

[6] 鲍超. 超高亮度 LED 测量问题 [J]. 液晶与显示，2003，18 (4)：244-250.

[7] 陈颖. 发光二极管光通量的测量研究 [J]. 中国照明电器，2008 (7)：25-28.

[8] 郭伟玲，王晓明，陈建新等. LED 结温的测量方法研究：海峡两岸第十四届照明科技与营销研讨会 [C]. 济南：2007.

[9] 韩凯，刘木清. 大功率 LED 结温测量研究：2010 (重庆) 四直辖市照明科技论坛 [C]. 重庆：2010.

[10] 金尚忠，王东辉. 大功率 LED 光参数的测量：第九届全国 LED 产业研讨与学术会议 [C]. 南昌：2004.

[11] 李倩，潘建根. LED 总光通量高精度检测最新进展：2008 年中国照明论坛暨绿色照明与照明节能科技研讨会 [C]. 北京：2008.

[12] 吕亮，吕正. LED 光度测量的难点及其分析：中国光学学会 2004 年学术大会 [C]. 杭州：2004.

[13] 吕正，吕亮，刘慧. LED 光谱量测量中的若干问题初探：海峡两岸第九届照明科技与营销研讨会 [C]. 南京：2002.

[14] 吕正，吕亮，刘慧. LED 光谱特性参数的测量和难点：海峡两岸第九届照明科技与营销研讨会 [C]. 南京：2002.

[15] 吕正，赵志丹，樊其明等. LED 发光强度测量中的若干问题 [J]. 中国照明电器，2004 (11)：20-22.

[16] 闫伟，陈凤霞，吴洪江等. 测量功率 LED 热阻的新型仪器：第九届全国 LED 产业研讨与学术会议 [C]. 南昌：2004.

[17] 于立民，Mckee Greg. 以积分球为基础的 LED 光学参数测试准确性的研究：2008 中国光电产业发展论坛 [C]. 深圳：2008.

[18] 周士康，李达红. LED 光强分布的解析形式在发光强度测量中的应用：第十一届全国 LED 产业与技术研讨会 [C]. 江苏镇江：2008.

第 10 章

LED的光学设计

　　光学设计分两种情况，一种是如照相机一样的成像光学设计，一种是将用于照明的光源发出的光通过光学系统变成范围更大的某种光斑的非成像光学设计。前者需要像小，其效率无关紧要；而对于后者，其均匀性要好，光分布要满足该照明环境的特殊要求，同时效率要高。本章将主要探讨 LED 的非成像光学设计。

10.1 LED 光学设计的特点

　　LED 的光学设计分为一次光学设计和二次光学设计。在 LED 晶粒封装成 LED 光源芯片的过程中必须进行光学设计，这种设计被定义为一次光学设计。它决定了光源芯片的出光角度、光通量大小、光强大小和光强分布、色温范围和色温分布等。将 LED 光源芯片应用到具体产品时，整个系统的出光效率、光强、色温的分布状况也必须进行设计，称为二次光学设计。LED 发光器件的二次光学设计是在一次光学设计的基础上进行的。一次光学设计保证了每个 LED 发光芯片的出光质量，二次光学设计则保证整个发光器件（或灯具）的出光质量和发光效率。从某种意义上说，合理的一次光学设计能够保证系统二次光学设计的顺利实现，也就提高了照明和显示的效果。在最终的实际应用中，需要根据场景或商业的需求进行后续二次光学设计，主要是针对 LED 光源进行阵列、数量等的设计。

　　LED 光源芯片与其他光源相比体积小，避免了光源对光线的吸收和遮挡，而且也给配套灯具系统的一次光学设计、二次光学设计以及后续光学设计带来了极大的方便，保证了光学结构的高效性和光路控制的准确性。但是，由于 LED 的发光面积较小，因此只能朝一个方向发光，所以会出现某一个方向亮度很高、其他方向则会暗淡和光线不均匀，而且由于大部分 LED 光源的辐射角为 $110°\sim120°$ 的朗伯分布，如果没有经过合理的配光，照在地面上的光形将会成为面积较大的圆形光斑，所以需要经过适合实际应用要求的二次光学设计来改善 LED 灯具的光照分布性能，最终使它具有满足条件的发散角。

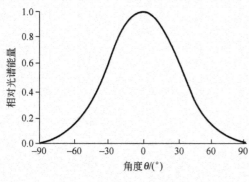

图 10.1　LED 的光强分布

LED 体积小，尽管在近场时仍要看做面光源，但在远场情况接近点光源，这使得其光学和设计十分方便灵活。由于非成像光学设计强调光分布，很多时候要求光分布均匀，因此以 LED 为光源时，大多采用密集平铺的方式来达到这一效果。如以 LED 作为背光源的液晶显示屏就是采用阵列式的 LED 来均匀发光。

不同于传统光源，LED 的发光角不是 4π 而是 2π，其光强分布接近朗伯体，如图 10.1 所示。LED 芯片本身是一个近似的朗伯光源，光强随着发光角呈现余弦分布，即 LED 芯片的光强分布是以垂直于 LED 发光面的轴线方向为零的余弦分布。光强分布表达式为

$$I_\varphi = I_0 \cos\theta \tag{10-1}$$

式中，I_0 为 LED 沿轴线方向的光强；$\cos\theta$ 为出光方向与轴线之间的夹角。这种光源很难满足各种照明要求。如果不经过合适的光学系统处理而直接应用，在大多数情况下难以满足照明灯具和器件所需要达到的性能指标，同时还会因为大量无效光的存在而大大降低系统的效率。因此，需要根据特殊的照明要求设计光学系统，对 LED 发出的光进行整形，改变其光强分布。

也正是因为 LED 的这些特点，LED 的光学设计是非常灵活的。在一些特殊场合下，还可以进一步减小 LED 的发光角，牺牲一部分效率来实现特殊的光学设计方案。例如 LED 应用于投射照明系统时，需要有高效、准直的远场分布。再以 LED 手电筒为例，在远距离照明时对手电筒的出射角要求比较高，而 LED 本身发光角比较大，为了提高 LED 手电筒的远射性能、减少光散射、令聚焦更准确、使光束近似平行射出，除了不断改进 LED 封装外，也在尝试通过自由曲面改善出光效果。可以采用自由曲面反光杯和菲涅耳透镜组合的方法，小角度的光线采用菲涅耳透镜进行准直，大角度的光线采用自由曲面反光杯准直，最终获得满足要求的准直照明。菲涅耳透镜从外观上来说是普通凸透镜的一种简化，但它体积小、重量轻、成本低。自由曲面反光杯易于加工、材料便宜、采用全反射的传输方式，传输效率更高。将两者完美结合可以保证传输效率和光强分布的准确性，实用价值更高。

10.2　几种主要的 LED 灯具光学系统形式

（1）直射式

此方式无二次光学系统，LED 器件的光不经过光学器件直接发出。但是其配光曲线可以通过改变 LED 器件封装透镜来加以修改，使其发出的光不是朗伯体分布，而是特殊的配光曲线。还有一种做法是采用多个 LED 时，通过改变 LED 的排布，特别是排布在不同的方向上，从而达到总体的配光要求。

（2）漫射式

单颗 LED 的光通量很小，但是由于其近似于点光源，发光角小，其表面亮度非常高，因此在大部分室内照明环境下，必须通过漫射式光学设计来降低其表面亮度，同时扩大其发光范围。漫射式的典型应用是 LED 球泡灯和 LED 灯管，如图 10.2 所示。这两种灯具都是

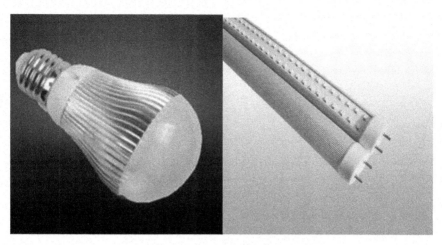

图 10.2　LED 球泡灯和 LED 灯管

在球泡和管壁上涂漫射粉来降低 LED 的亮度。LED 球泡灯还可以有进一步的设计，如不采用白光 LED 作为发光器件，而选择蓝光 LED 发光，在球泡上涂荧光粉，蓝光到达泡壳时转化成白光。这种形式类似荧光灯，发光更为均匀，可以很好地替代传统光源。

（3）反射式

反射式光学设计示意图如图 10.3 所示。其中大角度光线会经过反射器反射发光，但是大部分中心光线则是直射式（直接照射）。因此，这种方式的缺点是部分光线可控，大部分光线不可控；尺寸较大；LED 的位置不方便固定等。当然，实际应用中可以改变反射器的形状，旋转 LED 器件的发光方向来实现不同的照明效果。如图 10.4 所示。

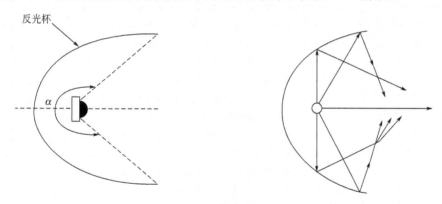

图 10.3　反射式光学设计

（4）透射式

透射式是通过在 LED 器件前加一透镜来改变其配光曲线的光学设计。示意图如图 10.5所示。反射式光学设计中，LED 光线只经过反射器一个面的反射后发出，而透射式中，LED 的光线要经过透镜的前后两个面后才能发出，因此透射式设计更为灵活，有着更为多样化的设计，但这也导致透射式的光学设计效率较低。透射式能够控制大部分光线，且尺寸较小。

（5）反射式与透射式相结合

该方式示意图如图 10.6 所示。在第一种形式中，大角度光线经过反射器反射后再经过透镜射出，中心光线直接经透镜后射出。这种方式虽然有着灵活的配光曲线设计，但是部分

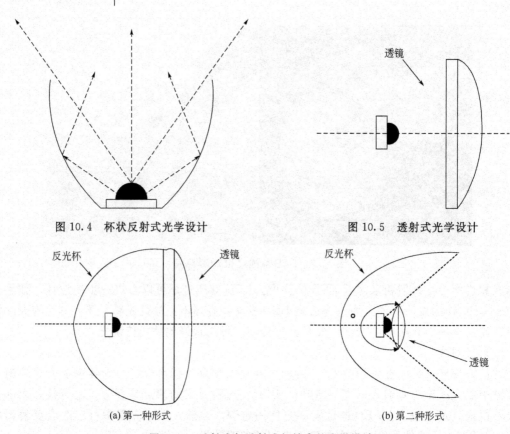

图 10.4　杯状反射式光学设计　　　　　图 10.5　透射式光学设计

(a) 第一种形式　　　　　　　(b) 第二种形式

图 10.6　反射式与透射式相结合的光学设计

光线经过三个表面才能发出，效率会有所降低。因此在一些情况下可以采用第二种的形式，改变透镜的位置，前移至 LED 附近，这样中心光线经过透镜转换，大角度光线则由反射器反射，从而达到期望的光强分布效果。

(6) 全反射式光学设计

全反射式光学设计是利用在特殊角度特殊方向时，LED 光线以大于或等于临界角的入射角照射到反射界面上，再由出光口导出。其原理图如图 10.7 所示。这种方式在实际应用中较少，但不失为一种创意十足的光学设计。

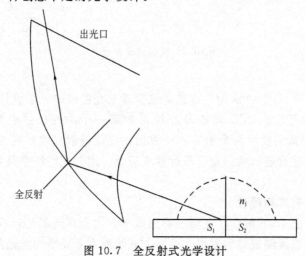

图 10.7　全反射式光学设计

以上几种 LED 二次光学设计方法都较为简单，在实际中也常采用。但随着塑料光学加工技术的发展，为实现各种配光，常采用自由曲面设计。

10.3 自由曲面的二次光学设计

10.3.1 自由曲面的概念及设计方法

自由曲面是指非对称、不规则、不适合用统一的方程式来描述的曲面，在工业产品的曲面造型中应用广泛。在成像光学领域，它首先被用于航天和天文，可获得清晰成像。自由曲面不仅能控制光线角度、光程差，还能自由分配光能量，在照明光学系统的设计中，如投影显示、汽车前大灯、道路照明灯具中，自由曲面都有诸多的应用。图 10.8 所示是 Harald Ries 和 Julius Muschaweck 采用自由曲面设计的一个照度均匀的矩形光斑。

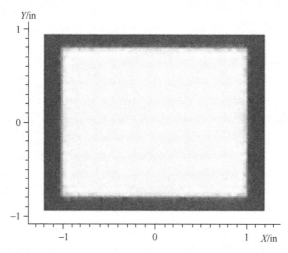

图 10.8 应用自由曲面的照度均匀的矩形光斑的设计

自由曲面光学元件在光学上的应用主要有以下三种。

① 在成像光学系统中消像差，减少成像缺陷，并有减轻重量及缩小体积的作用，如各种照相机、天文望远镜。

② 在照明光学系统中根据已知光强分布的光源通过自由曲面光学元件实现特定的光能量分布，并且尽量提高能量利用率，如汽车前大灯的设计。

③ 在太阳能光学能量收集系统中使用自由曲面光学元件提高能量收集效率。

后两种因为使用光学元件的主要目的是对光能量重新分布与应用，而非对物体进行成像，即为非成像光学应用。

实现自由曲面方法的手段有两种。第一种是优化法，也就是在已知光源特性和光学元件初始面形后，根据设计目标（可以是成像光学中的像面质量，也可以是非成像光学中的照明面的照度分布），自己设置优化函数，编写计算机程序来控制初始面形上的数值点的位置，使之在光线仿真时能根据计算出的优化函数值的大小来调整数值点的位置，能朝优化函数值小的方向调整。

第二种方法是通过数值法求解微分方程来构造自由曲面的面形。本质上是根据能量守恒定律建立光源对于光学元件的入射光线与设计目标上的出射光线一一匹配的关系，然后应用折射定律求得自由曲面上的法向矢量与入射光线及出射光线之间的关系，从而建立一个微分方程组，通过求解微分方程组来求得自由曲面上各点的数值。道路照明的 LED 路灯透镜的设计常采用这种方法。

在照明应用上，优化法和求解微分方程法相比较而言，由于照明光学系统的仿真为非序列光学仿真，在光学仿真软件里，非序列光学追迹多基于蒙特卡罗方法（Monte Carlo），需要仿真足够多的光线才能比较准确地反应仿真的结果，而计算每一条光线都得消耗时间与计算机硬件资源，即使计算机速度很快，也要花费很长的时间，所以在整个设计过程的优化耗时很长。由于过多面形结构的局部最优值的求解常常会使整体面形变坏，要找到全局最优值，需要设计人员具有丰富的经验。使用过光学软件对成像光学系统进行优化的设计者应该会有深刻的体会，优化得到的结果有时会在光学元件的结构面形上出现非理性的值。

使用解微分方程组的方法则能比较快捷得到达成设计目标的面形结构，甚至是一些极其复杂的设计目标，如图 10.9 所示。

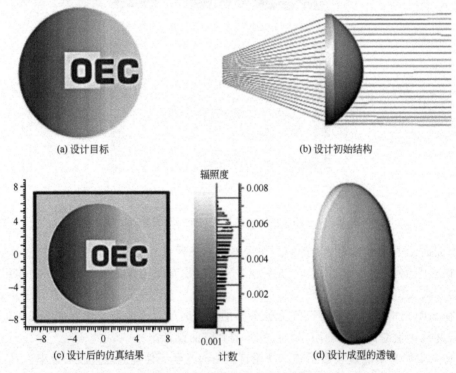

图 10.9　自由曲面复杂设计实例

10.3.2　自由曲面 LED 透镜的设计

由前文可以知道，自由曲面法是一种优秀的设计方法，在照明系统中恰当地使用自由曲面能够优化照明系统的结构，减小系统的体积，提高照明效果，提高光能利用率，以及丰富照明设计的手段。

下面根据照明的实际应用，针对 LED 点光源介绍几种可行的透镜结构和能量对应关系，介绍自由曲面照明透镜的设计过程。

　　针对单自由曲面的透镜，必须设定透镜某表面采用一简单形式的曲面，而对另一表面加以设计。常用的曲面可以是平面、球面或柱面。下面给出三种单自由曲面照明透镜可采用的结构：内表面是球面，外表面是自由曲面，如图 10.10（a）所示，此种结构称之为浸没式；内表面是平面，外表面是自由曲面，如图 10.10（b）所示；外表面是平面，内表面是自由曲面，如图 10.10（c）所示。第一种初始结构由于光源置于球心，故实质上仅发生了一次折射作用。第二种结构是第一种结构的变体，本质相同。第三种结构发生了两次折射作用，稍微复杂些。

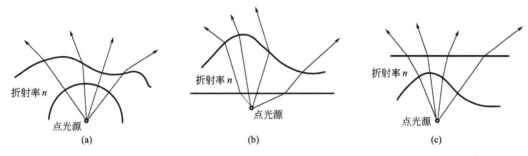

图 10.10　自由曲面设计透镜的不同形式

（1）透镜的初始结构及光路情况

　　自由曲面设计的思路就是根据入射光矢量和出射光矢量的变化关系式求得入射点的曲率，从而根据所有已知的曲率和边界条件来求所需的曲面。

　　如图 10.11 所示，考虑一束从空间点光源 $\vec{s}$ 发出的光入射到某光学表面的 $\vec{p}$ 点上，后折射或反射到目标面 $\vec{t}$ 点上。设入射光单位矢量 $\overrightarrow{In}=\mathrm{Unit}$（$\vec{p}-\vec{s}$）、出射光单位矢量 $\overrightarrow{Out}=\mathrm{Onit}$（$\vec{t}-\vec{p}$）及法向矢量 $\vec{N}$，则三者满足下面关系。

$$[1+n^2-2n\ (\overrightarrow{Out}\cdot\overrightarrow{In})]^{1/2}\vec{N}=\overrightarrow{Out}-n\overrightarrow{In} \tag{10-2}$$

　　式(10-2)中的 n 是光经过的介质的折射率，分为 $n=1$（反射）和 $n\neq1$（折射）两种情

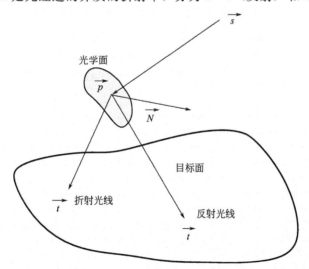

图 10.11　光源点 $\vec{s}$、入射点及目标面上点的光线示意图

（$\vec{N}$ 表示垂直于光学表面的法矢量）

况。式(10-2)是折射公式的矢量形式,给出了入射光线矢量与出射光线矢量的关系。

由于出射光线单位矢量表达式是与光线在光学面的入射点 $\vec{p}$ 相关的量,在后续求解中有诸多不便。

在室内室外照明实际应用时,目标受照面相对比较远,出射光线到目标照射点 $\vec{t}$ 原点的距离 $|\vec{t}|$ 至少是米级别,而针对点光源设计的照明透镜一般比较小,其光学面一点 $\vec{p}$ 到原点的距离 $|\vec{p}|$ 可以人为地控制在毫米级,所以我们可以认为透镜大小可以忽略不计,即出射光线到受照面上的点 $\vec{t}$ 与出射光线在透镜外表面上的点 $\vec{p}$ 之间的距离 $|\vec{t}-\vec{p}|$ 与出射光线到受照面上的点 $\vec{t}$ 到原点的距离 $|\vec{t}|$ 近似相等。也就是说,任意一条射到受照面上的光线都可以认为是由原点直接发射出来的。故有

$$\overrightarrow{Out}=\mathrm{Unit}(\vec{t}-\vec{p})=\mathrm{Unit}[\vec{t}(x,y,z)] \tag{10-3}$$

由式(10-3)可知,出射光线由受照面上的点 $\vec{t}$ 唯一确定。

若光源置于坐标原点,则

$$\overrightarrow{In}=\mathrm{Unit}(\vec{p}-\vec{s})=\mathrm{Unit}[\vec{p}(\theta,\varphi)] \tag{10-4}$$

综上所述,通过式(10-2),入射点处的法向矢量 $\vec{N}$ 就把光源的任一光线(可用球坐标系或参数坐标来表示)与受照面上的点 $\vec{t}$ 的坐标——相关联。

(2) 能量对应的拓扑关系

建立好照明的光学模型并选定一种透镜结构后,还要确定光源空间能量分布与经透镜后的出射光的能量分布的对应关系。根据光通量守恒,为使得能量利用最大化而采取了一种约束方法。光源空间光能量分布与受照面上的照度的联系满足下式

$$\iint_{\Omega} I[\overrightarrow{In}(\theta,\varphi)]\mathrm{d}\Omega = \iint_{v(\Omega)} E[\vec{t}(x,y,z)]\mathrm{d}s \tag{10-5}$$

任意一个光源均可认为其发光范围为 4π 立体空间,见图10.12。针对 LED 而言,由于半平面发光,故只有 2π 立体空间发光。光源空间能量分布与经透镜后的出射光的能量分布的对应关系可以有两种方式:一是以赤道某一点为中心按其经线与纬线的自然划分进行的经纬网格对应,见图10.13;二是以两极为中心,在不同的经度向低纬度逐渐展开的辐射环带对应,见图10.14。表述时借用了地理名词。对应关系不同,式(10-5)形式会不同。

应该看到,在确定了对应关系后,式(10-5)式本质上建立了光源的任意一条光线与照射面上的点——对应的数值关系。联立式(10-2)和变形后的式(10-5)即可通过数值求解得到所需设计的透镜曲面的数值,再通过三维 CAD 软件的逆向工程得到透镜的自由曲面进而得到实体。

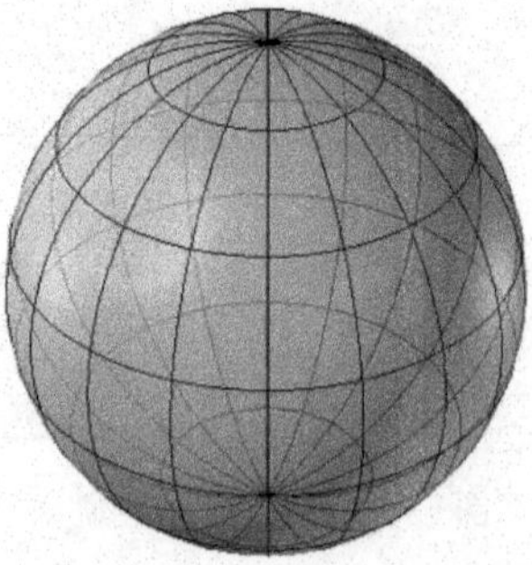

(3) 建模,完成方程组的求解

目前,道路照明是 LED 应用的热点。下面的例子是针对 Cree 公司 X-Lamp 的一款圆形的 LED 路灯透镜设计来具体讲述自由曲面设计方法在照明中的应用。

本圆形路灯透镜的设计目标是在 10m 远的受照面上形成较均匀的长条形的光斑,追求高的能量利用率。

这里希望设计一个透镜,内曲面中心与 LED 芯片的距离为 7mm,在 10m 远的受照面上形成 34m×12m 的矩形光斑,透镜材料采用聚碳酸酯,采用 Cree 公司的 X-Lamp LED。

图 10.12　点光源的 4π 空间

① 根据上述已知可求得自由曲面上的点集,即一组点云,

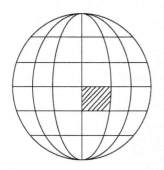
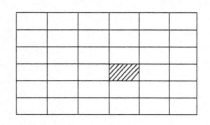

图 10.13 光能量经纬网格对应的平面示意图

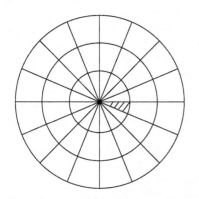
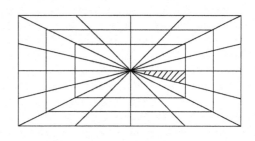

图 10.14 光能量辐射环带对应的平面示意图

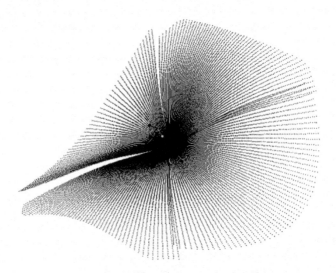

图 10.15 圆形透镜的内曲面的点云图

通过三维软件的逆向工程得到所求自由曲面，通过实体造型可得所需的透镜实体，如图 10.15 所示。

② 在三维画图软件中画成实体后，加圆形底座。圆形底座除了有机械固定作用外，其环形斜面可以约束大角度的光线，使之发生全反射或是折射，如图 10.16 所示。

③ 将透镜的三维结构图导入 Tracepro 软件中，并赋以相应的光学材料特性，设置 LED 光源的光源参数，进行光线追迹。图 10.17、图 10.18 为光线的光路图。由图中可以看出有少量大角度的光线经底座逃逸。

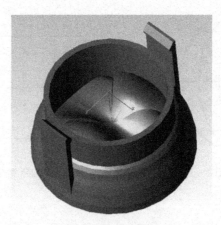

图 10.16　加有底座的圆形透镜实体图

图 10.17　道路纵向光路图

图 10.18　道路横向光路图

图 10.19 为 Tracepro 仿真的照度分布图（参见彩图 10.19），图 10.20 为 Tracepro 软件仿真的光强分布图（参见彩图 10.20）。从图中可以看到，所得到的光斑基本约束在 34m×12m 范围内。但在矩形区域，整体的照度分布并非绝对的均匀，造成此现象的因素有：在三维画图软件中由点云到透镜实体造型并非绝对准确；大角度的光线并没有经过内曲面调制，而只是通过圆形斜面的全反射或折射到达受照面，没有得到足够的约束；仿真芯片有一定大小，并非点光源；仿真采用的 Cree 光源模型的光强分布不是准确的余弦分布。中间的位置稍微有点粗大，这是由于透镜对应道路横向的切面上大角度的杂散光逃逸造成的。另外，照度图上有"X"形的较淡背景杂散光的分布，这是由于透镜内表面的曲面非连续造成的。

因此，实际设计时，需要根据经验对自由曲面透镜的初始设计进行一定的调整，以达到较满意的效果。

以上分析了自由曲面透镜的设计过程。实际上，自由曲面反射镜、反射与投射结合的二次光学系统的设计也类似。本书不再赘述。

随着塑料自由曲面反射镜、透镜加工技术的成熟与低成本化，自由曲面在 LED 二次光学设计中有越来越重要的应用。但实际应用中，除考虑设计因素外，加工也是很重要的一环。实际的研制常采用设计—制作样品—测试—修改设计等步骤，并反复进行，直到获得满意的结果。

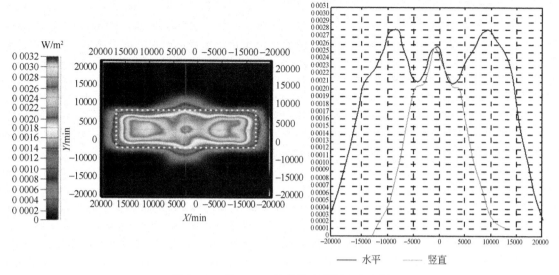

图 10.19 Tracepro 软件仿真的照度分布图

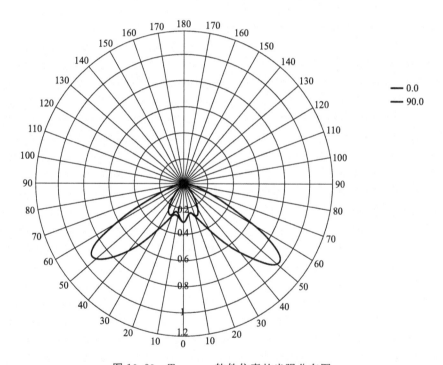

图 10.20 Tracepro 软件仿真的光强分布图

参考文献

[1] 王乐 . LED 应用于照明的计算和仿真 [J] . 照明工程学报, 2007, 18 (1)：25-30.

[2] 杨磊 . 光学设计与 LED 照明产品的节能：海峡两岸第十五届照明科技与营销研讨会 [C] . 天津：2008.

[3] 蒋金波, 杜雪, 李荣彬 . LED 路灯透镜的二次光学设计介绍 [J] . 照明工程学报, 2008, 19 (4)：59-65.

[4] 李澄, 李农 . 非成像光学应用于 LED 照明的研究 [J] . 照明工程学报, 2011, 22 (5)：90-94, 102.

[5] 吕正, 赵志丹, 樊其明等 . 从 LED 的配光曲线谈起 [J] . 中国照明电器, 2004 (10)：1-4.

[6] 马忠山, 金淼 . 照明设计中灯具配光曲线的利用 [J] . 中国科技信息, 2007 (2)：89-90.

[7] 施克孝 . 灯具的配光曲线及应用 [J] . 演艺设备与科技, 2006 (1)：5-12.

［8］ 闫瑞，肖志松，邓思盛等．LED 光学设计的现状与展望［J］．照明工程学报，2011，22（2）：38-42.

［9］ 张九红，庄金迅．配光曲线在照明计算中的应用［J］．沈阳建筑大学学报（自然科学版），2007，23（6）：941-944.

［10］ 朱焯炜，苏宙平，陈国庆．LED 绿色照明及其非成像光学设计［J］．物理通报，2012（2）：112-113.

［11］ 邹吉平．灯具配光曲线及其标准格式［J］．照明工程学报，2007，18（2）：76-80，59.

［12］ 江程．自由曲面在 LED 道路照明灯具中的应用研究［D］．上海：复旦大学，2010.

［13］ Peng C, Li X, Wang J, et al. A high power light emitting diode module for projection display application［C］// Electronic Packaging Technology & High Density Packaging (ICEPT-HDP), 2010 11th International Conference on. IEEE, 2010：1412-1416.

［14］ Peng C, Li X, Wang J, et al. A high power light emitting diode module for projection display application［C］// Electronic Packaging Technology & High Density Packaging (ICEPT-HDP), 2010 11th International Conference on. IEEE, 2010：1412-1416.

［15］ Sales T R M, Chakmakjian S H, Schertler D J, et al. LED illumination control and color mixing with engineered diffusers［C］. Optical Science and Technology, the SPIE 49th Annual Meeting. International Society for Optics and Photonics, 2004：133-140.

［16］ Rossi M, Gale M. Micro-optics promote use of LEDs in consumer goods［J］. LEDs magazine, 2005, 2（7）：27-29.

LED的驱动与控制技术

▶▶▶▶▶▶▶▶

11.1 LED 驱动的一般特点

LED 的本质是二极管,其工作于正向导通状态,结压降 U 与正向电流 I 的关系近似于对数关系,如图 11.1 所示。

在此伏安曲线上的任意一点做曲线的切线,斜率的倒数即为 LED 的动态阻抗。动态阻抗描述了 LED 结压降随正向电流的变化率。可见,当 LED 导通后,其动态阻抗急剧降低,这就意味着 LED 结压降的细微扰动会带来其导通电流的急剧变化。

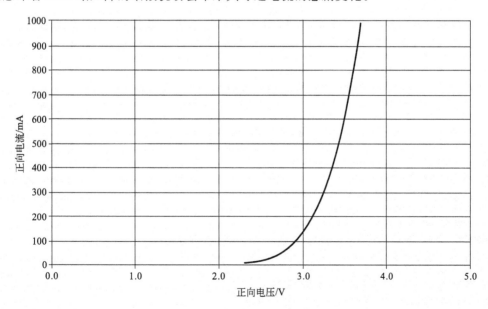

图 11.1　LED 的伏安特性曲线

当直接用电压源驱动 LED 时，电源电压的波动会造成 LED 电流很大的变化，如果电源电压的升高造成的 LED 电流增加超过一定的范围，则会造成 LED 器件的永久性损伤。

另一方面，相同导通电流下 LED 的结压降随着 LED 结温的升高而降低。即使驱动 LED 的电压源能够保证足够的精度，随着时间的推移，LED 发热造成结温的升高，仍然会导致 LED 的电流不断增加，从而影响其寿命。

因此，对 LED 采用恒流驱动的目的就在于保证通过 LED 的电流在任何情况下（包括输入电压改变、环境温度改变等）保持一致。

针对 LED 的直流驱动，主要分为限流电路、线性恒流电路和开关型直流驱动电路三种方式。

11.1.1 限流电路

当出于成本等因素的考虑需要采用市场上通用的恒压电源直接作为 LED 的驱动时，为避免 LED 电流超出限制，需在 LED 与恒压源之间加入一个限流电阻，人为地增加 LED 负载系统的动态阻抗，从而尽可能地限制 LED 的电流。如图 11.2 所示。

这种方法的优点在于其低成本和简单。缺点则有以下几点。

① 电流随 LED 结压降 U_f 变化而变化，只能限流，无法恒流。

② 低效率。

③ 窄输入范围，仅工作于输入电压 $U_{IN} > U_f$ 的情况。

④ 窄负载范围。

目前，电阻限流的方式多用于小功率 LED 的驱动，由于其低效率和无法恒流，不适合用于通用照明的大功率 LED 驱动。

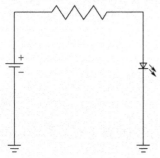

图 11.2　限流电路

11.1.2 线性恒流电路

线性恒流电路是一个闭环的负反馈系统，其通过采样电阻采集流经 LED 的电流，与内置的基准电压比较后，控制电路中串联的工作于放大区的三极管或 MOSFET 的导通率，从而将电流恒定于设定值。如图 11.3 所示。

这种方式的优点在于其结构相对简单，成本较低，恒流效果好。缺点有以下几点。

① 低效率，特别是当输入电压和 LED 输出电压压差较大时。

② 窄输入范围，仅工作于输入电压 $U_{IN} > U_f + U_d$ 的情况，其中 U_d 为控制器可控的最小压差。

③ 窄负载范围。

线性恒流电路多用于输入和输出电压差较小的应用场合。如当大功率 LED 路灯的多路灯串压降差距不大并和 AC/DC 电源输出相近时，就可用线性恒流电路接于 AC/DC 的输入，为每路灯串进行恒流供电。

线性恒流电路可以以 LM317、LM7805 等三端稳压芯片为

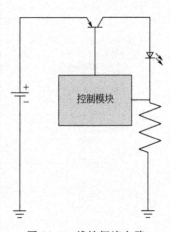

图 11.3　线性恒流电路

基础自行搭建，也可选用 LM3466 等集成芯片。

线性恒流电路亦可扩展变通为多路均流电路，用以将恒流源平均分配给若干路 LED 灯串。

11.1.3　开关型直流驱动电路

开关型直流驱动电路即通常意义上的开关电源，因为工作于开关模式而得名。电路中一般含有一个或多个开关器件，通过开关器件的高频开关和电感、电容的暂时性储能，将能量从输入端传输到负载端。如图 11.4 所示。

这种方式的优点在于效率高，大的输入电压范围和负载范围。缺点则有以下几点。

① 电路复杂。

② 相对昂贵。

③ 工作于开关模式，需考虑电磁兼容性设计。

LED 驱动与传统的恒压型直流开关电源的区别在于，将通常所用的电压反馈改为电流反馈，便于精准控制流经 LED 的电流。如图 11.5 所示。

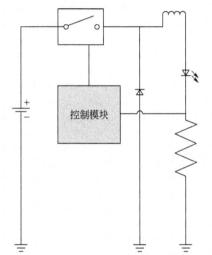

图 11.4　开关型直流驱动电路

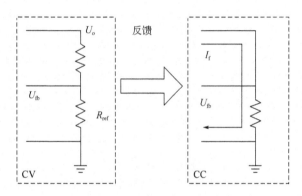

图 11.5　恒压型直流开关电源的电流反馈

开关型直流驱动电路按照电路拓扑可以分为降压式（buck）、升压式（boost）、升-降压式（buck-boost）、SEPIC 式（single ended primary inductor converter）、升压/升压串联式（cuk）等，下一节中会针对几种常用的拓扑进行具体介绍。

针对特定拓扑结构的电路，不同的芯片供应商可能会采用不同的控制方法用以驱动开关管，如平均电流控制或迟滞控制（hysteretic）等。如图 11.6 所示。

平均电流控制基于运放和 PWM 控制器，采样 LED 电流的平均值，通过与基准的比较来控制 PWM 控制器输出的占空比。其优点在于对噪声不敏感，电流控制准确，频率恒定。缺点在于动态响应较差，需要进行环路补偿。

迟滞控制基于比较器，采样 LED 瞬时电流，逐周期进行开关控制，其中又有多种控制模式，如定电流下限＋恒定导通时间控制、定电流上限＋恒定关断时间控制及定电流上下限控制等。如图 11.7 所示。其优点在于无需进行环路补偿，动态响应好。缺点在于输出电流随输入电压和负载的变化会有变化（特别是恒定导通/关断时间控制的方式）；对噪声相对敏感；变频等。

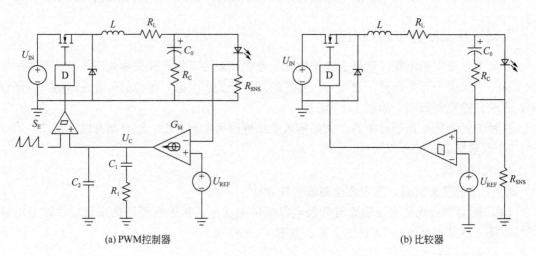

(a) PWM控制器 (b) 比较器

图 11.6　PWM 控制器和比较器

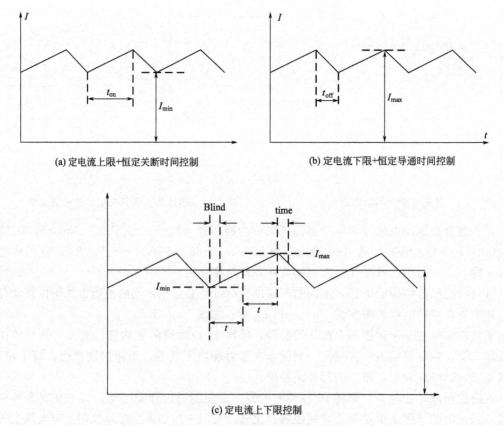

(a) 定电流上限+恒定关断时间控制 (b) 定电流下限+恒定导通时间控制

(c) 定电流上下限控制

图 11.7　几种常见控制模式

▶▶▶▶▶▶▶▶

11.2 开关型直流驱动电路

11.2.1 降压变换器

降压变换器（Buck）工作条件需满足电源电压总是高于 LED 负载电压。电路结构如图 11.8 所示。

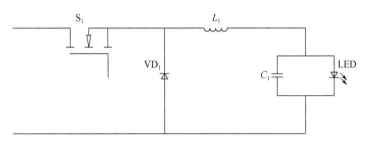

图 11.8 降压变换器电路

当开关管 S_1 闭合时，输入电压通过 S_1 为负载供电，同时为电感 L_1 储能，电感电流以一定斜率上升；当 S_1 断开时，L_1 通过 VD_1 续流，电感电流以一定斜率下降。电容 C_1 与 LED 并联，主要起到减小 LED 上电流纹波的作用。

在理想的 Buck 电路中，电压传递函数为 $\dfrac{U_O}{U_I} = D$。式中，U_O 为输出电压；U_I 为输入电压；D 为控制器开关 S_1 的占空比。由于 D 恒小于 1，可见负载电压需小于电源电压。

降压变换器的典型应用选取美国国家半导体（现被 TI 收购）的 LM3404HV 为例。LM3404HV 是一款降压型 LED 驱动芯片，其输入电压范围为 6～75V，可满足大部分直流应用；内部集成 1A 的 MOSFET，有效减少了外部元件数量；采样反馈电压低至 200mV，减小了采样电阻上的损耗，提高了效率；开关频率达 1MHz，减小了所需选用的电感体积；采用恒定开通时间的迟滞式控制方式，避免了环路补偿。

图 11.9 所示为 LM3404HV 的应用电路，其内部 MOSFET 位于 UIN 和 SW 引脚之间，通过周期性的开关，为 LED 负载提供降压恒流驱动。DIM 引脚为 PWM 调光输入端，可通过外部 PWM 信号实现对负载 LED 的调光。C_3 为自举电容，通过二极管实现对内部高压浮动 MOSFET 的驱动。

11.2.2 升压变换器

升压变换器（Boost）工作条件需满足 LED 负载电压总是高于电源电压的条件，电路结构如图 11.10 所示。

当开关管 S_1 闭合时，输入电压为电感 L_1 充电储能，L_1 上的电流以一定斜率上升，续流二极管反向截止，电容 C_1 为负载 LED 供电；当 S_1 断开时，L_1 通过 VD_1 续流，为电容 C_1 充电，同时为负载供电，L_1 电流以一定斜率下降。与降压变换器不同，升压变换器中的输出电感 C_1 是必需的，它起到储能升压的作用，在 VD_1 截止的时段中为 LED 负载

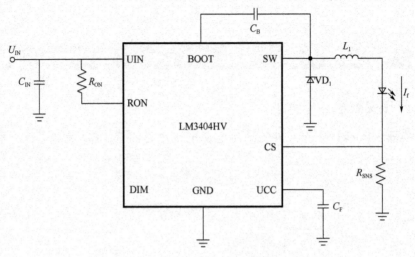

图 11.9   LM3404HV LED驱动芯片电路

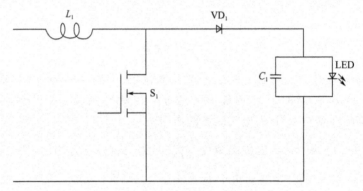

图 11.10   升压变换器电路

供电。

在理想的 Boost 电路中，电压传递函数为 $\dfrac{U_O}{U_I} = \dfrac{1}{1-D}$。式中，$U_O$ 为输出电压；U_I 为输入电压；D 为控制器开关 S_1 的占空比。一方面，由于 $D>0$，可见负载电压需大于电源电压；另一方面，当 D 趋向于 1 时，由于元件杂散参数的影响，电路的升压比不可能无限增加。

升压变换器的典型应用电路选取 Diodes 公司的芯片 ZXLD1374。此芯片输入电压为 6.3～60V；具有 1.5A 的内置 MOSFET；工作频率高达 1MHz；由于采用了创新性的迟滞控制方式，其可支持 Buck、Boost 及 Buck-Boost 三种拓扑，并可实现 0.5％ 的电流精度；调光方式同时支持 20∶1 的模拟调光和 1000∶1 的 PWM 调光。其工作于 Boost 拓扑下的电路如图 11.11 所示。

图中，C_2、C_3 为输入电容，R_1、R_2 为高端电流采样电阻，内部 MOSFET 位于 LX 与 PGND 之间，通过开关将 C_4 上的电压升高，从而驱动 LED 负载。齐纳管 VZ_1、R_5 及 VT_1 组成一个过压保护电路，防止电路空载时输出电压不断升高，对电路造成损坏。ADJ 引脚可用以模拟调光，通过输入 125mV～2.5V 的电压信号，将 LED 负载电流控制在设定值的 10％～200％。PWM 引脚可用于对负载 LED 进行 PWM 调光。

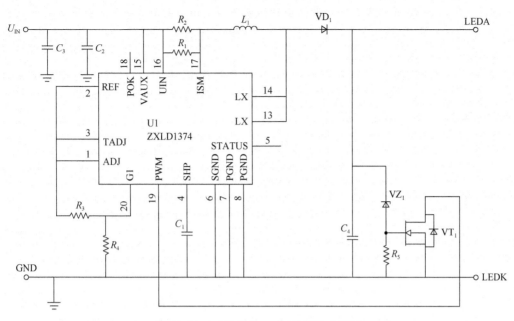

图 11.11　工作于 Boost 拓扑下的电路图

11.2.3　升-降压变换器

当输入电压可能低于负载 LED 电压，也可能高于负载 LED 电压时，可使用升-降压变换器（Buck-Boost）。根据开关管所处位置，又可细分为高边升降压型和低边升降压型。其电路结构如图 11.12、图 11.13 所示。

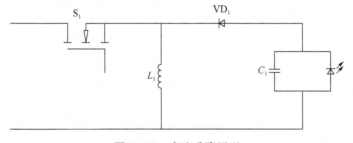

图 11.12　高边升降压型

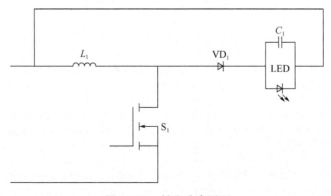

图 11.13　低边升降压型

下面以高边升降压为例进行分析。当开关管 S_1 闭合时，输入电压为电感 L_1 充电储能，L_1 上的电流以一定斜率上升，续流二极管反向截止，电容 C_1 为负载 LED 供电；当 S_1 断开时，L_1 通过 VD_1 续流，为电容 C_1 充电，同时为负载供电，L_1 电流以一定斜率下降。其在工作原理上与升压变换器的主要区别在于：在升压变换器中，L_1 因续流产生的电动势叠加在输入电压上为 C_1 充电，导致负载电压高于电源电压；而在升-降压变换器中，L_1 单独产生电动势为 C_1 充电，电压可大可小。

在理想的 Buck-Boost 电路中，电压传递函数为 $\dfrac{U_O}{U_I} = -\dfrac{D}{1-D}$。式中，$U_O$ 为输出电压；U_I 为输入电压；D 为控制器开关 S_1 的占空比。可见，升-降压变换器可工作在负载电压高或低于电源电压的条件下。但与升压变换器相似，其升压比也不可能无限增加。

美信公司（Maxim）的 MAX16802 可作为升-降变换器的典型应用电路。MAX16802 的输入电压范围为 $10.8 \sim 24V$；内部带有误差放大器和 1% 精度的基准，可实现精密的 LED 电流调节；具有 PWM 和模拟调光功能；工作于 $(1 \pm 12\%)$ 262kHz 的固定开关频率。

图 11.14 中，L_1、VT_1、VD_1、C_3 及 LED 组成了一个典型的 Buck-Boost 电路。R_1 为采样电阻，将采样的电流信号传至 CS 引脚。用户可在 CS 引脚上加入外部信号进行模拟调光，也可通过 DIM/FB 引脚对 LED 负载进行 PWM 调光。UVLO/EN 引脚可用以设置输入启动电压。COMP 为芯片内部的误差放大器输出，可用以进行补偿。

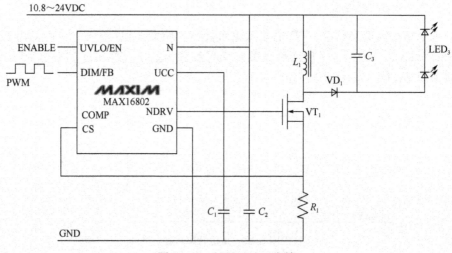

图 11.14　MAX16802 电路

11.2.4　设计要点

开关型直流驱动电路设计中，有一些值得注意的要点，现介绍如下。

(1) LED 阵列选择

通用的大功率 LED 器件单颗功率一般为 $1 \sim 3W$，对于路灯等应用而言，通常需要将许多 LED 连接在一起，以达到要求的功率。这样，LED 的连接方式就成为必须考虑的一个问题。一般而言，可以分为串联、并联和混联三种形式。

串联方式的优点在于流经此回路中所有 LED 的电流是相同的。缺点在于一方面，过多的 LED 串联可能造成输出电压过高，超过安全电压，从而需要额外的安全措施；另一方面，任何 LED 发生开路故障都会造成整个灯串无法正常工作。在每个 LED 旁并联齐纳管或 AMC7169、

NUD4700 等保护二极管是解决后者的方法。如图 11.15 所示。

并联或先串联后并联方式可以降低 LED 灯串的压降，单颗 LED 发生开路故障后其他并联支路 LED 仍然可用。但如前文所述，由于 LED 之间存在压差，如果单纯将 LED 并联，会造成每路 LED 电流的不均衡，影响系统性能和可靠性。解决方法在于为每个并联支路加入相应的限流或均流电路。

混联方式是串联和并联的组合，形式更加灵活，也可运用串联或并联中的方法使系统更加可靠。

(2) LED 纹波电流

LED 纹波电流是指在 LED 正常工作时，叠加在其直流电流上的交流分量的峰-峰值，如图 11.16 中的 ΔI。LED 纹波可分为高频纹波和低频纹波，前者是由于开关驱动电路的工作产生的，一般是几十千赫兹至几兆赫兹；后者则产生于交流电源的频率，一般为 100Hz，仅出现于几种特定拓扑的交流驱动电路中，在此不再赘述。

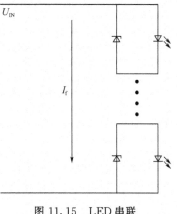

图 11.15　LED 串联

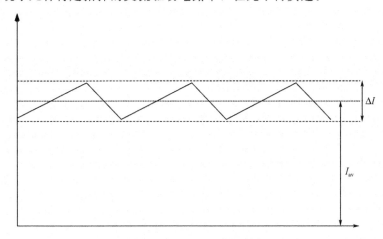

图 11.16　LED 的纹波电流

过大的纹波电流会造成 LED 光效下降、闪烁等问题，一般需控制在 20% 以下。高频纹波的控制一般通过提高电路的开关频率、增加开关电路中电感元件的大小、增加 LED 并联滤波电容等方式实现。

(3) 调光噪声的产生与避免

当 LED 以 PWM 方式进行调光时，有时会产生人耳可听见的噪声。噪声的来源一般出自于开关电路中的电感和陶瓷电容。

电感一般由线圈缠绕在磁芯上构成，当流经周期变换的电流时，线圈之间会产生作用力，从而发生机械振动，产生噪声。这一问题可以通过浸胶或浸漆工艺、固定电感线圈间距得以改善。

陶瓷电容（图 11.17）噪声的产生原因有所不同。其内部一般为多层结构，电极与陶瓷电介质相互层叠，当 PWM 调光造成的周期性电流通断时，压电效应产生机械振动，由于 PWM 调光频率一般落在人耳听觉容限之内，这种机械振动会被人耳察觉。

为解决陶瓷电容的噪声问题，可以采用低 ESR 的薄膜电容进行替代，但相同容量下，体积和成本会有所增加。

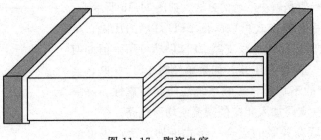

图 11.17 陶瓷电容

(4) 自动化设计工具

随着 LED 驱动的发展和计算机辅助设计的普及，利用软件进行 LED 驱动的设计、仿真和优化越来越成为一种趋势。利用软件辅助设计，可以提高驱动电路的设计效率，缩短开发周期，减少工程师的工作量。

目前，多家主流芯片供应商都提供了相应的平台，如 TI 的 WEBENCH Designer 在线设计工具，Linear 的 LTSpice 仿真软件，PI 的 PI Expert Suit 设计软件，Maxim 的 EE-Sim 设计与仿真工具等。

11.3 交流驱动电路

交流驱动电路是指直接从零、火线上获得电压，用以驱动 LED 负载的电路，其一般结构如图 11.18 所示。

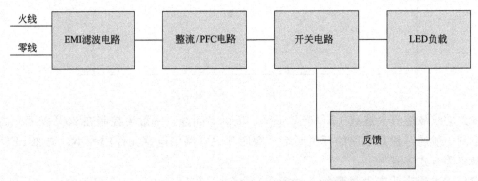

图 11.18 交流驱动电路结构图

交流驱动电路的分类有多种方式。按照输出电路与输入电路是否电气相连，可分为隔离型和非隔离型。按电路的输出类型分类，可分为恒压输出型、恒流输出型、恒压/恒流输出型等。按电路的拓扑分类，可分为正激式（forward）、反激式（flyback）、半桥式（half bridge）、全桥式（full bridge）、半桥 LLC 谐振式（LLC resonant half bridge）等。下面将针对其中常用拓扑进行具体的介绍。

11.3.1 正激变换器

从原理上讲，正激变换器派生于降压变换器，只是用变压器替代了电感实现了隔离。其电路结构如图 11.19 所示。

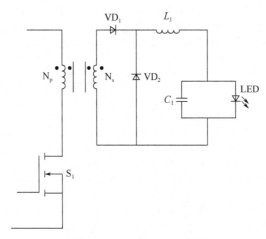

图 11.19　正激变换器电路结构图

N_p、N_s 分别为高频变压器的原、副绕组，当开关管 S_1 闭合时，输入电压通过变压器的耦合使副绕组 N_s 同名端产生感应电动势，经二极管 VD_1 为负载 LED 供电，并对 L_1 进行充电储能；当 S_1 断开时，VD_1 截止，L_1 通过 VD_2 续流，为负载继续供电。

正激变换器的优点如下。

① 变压器不需储能，直接传递能量；不需要开气隙；电感大；体积小；铜损较小。

② 输出电压纹波电流较小，可选择较小的输出电容。

③ 输出功率较大。

其缺点如下。

① 电路较复杂，输出需使用额外的输出电感和续流二极管，成本较高。

② 需采用特别的磁复位措施。

③ 轻载条件下，当运行到不连续模式时，会产生输出过电压，特别是在副绕组中。

由 LM5026 构成的正激变换器典型应用如图 11.20 所示。

LM5026 是一款有源钳位电流模式 PWM 控制器，内置 3A MOSFET 主驱动器（OUT＿A）及1A MOSFET 钳位驱动器（OUT＿B），因此无需外加驱动器，同时也提高了系统的效率及开关速度。内置的钳位电路控制器可以随着线路电压的波动而调整输出，从而将 MOSFET 的电压应力减至最低，因而可以有效地降低 MOSFET 的成本。此外，LM5026 芯片设有独特的电流模式反馈功能，可以提高传统光耦合器的有效带宽，从而简化了补偿电路的设计，提高了环路的整体带宽及瞬态响应性能。SYNC 引脚是芯片的振荡器同步电路，让用户可以将 PWM 控制器锁定至与外置主时钟同步，以便控制电磁干扰。

11.3.2　反激变换器（Flyback）

反激变换器又称为回扫变换器，是由升-降压变换器经变压器隔离演化而来，其电路结构如图 11.21 所示。

当开关管 S_1 闭合时，电流流经变压器原边绕组 N_p，由于副边绕组 N_s 的极性与 N_p 相反，VD_1 截止，变压器储能，输出电容 C_1 为负载供电；当 S_1 断开时，能量由变压器的原边转移到副边，在 N_s 上产生感应电动势，通过 VD_1 续流，为 LED 负载供电。

反激变换器的优点如下。

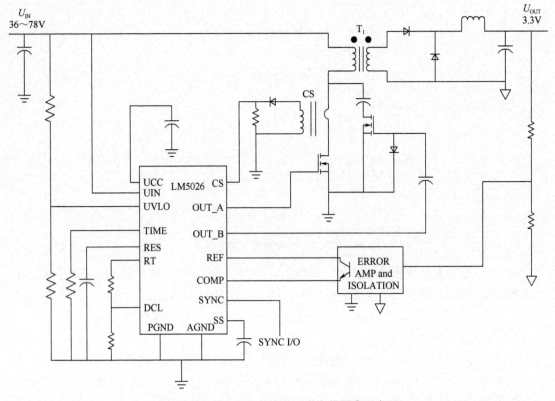

图 11.20　LM5026 构成的正激变换器典型应用

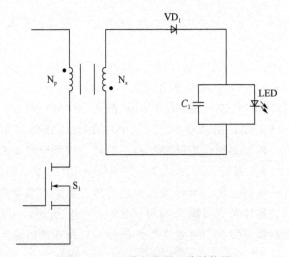

图 11.21　反激变换器电路结构图

① 电路简单，成本低，能够提供多路直流输出。

② 转换效率较高。

③ 输入电压在很大范围内波动时，仍可保持较为稳定的输出。

其缺点如下。

① 输出电压纹波较大，负载调整率不高。

② 变压器工作在单向磁化方式，磁芯易饱和，以小功率应用为主。

③ 变压器需开气隙储能，增大漏感，增加铜损。

反激变换器可工作于断续模式（DCM）或连续模式（CCM）。工作于连续模式时，副边电流总是存在；工作于断续模式时，每个开关周期结束后，副边电流降至零。两种工作模式各有其优缺点：断续模式下，峰值电流、电压应力和变压器尺寸都较大，但环路补偿比较简单；连续模式下，由于峰值电流与平均电流相差较小，元件应力和效率都更优，但由于存在右半平面零点（RHZ），环路补偿较为复杂。

反激变换器的典型应用电路选取 PI 的 TNY279PN 为例，其原理图如图 11.22 所示。

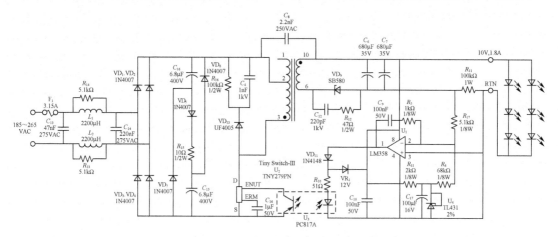

图 11.22　PI 的 TNY279PN 原理图

图中，R_{13}、R_{14}、L_1 和 L_2 共同组成 π 型 EMI 滤波电路；C_{15}、C_{16}、VD_5、VD_6、VD_7 及 R_{15} 组成填谷式功率因数校正电路，使电源满足 IEC61000-3-2 规定的谐波要求。

控制芯片采用 Tiny Switch-Ⅲ系列器件 TNY279PN，内部集成 MOSFET，通过关断或跳过 MOSFET 的开关周期进行稳压。当负载电流达到电流设置阈值时，运放 LM358 驱动光耦 PC817A 导通，从 TNY279PN 的 EN/UV 脚拉出电流，使 U_2 跳过周期。一旦输出电流降到电流设置阈值以下，PC817A 停止从 TNY279PN 的 EN/UV 脚拉出电流，开关周期重新使能。TL431 给 LM358 提供一个参考电压，以和 R_{11} 两端的电压降做比较。

输出整流管 VD_9 位于变压器 T_1 次级绕组的下管脚以降低 EMI 噪声的产生。RCD 钳位（R_{16}、C_4 和 VD_{13}）保护 MOSFET 漏极免受反激电压尖峰的损害。

11.3.3　半桥LLC谐振变换器

半桥 LLC 谐振变换器的电路结构如图 11.23 所示。

开关管 S_1、S_2 组成半桥，以 50% 的占空比轮流开通。C_s、L_s 和 L_p 组成谐振腔，其中，L_p 为并联谐振电感，即为变压器初级绕组的电感；L_s 为串联谐振电感，一般为变压器的漏感；C_s 为谐振电容。随着 S_1、S_2 的轮流开通，VD_1、VD_2 轮流导通，能量从初级转移到次级，为 LED 负载供电。通过改变 S_1、S_2 的开关频率，可以改变谐振腔的等效阻抗，从而改变电路的电压增益，达到调节 LED 负载电流的目的。在实际应用中，半桥的输入一般是由 PFC 芯片构成前级功率因数校正＋升压电路，一方面保证在输入电压波动时，半桥有稳定的电压（一般为 400V），另一方面实现系统的高功率因数。

半桥 LLC 谐振变换器简化后的等效电路如图 11.24 所示。其中，R_{ac} 为将负载等效到初级侧后的等效交流阻抗。

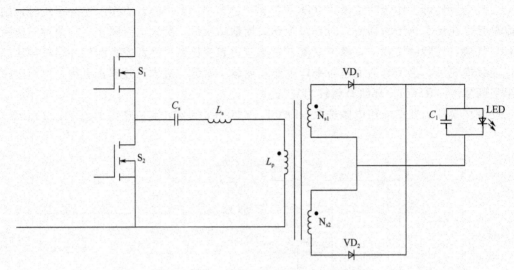

图 11.23 半桥 LLC 谐振变换器电路结构

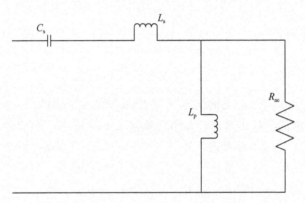

图 11.24 半桥 LLC 谐振变换器的等效电路

系统的电压增益

$$| G(f) | = \frac{kx^2}{[(1+k)x^2-1]^2 + [Qkx(x^2-1)]^2}$$

式中，$k = \dfrac{L_p}{L_s}$，$x = \dfrac{f}{f_r}$，$Q = \dfrac{2\pi f_r L_s}{R_{ac}}$。

谐振腔的串联谐振频率为 $f_s = \dfrac{1}{2\pi \sqrt{L_s C_s}}$，并联谐振频率为 $f_p = \dfrac{1}{2\pi \sqrt{(L_p+L_s) C_s}}$。系统重载时接近于串联谐振，随着负载的减轻越来越接近于并联谐振。设计时，一般将系统满载工作频率定于串联谐振频率。

半桥 LLC 谐振变换器的增益曲线和工作区间如图 11.25 所示（参见彩图 11.25）。其中，区域 3 为电容区或零电流开关区（ZCS），开关瞬间会使 MOSFET 承受大量反向恢复电流，需避免；而区域 1 和区域 2 为电感区或零电压开关区（ZVS），为系统的工作区间。

可见，在正常工作区间，电压增益随开关频率升高而降低。通过开关频率的调整，可达到对系统输出的反馈控制。

LLC 谐振变换器的优点如下。

① 半桥 MOSFET 的零电压开关（ZVS）和次级整流二极管的零电流开关（ZCS）降低

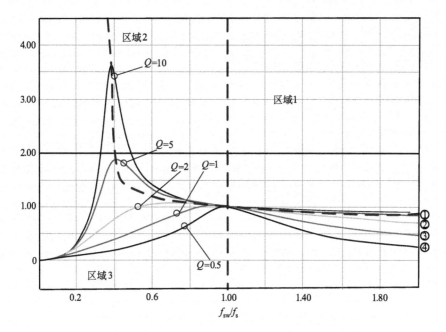

图 11.25　半桥 LLC 谐振变换器的增益曲线和工作区间

了开关功耗，使系统可以实现很高的效率和功率密度。

② 宽负载范围下频率变化范围小。

③ 谐振电感和变压器可通过一定的工艺集成为单一元器件。

④ 输出电压纹波小，电磁兼容性好。

其缺点如下。

① 使用元件多，电路复杂，成本高。

② 系统复杂带来的可靠性问题。

目前，针对大功率 LED 的引用，半桥 LLC 谐振变换器因其多种优点正越来越显示出重要性。主流芯片厂家都推出了相应的控制器和解决方案，如 ST 的 L6599，ON Semiconductor 的 NCP1395/1396，FAIRCHILD 的 FSFR2100，PI 的 PLC810PG 等。每种控制器都有其各自的特点，由于篇幅限制，在此不再赘述。

11.3.4　设计注意要点

(1) PFC（功率因数校正）

考虑到谐波对电网的污染，许多标准对 LED 交流驱动电路的功率因数都有要求。如 IEC61000-3-2 中的 C 类谐波电流要求即是针对照明设备的。美国能源之星（Energy Star）认证要求住宅用 SSL 灯具功率因数不小于 0.7（$P > 5W$）；商用 SSL 灯具功率因数不小于 0.9。

为满足标准要求，必须采用功率因数校正电路提高驱动器的功率因数。功率因数校正电路可分为无源和有源两大类。

对于低成本、小功率的应用，一般可采用无源 PFC，如填谷式电路；缺点是会降低系统的效率。

对于中功率的应用，可采用单极 PFC，一般为反激变换器，价格适中，效果好；缺点是输出电压纹波较大，通常需要很大的输出滤波电容。

对于大功率的应用，一般采取前级 PFC＋后级 DC/DC 变换器的形式，功率因数高，输出功率高；缺点是元件多，电路复杂，成本高。

(2) EMC（电磁兼容性）

交流驱动电路的电磁兼容性设计包括电磁干扰（EMI）和电磁抗扰（EMS）。

电磁干扰包括传导噪声和辐射噪声。传导噪声又可细分为共模和差模。改善系统 EMI 水平，是一个系统性的工程，一般而言，传导噪声可以通过选用带抖频功能的控制器、应用软开关技术、增加共模/差模电感、增加 Y 电容等方式抑制。辐射噪声抑制比较有效的方法有尽量减小电流环路面积、减慢开关器件的开关速度、使用铁氧体磁环等。

电磁抗扰的主要目的在于防护由于雷电或电网中重负载切换所产生的浪涌波形。LED 是一种长寿命的光源，其驱动器也必须具有良好的可靠性，以保证在可能的严酷环境中尽可能延长使用寿命。而浪涌则是造成驱动器损坏的重要原因之一。如图 11.26 所示。

防止浪涌对交流驱动电路造成损害，最常用的是压敏电阻（MOV），气体放电管则是一种吸收能量更大的器件，一般可以将压敏电阻与其结合使用，以起到更好的防护效果。

为防止静电或耦合的高压脉冲造成电路中芯片等敏感元件损坏，瞬态电压抑制器（TVS）也常被用来作接口等重要部位的保护。它的响应速度非常快（纳秒级），可以有效地抑制各种瞬态电压干扰。

(3) 寿命

交流驱动电路必须保证足够长的 MTBF（平均无故障时间）以与 LED 的长寿命相匹

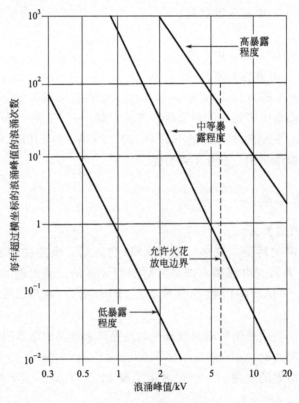

图 11.26 在无保护场合的浪涌发生概率与电压等级关系

配。在设计中，必须优先考虑系统中的短板，如电解电容。一方面要保证实测满载工作状态下电解电容的电流纹波不能超过其额定值；另一方面要确保由此时电解电容温度推算出的寿命长于设计寿命。对于电路中的其他功率元件，也必须测试其电压、电流应力，以保证留有足够的裕量。

在样品阶段，为保证设计的有效性，可以通过寿命加速实验（ALT）对一定数量的样品进行测试，并具体发现系统中存在的问题，估算电路的实际寿命。

11.4　LED 的控制技术

11.4.1　LED 的调光控制

与传统气体放电光源相比，LED 作为一种半导体器件，可控性强是其一大优势。LED 的主要调光方式有模拟调光、PWM 调光和相控调光三种。每种方式都有其各自的优缺点，下面逐一进行介绍。

（1）模拟调光

模拟调光也称为线性调光，是指直接控制流经 LED 的电流大小。这种调光方法较为简单方便，线性恒流电路和开关型直流驱动电路均可实现。其原理在于通过一个基准源，与反馈的 LED 电流进行比较，从而调节电流输出。原理框图如图 11.27 所示。

模拟调光的主要优点是电路简单，电流连续可调，调光无闪烁，无噪声，不会产生额外的 EMI 问题，易于兼容传统 1～10V 调光电路。

其缺点如下。

① 不同电流下 LED 色温存在漂移。

② 调光范围较窄，一般小于 100：1。

③ 由于基准源电压较低，容易受到外部噪声干扰。

（2）PWM 调光

PWM 调光的工作原理是以一定的占空比开关恒流驱动 LED，使 LED 周期性地导通和截止，从而达到调节 LED 平均电流的目的。

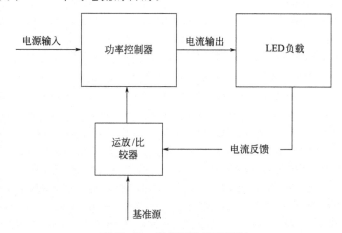

图 11.27　模拟调光原理框图

对于非开关型恒流芯片驱动的 LED，PWM 调光可达到的最大和最小占空比，分别由电流的上升沿、下降沿及延迟时间决定，如图 11.28 所示。这段时间通常非常短，可以忽略不计。

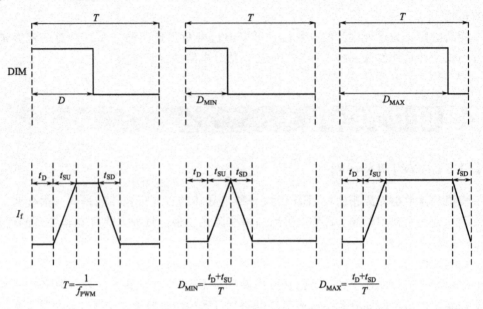

图 11.28　非开关型恒流芯片驱动的 LED 的 PWM 调光

开关型恒流芯片驱动的 LED 进行 PWM 调光时，需要保证 PWM 频率低于恒流芯片的工作频率，即在一个 PWM 开/关周期中，芯片能够至少正常工作若干个周期，以实现正常的恒流驱动。另一方面，为了避免人眼感觉到的闪烁，PWM 调光频率必须大于 60Hz。如图 11.29 所示。

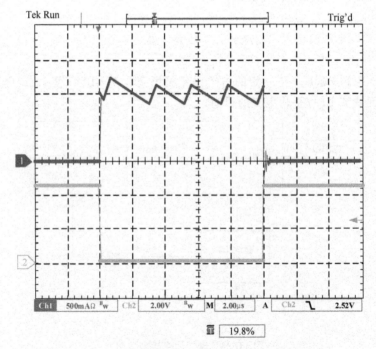

图 11.29　开关型恒流芯片驱动的 LED 的 PWM 调光

PWM 调光是 LED 的一种理想的调光方式，其主要优点如下。

① LED 被驱动于相同的电流条件下，不存在色温漂移的问题。

② 调光范围非常宽，主流芯片均可达到 1000∶1 以上的调光比。

但 PWM 调光也同样存在一些缺点，主要有以下几点。

① PWM 调光的频率一般位于人耳听觉范围之内（20Hz～20kHz），会产生一定的噪声（前文讲述过解决办法）。

② 当负载较重时，PWM 调光易产生 EMI 问题。

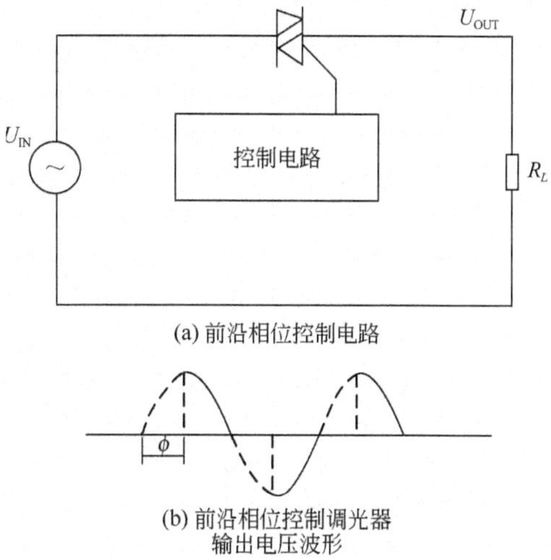

(a) 前沿相位控制电路

(b) 前沿相位控制调光器输出电压波形

图 11.30　相控调光工作原理

(3) 相控调光

在传统照明时期，白炽灯、卤钨灯等灯具的调光需求催生出了相控调光器，主要分为可控硅调光（前沿相控方式）、MOS 晶体管调光（后沿相控方式）及正弦波电压变换调光（SVC）。其中，最为广泛应用的是前沿相控方式，在欧美的市场份额大于 80%。其工作原理在于用双向晶闸管（TRIAC）将市电正弦波的前沿斩断为不同比例，改变输出电压的有效值，从而调节负载的功率，如图 11.30 所示。这种可控硅调光器被广泛应用于宾馆等室内照明场所。

LED 作为新一代光源，有着自己完备的调光方案。但是为了替代传统光源，必须尽可能降低替换成本，体现出市场竞争力，这就要求开发出兼容原有可控硅调光器的调光电路。这里存在的主要技术矛盾如下。

① 传统白炽灯、卤钨灯光源为阻性负载，而 LED 驱动器一般为容性，可控硅导通时如果导通角接近 90°，会产生较大的冲击电流，产生振荡，使可控硅无法正常工作，进而影响调光。这就要求 LED 调光电路尽可能模拟阻性负载特性。

② 传统光源由于光效低，功率较大，而等效光通输出的 LED 灯具功率要小得多。现有的可控硅调光器多为传统光源设计，普遍大于 500W，其维持电流较高。当使用 LED 调光灯具替换时，可控硅导通后往往由于灯具功率过低，电流达不到其维持电流，从而重新关断或多次开通，影响调光。这就要求 LED 调光电路有相应的功能，保证可控硅工作时保持导通。

③ 双向晶闸管两个方向的导通特性一般有一定差异，如果 LED 调光电路对晶闸管的特性过于敏感，可能造成每半个周期内功率输出的差异，造成 LED 闪烁。这就要求 LED 调光电路能够具有良好的鲁棒特性，保持输出的稳定性。

针对可控硅调光器的兼容性问题，NEMA SSL 6 做出了对可控硅调光器及可调光 LED 灯具的调光性的性能要求。

目前，市场上成熟的 LED 可控硅调光方案有以下两种。

① 利用现有的 PFC 控制器加上一定的外围电路构成，如 TI 的 SN901026、ST 的 L6562 等。这种方案借助常用的 PFC 平台进行开发，可靠性较高，但外围元件多，参数调整较为烦琐，兼容性也有待进一步改善。

② 采用专用的相控调光芯片，如 iWatt 的 iW3610/3612、NXP 的 SSL2101 等进行设计。此类芯片针对应用专门设计优化，兼容性高，开发周期短，外围电路简洁。

iW3610/3612 通过内置的智能调光器识别算法可以任意工作于前沿相控调光、后沿相控调光及无调光器场合；混合式调光算法提高了系统的兼容性；原边电流检测避免了光耦的运用，节省了体积，提高了可靠性和寿命；准谐振开关控制提高了系统效率。如图 11.31 所示。

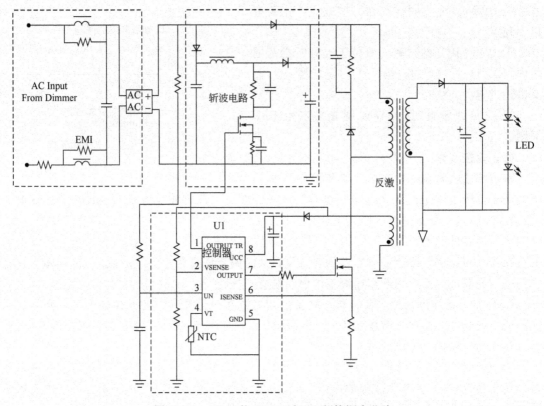

图 11.31　iWatt 的 iW3610/3612 相控调光芯片

SSL2101 内部集成 MOSFET，以准谐振方式开关，效率高；独有的吸电流源使调光晶闸管不易关断，提高了系统的兼容性；内置的指数调光校正电路使系统的调光性能更易符合 NEMA 的标准。如图 11.32 所示。

11.4.2　信号线型控制

在照明应用中，经常会涉及到对多个灯具进行分组、调光，这就要求采用智能照明控制系统，将所有的灯具整合起来，实现远程控制。

智能照明控制系统按照技术路线，可分为楼宇自动化系统（BA）和独立系统两种；按照网络拓扑结构，可以分为集中式、集散式、早期分布式和分布式；按照信号传播方式，可以分为信号线型、无线网络型及电力线载波型等。本节将对信号线型的几种照明控制协议进行介绍。

（1）DALI

DALI 协议全称为数字可编址照明接口（digit addressable lighting interface），其作为

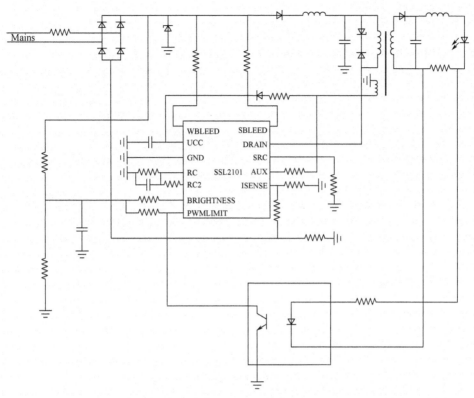

图 11.32　NXP 的 SSL2101 相控调光芯片

IEC929 标准的一部分为照明元件提供通信规则。DALI 最早问世于 20 世纪 90 年代中期，商业化的应用开始于 1998 年。目前在欧洲，DALI 作为标准已经被镇流器大厂商所采用。

一个 DALI 系统可以分配 64 个地址，每个地址对应一个可独立控制的电子镇流器。已分配地址的镇流器或照明设备可以组成照明组，设置照明场景的每条 DALI 线上支持最多 16 个分组及场景设置。

DALI 是一种主从式协议，主机为 DALI 控制器，从机为镇流器。双向通信方式使 DALI 控制器可以获取镇流器的状态信息。DALI 控制器可对镇流器进行 256 级对数调光。

在物理层，DALI 协议采用曼彻斯特编码，波特率为 1200bps，最大传输距离为 300m。

DALI 作为一种成熟的照明控制接口，解决方案有 NXP 的 LPC100XL、NEC 的 78K0/IX2 等。

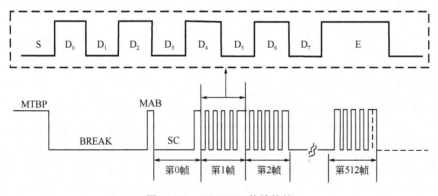

图 11.33　DMX512 传输协议

(2) DMX512

DMX 是 Digit Multiple X 的缩写，意为多路数字传输。其最早由美国剧场技术协会（USITT）提出，是一种舞台灯光控制协议，在剧场、建筑和娱乐照明中应用广泛。

DMX512 的物理层采用 EIA-485 标准，以差分信号传输，节点间以菊花链形式连接，链路末端应加 120Ω 终端电阻进行阻抗匹配，以消除信号反射，传输距离一般控制在 800m。

DMX512 协议（图 11.33）规定数据以数据包的形式通过异步通信的方式进行传输，波特率为 250kbps。每个数据包由若干数据帧组成，每帧数据包括 1 位低电平起始位、8 位数据位和 2 位高电平停止位。每一帧按顺序分别对应一路灯具，支持最多 512 路灯具，对每个灯具可进行 256 级调光。

DMX512 只能实现单向传输，由于信息帧结构中没有传输地址，因此如果某一帧信号由于干扰等原因导致在传输中出现错误，那么此帧后面的所有信息均将出现误传，信息出错后，灯具不能回馈出错信息，这是限制基于 DMX512 协议的设备发展的主要原因。

11.4.3 无线网络控制

无线网络具备结构灵活，无需布线等优点，自产生之初就受到了大量的关注。现有的无线网络技术有 GSM（global system for mobile communications）、GPRS（general packet radio service）、Wi-Fi、蓝牙（bluetooth）、ZigBee 等，其比较如表 11.1 所示。

表 11.1　几种无线网络控制技术的比较

名称　　标准	ZigBee　802.15.4	GPRS/GSM　1XRTT/CDMA	Wi-Fi　802.11b	蓝牙　802.15.1
频段	868MHz,915MHz,2.4GHz	0.8~1GHz	2.4GHz	2.4GHz
系统资源需求	4~32KB	16MB+	1MB+	250KB+
电池寿命/天	100~1000+	1~7	0.5~5	1~7
网络规模	接近无限(2^{64})	1	32	7
带宽/(KB/S)	20~250	64~128+	11000+	720
传输距离/m	1~100+	1000+	1~50	1~10+
缺点	距离有限,数据率有限	拨号连接,只能点对点通信,数据率低	距离短,耗电,软件复杂,有限点组网	距离短,复杂,有限点组网
优点	价位低,功耗低,即插即用,容量大,保密性高	网络覆盖	可有限点组网,数据率高	可用限点组网,即插即用

GSM/GPRS 技术多用于道路照明的远程控制中。近年来，ZigBee 技术作为一种廉价、低功耗的近距离组网通信技术得到了快速的发展。

ZigBee 技术从诞生到现在并没有很长时间。2002 年，英国 Invensys、日本三菱电气、美国 Motorola、荷兰 Philips 等几家公司宣布成立 ZigBee 联盟，合力推动 ZigBee 技术。2004 年底，ZigBee 1.0 版标准正式公布。在众多厂商的追捧之下，ZigBee 技术正呈现蓬勃的发展态势。2009 年开始，ZigBee 采用了 IETF 的 IPv6 6Lowpan 标准作为新一代智能电网 Smart Energy（SEP 2.0）的标准，致力于形成全球统一的、易于与互联网集成的网络，实现端到端的网络通信。

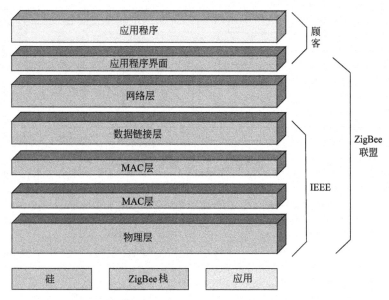

图 11.34 ZigBee 协议

ZigBee 协议从下到上分别为物理层（PHY）、媒体访问控制层（MAC）、数据链接层（DL）、网络层（NWK）、应用层（APL）等。其中，物理层和媒体访问控制层遵循 IEEE 802.15.4 标准的规定。如图 11.34 所示。

ZigBee 网络的主要特点有：低功耗、低成本、低速率、短时延、近距离通信、采用免许可无线通信频段、支持大量节点、支持多种网络拓扑、自配置、具有三级安全模式等。ZigBee 网络中的设备可分为协调器（Coordinator）、汇聚节点（Router）、传感器节点（End Device）三种角色。

目前，多家主流芯片供应商都提供了相应的 ZigBee 解决方案，如 NXP 的 JN5148/5168（Jennic）、TI 的 CC2530（Chipcon）、ST 的 STM32W＋EM35X（Ember）等。

11.4.4 电力线载波控制

电力线载波即 PLC（power line carrier）技术，指通过载波方式将信号耦合于电力线路中进行传输。其最大的特点在于不需重新架设通信线路，利用现有的电线即可实现通信。其原理框图如图 11.35 所示。

X.10 是电力线载波技术中使用得比较广泛的一种协议，满足其协议的发送和接收设备标志如图 11.36 所示。

发送信号的载波频率为 120kHz，持续时间为 1ms，过零时发送。所有连接在电源线上的设备都可接收到发送信号，每个接收设备都有其地址，只有接收到与本设备地址相符的信号，接收设备才会产生相应的动作。

电力线载波控制的主要优点在于实现成本低，安装调试便捷。主要缺点在于：电力线噪声干扰大，影响信号正常传输；电力线阻抗变化受负载影响大，影响信号传输距离；信号跨相传输衰减较大，无法通过变压器传输。

因此，针对电力线载波控制，其最有希望的应用领域应当是电网环境较好、负载较轻，并且无跨变压器传输要求的家庭照明控制领域。

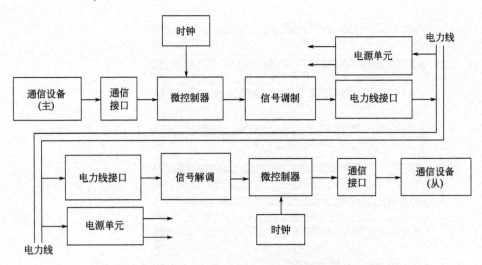

图 11.35　电力线载波控制原理框图

(a) 发送设备

(b) 接收设备

图 11.36　电力线载波控制发送和接收设备标志

11.4.5　LED 大规模控制技术

应用智能照明控制系统，可以规模化控制 LED 灯具。目前市场上的智能照明控制系统种类繁多，各具特色，有许多成熟产品，如 ABB 公司的 I-Bus、邦奇电子的 Dynalite、奇胜公司的 C-Bus、欧司朗公司的 DALI Basic/Advance 等。下面通过表 11.2 对这些产品做简单的介绍和比较。

表 11.2　几种应用智能照明控制系统

名称 内容	邦奇电子 Dynalite	ABB 公司 I-Bus	奇胜公司 C-Bus	路创公司 Lutron
系统形式	分布式	分布式	分布式	集中式(可扩充,成为集散式)
拓扑结构	总线形	总线形	总线形、星形、混合形	星形(扩充时为总线形＋星形)
系统容量	主网可连接 64 个子网,每个子网可连接 64 个模块。主网最多可连接 4096 个模块。调光模块中可存有 96 个场景	总线上可连接 15 个域,每个域包含 15 条线路,每条线路可接 64 个总线元件。总线上最多可接 14000 个元件	每个子网最多有 100 个单元,255 个回路。采用网桥、集线器和交换机,可灵活连接网段	子网最大为 1000 个回路、512 个灯区、1020 个场景。可通过网桥将多个子网连接,扩大系统容量
网络	DyNet 网络是使用 RS-485 通信协议的四线网络。总线电源电压为直流 12V。总线长度没有严格的限制	I-Bus 系统是在 EIB(欧洲安装总线)的标准上的两线网络。总线电源电压为直流 24V(最大 29V)。总线长度有严格的限制	C-Bus 系统是两线网络。总线电源电压为直流 36V(15～36V 均可)。子网的传输距离最大为 1000m	GRAFIK 系统根据控制对象规模,分为 3000 系列、4000 系列、5000 系列、6000 系列。各子网的传物距离最大为 600m,可扩充

续表

名称\内容	邦奇电子 Dynalite	ABB 公司 I-Bus	奇胜公司 C-Bus	路创公司 Lutron
传输速率	子网:9.6Kbps。 主网:最大 57.6Kbp	9.6Kbps	9.6Kbps	1Mbps 以上
通信协议	DMX512 照明控制 协议	CSMA/CA	CSMA/CD	内部接口 RS-232,外部 接口 RS-485,协议不公开
操作系统	Windows,Dlight 软件	Windows,ETS2 软件	Windows8, CLU- TION 软件	Windows,LIASON 或 5000/6000 软件
传输介质	屏蔽五类双 绞线(STP5)	屏蔽五类双 绞线(STP5)	非屏蔽五类双 绞线(STP5)	屏蔽五类双 绞线(STP5)
价格	一般	一般	低	较高
其他	调光功能较好,系统 简单,易扩充	设备尺寸标准,体积 小,便于安装	系统容量较大,进入 市场早	调光功能较好,传输 速率较高
产地	澳大利亚	瑞士	澳大利亚	美国

　　用户要选择合适的智能照明控制系统,必须事先明确应用的场所,清晰应用的控制要求,了解应用的限制,并综合考虑智能照明控制系统以下几个方面的指标:体系结构;控制功能;调光性能;供电性能;系统的集成和联动;质量信誉。只有这样,才能使选出的产品真正符合要求,达到应有的效果。

参考文献

[1] 赖凡. 低压差电压调节器技术发展动态 [J]. 微电子学,2004,34 (4) 141-417.

[2] Dickson J F. On-chip high-voltage generation in MNOS integrated circuits using an improved voltage multiplier technique [J]. Solid-State Circuits, IEEE Journal of, 1976, 11 (3): 374-378.

[3] Tanzawa T, Tanaka T. A dynamic analysis of the Dickson charge pump circuit [J]. Solid-State Circuits, IEEE Journal of, 1997, 32 (8): 1231-1240.

[4] 曹香凝,汪东旭,严利民. DC-DC 电荷泵的研究与设计 [J]. 通信电源技术,2004,21 (5):14-16.

[5] Rao A, McIntyre W, Moon U K, et al. Noise-shaping techniques applied to switched-capacitor voltage regulators [J]. Solid-State Circuits, IEEE Journal of, 2005, 40 (2): 422-429.

[6] Reed M L, Readinger E D, Shen H, et al. n-InGaN/p-GaN single heterostructure light emitting diode with p-side down [J]. Applied Physics Letters, 2008, 93: 133505.

[7] Maier M, Passow T, Kunzer M, et al. Efficiency and non-thermal roll-over of violet emitting GaInN light-emitting diodes grown on substrates with different dislocation densities [J]. physica status solidi (c), 2009, 6 (6): 1412-1415.

[8] Lin R M, Lai M J, Chang L B, et al. Effect of an asymmetry AlGaN barrier on efficiency droop in wide-well InGaN double-heterostructure light-emitting diodes [J]. Applied Physics Letters, 2010, 97 (18): 181108-181108-3.

[9] 白林,梁宏宝. 大功率白光 LED 路灯发光板设计与驱动技术 [J]. 发光学报,2009,30 (4):487.

[10] 雷媛媛,吴胜益. 试论开关电源技术的发展 [J]. 通信电源技术,2008,25 (4):75-77.

[11] 杨珂,肖晗,解光军. 白光 LED 驱动电路的研究进展 [J]. 电子科技,2008 (4):7-11.

[12] 周志敏,周纪海,纪爱华. 便携式电子设备电源设计与应用 [M]. 北京:人民邮电出版社,2007.

[13] 周志敏,纪爱华. 白光 LED 驱动电路设计与应用 [M]. 北京:人民邮电出版社,2009.

[14] 赵同贺,刘军. 开关电源设计技术与应用实例 [M]. 北京:人民邮电出版社,2007.

[15] 炳乾. 1 W 级大功率白光 LED 发光效率研究 [J]. 半导体光电,2005,26 (4):314-318.

第 12 章

LED灯具的散热

12.1 热量对 LED 性能的影响

随着 LED 功率与发光效率的不断提高，LED 在很多照明领域获得大量的应用。但是，单个 LED 的光通量较小，为满足照明领域对 LED 高光通量的要求，在优化器件结构、提高发光效率的同时，增加单个 LED 器件的输入功率是最有效、最直接的解决方法。但随着输入功率的提高，LED 工作过程中产生了大量热量，引起芯片温度升高。温度的改变将影响到半导体材料载流子浓度及分布、载流子迁移率、能带宽度等，并进一步影响到各种半导体器件的光电特性。作为一种典型的半导体光电器件，LED 的输出光通量、流明效率、颜色（波长）、工作电压等光电特性都会随着温度的改变产生变化。对于封装好的 LED 器件，温度改变时，还可能因为封装材料的膨胀率不匹配造成器件失效。据资料分析，大约 70% 的故障来自于 LED 的温度过高，并且在负载为额定功率的一半的情况下，温度每升高 20℃，故障率就上升一倍。一般来说，结温要保持在 125℃ 以下以避免失效。事实上，即使结温在 125℃ 以下，寿命和输出光通量也会随着温度的升高而下降。

综上所述，结温的升高会导致器件各方面性能的变化与衰减。这种变化主要体现在三个方面：减小 LED 的外量子效率，从而造成光效的降低；缩短器件的寿命；造成 LED 发出光的主波长的偏移，从而导致光源的颜色发生偏移。

下面逐一进行介绍。

12.1.1 结温对光效的影响

如图 12.1 所示，随着热量的积累、结温的升高，不同颜色的 LED 相应的光输出都有着不同程度的下降。

引起 LED 光效随温度变化的原因归纳起来有以下三点。

① 材料内缺陷的增加。大功率 LED 器件通常都采用 MOCVD 技术在蓝宝石等异质衬底

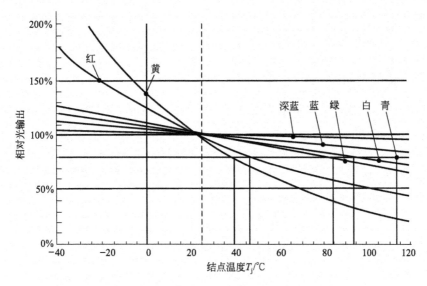

图 12.1 不同颜色的 LED 随结温对光输出的影响

上外延生长 AIGalnP 或 InGaN 等材料。为提高发光效率,外延材料均含有多层结构,由于各外延层之间存在着或多或少的晶格失配,从而形成大量的位错等结构缺陷,在较高温度时,这些缺陷会快速增殖,直至侵入发光区,形成大量的非辐射复合中心,严重降低器件的电注入效率与发光效率。

② 在高温条件下,材料内的微缺陷及来自界面等的杂质也会被引入发光区,形成大量的深能级,同样会加速 LED 器件的性能衰减。

③ 高温时,LED 环氧树脂封装变性是 LED 性能衰变乃至失效的又一个主要原因,从而影响 LED 光效。

对于实际应用来说,白光 LED 是重点考虑的对象。如图 12.2 所示,分别是 Cree 公司生产的 X-Lamps 系列产品(左)与 LumiLEDs 公司生产的 LUXEON K2 系列产品(右)相对光输出随结温变化的曲线,这两款产品都是现在技术较成熟的大功率白光 LED。可以发现,当器件结温上升到 65℃时,二者的光输出相对于室温时就会下降 10％左右。随着热量的积累,温度的升高,白光 LED 发光效率几乎呈线性下降。与此同时,光源的显色性也会

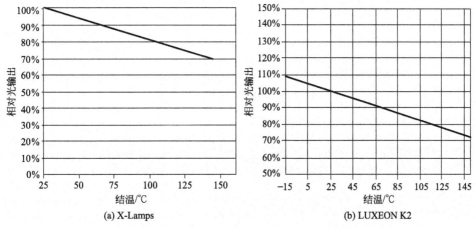

图 12.2 白光 LED 光效随着结温变化的曲线

恶化得非常厉害。主要原因是由于 p-n 结温度升高，导致蓝光波峰红移，荧光粉波峰变平坦而劣化，芯片与粉体发光波长不再匹配等。

12.1.2 结温升高对寿命的影响

对于单个 LED 而言，如果热量集中在尺寸很小的芯片内而不能有效散出，则会导致芯片温度升高，引起热应力的非均匀分布、芯片的失效率也会上升。研究表明：当温度超过一定值，器件的失效率将呈指数规律攀升，元件温度每上升 2℃，可靠性下降 10%。如图 12.3 所示是 LumiLEDs 生产的 LUXEON K2 系列产品结温与寿命的关系，可以看到，当结温上升时，器件的光衰会明显加快，寿命也明显减少。

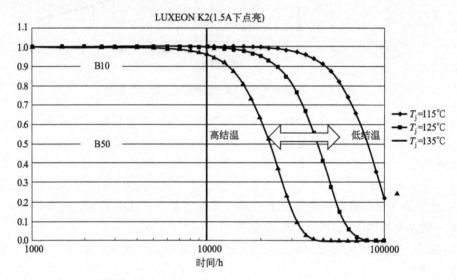

图 12.3　LUXEON K2 系列产品结温与寿命的关系

12.1.3 结温升高对波长的影响

p-n 结温度改变时，LED 的主波长（颜色）也会产生一定的变化，通常随着温度的升高，LED 发射光谱会向长波长方向偏移，即出现所谓"红移"现象。LED 主波长随温度的变化关系可以表示如下。

$$\lambda_d(T_2) = \lambda_d(T_1) + \Delta T_j \times 0.2\,\frac{nm}{℃} \tag{12-1}$$

式中，$\lambda_d(T_1)$ 为结温 T_1 时的主波长；$\lambda_d(T_2)$ 为结温 T_2 时的主波长。该经验公式表明，结温每升高 10℃，主波长向长波方向移动约 2nm。

12.2　LED 灯具的散热

12.2.1 散热的基本原理

虽然我们常将热称为热能，但热从严格意义上来说并不能算是一种能量，而只是一种传递能量的方式。从微观来看，区域内分子受到外界能量冲击后，由能量高的区域分子传递至能量低的区域分子，因此在物理界普遍认为能量的传递就是热。

热传递主要用三种方式来实现：热传导、热对流、热辐射。

(1) 热传导

物质本身或当物质与物质接触时，能量的传递就被称为热传导，这是最普遍的一种热传递方式。在同一固体介质中热量的传递主要基于两种模式：一种是晶格的振动，这主要是存在于晶体材料中；另一种是自由电子的移动，由能量较低的粒子和能量较高的粒子直接接触碰撞来传递能量，因此良好的电导体一般情况下导热性也比较好。

热传导的基本公式为

$$q_x = -KA\frac{\mathrm{d}T}{\mathrm{d}x} \tag{12-2}$$

式中　q_x——热传导所产生或传导的热量；

　　　K——材料的热导率；

　　　A——传热面积（或是两物体的接触面积）；

　　　$\mathrm{d}T$——两端的温度差；

　　　$\mathrm{d}x$——两端的距离。

因此，从公式中我们就可以发现，热量传递的大小同热导率、传热面积成正比，同距离成反比。热导率越高、传热面积越大、传输的距离越短，那么热传导的能量就越多，也就越容易带走热量。

(2) 热对流

热对流指的是流体（气体或液体）与固体表面接触，造成流体从固体表面将热带走的热传递方式。

热对流的公式为

$$q'' = -hA(T_f - T_s) \tag{12-3}$$

式中　q''——热对流所带走的热量；

　　　h——热对流系数；

　　　A——热对流的有效接触面积；

　　　T_f——固体表面的流体温度；

　　　T_s——固体表面的温度。

因此，热对流传递中，热量传递的数量同热对流系数、有效接触面积和温度差成正比关系；热对流系数越高、有效接触面积越大、温度差越大，所能带走的热量也就越多。

(3) 热辐射

热辐射是不需要接触就能够发生热交换的传递方式。也就是说，热辐射其实就是以辐射波的形式达到热交换的目的。它具有如下特点。

① 热辐射是通过波来进行传递的，那么势必就会有波长、频率。

② 不通过介质传递。由物体的热吸收率就可以决定传递的效率。这里存在一个热辐射系数，其值介于 0~1 之间，是属于物体的表面特性。热辐射的热传导公式为

$$q' = -\delta A(T_a - T_b)^4 \tag{12-4}$$

式中　q'——热辐射所交换的热量；

　　　A——物体的表面积；

δ——物体表面的热辐射系数，δ 实际计算中一般取 $5.7 \times 10^{-8} \mathrm{W/(m^2 \cdot K^4)}$；

T——表面 a 同表面 b 之间的温度差，$T = T_a - T_b$。

因此，热辐射功率与热辐射系数、物体表面积的大小以及温度差的四次方之间存在正比关系。

热辐射在传统光源尤其是热辐射光源的热量损失中占有很大的比例，但是 LED 的发光原理与传统光源有很大的区别，热辐射在其中所占的比例很小，以一颗 1W 的大功率白光 LED 为例，取其稳定工作状态下的结温为 350K，芯片面积为 $1\mathrm{mm^2}$，在不考虑芯片吸热的情况下，可以计算其热辐射功率为

$$q' = -\sigma A (T_a - T_b)^4 = 5.7 \times 10^{-8} \times 1 \times 10^{-6} \times 350^4 = 8.55 \times 10^{-4} \mathrm{W}$$

而 1W 的大功率型白光 LED 产生热的功率大概为 0.7W 左右，可以发现热辐射功率大概为整个热耗散的功率的千分之一。因此，对于 LED 灯具的散热方式的选择，只需考虑热传导和热对流两方面。热传导主要发生在 LED 芯片与基板、散热器之间，热对流主要发生在散热器和周围的空气之间。

12.2.2　LED 灯具散热的关键

上面分析了灯具的三种热传递过程。LED 灯具的简单模型如图 12.4 所示。

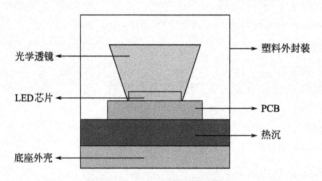

图 12.4　LED 灯具的简单模型

根据上述分析并结合 LED 灯具的结构，可以得到 LED 灯具的热阻拓扑结构，如图 12.5 所示。在该热阻拓扑结构中，忽略塑料外罩与空气的热交换。

通过图 12.5 可知，如果想将 LED 产生的热量迅速传递到大气环境，需要经过的传导热阻，包括 LED 器件与铝基 PCB 焊接层之间的焊接热阻，铝基 PCB 的热阻，铝基 PCB 与灯具

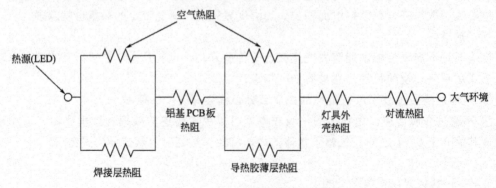

图 12.5　LED 灯具的热阻拓扑结构

外壳之间的导热硅胶层热阻，以及灯具外壳的热阻。以下以某一假想灯具为例计算热阻，灯具内有 70 颗 LED，分为 5 条铝基板灯条，灯条尺寸为 59cm×3.5cm，外壳散热面积为 40cm×60cm。

(1) LED 器件焊接层的热阻

首先分析芯片与铝基板焊接层热阻，设芯片面积为 S。假设焊接层中气泡面积为 S_1，则焊接层中焊界面热阻 $R_1 = h/K_N(S - S_1)$，焊接层中气泡体积很小，很难形成对流，所以可以把其看做一层空气导热层，其热阻 $R_2 = h/K_A S_1$。

二者并联热阻

$$R_并 = \frac{R_1 R_2}{R_1 + R_2} = \frac{h}{K_A S_1 + K_N S - K_N S_1} \tag{12-5}$$

式中，K_A、K_N 分别为空气及焊料的热导率。气泡面积通常很小，并且空气热导率 $K_A \ll K_N$，所以

$$R_并 = \frac{h}{K_A S_1 + K_N S - K_N S_1} \approx \frac{h}{K_N(S - S_1)} \tag{12-6}$$

掺入气泡的面积将直接影响到芯片热阻的增加，因此要尽可能减少焊层中气泡的面积。选用芯片的焊接面积 $S = 4.5 \times 10^{-5} m^2$，焊接层的厚度 $h = 0.6mm$，假定焊接材料的热导率为 $67W/(m \cdot ℃)$，所以焊接层的热阻为

$$R_1 = \frac{h}{K_N S} = \frac{0.0006}{67 \times 4.5 \times 10^{-5}} = 0.21℃/W$$

(2) 铝基板的热阻

铝合金热导率为 $237W/(m \cdot ℃)$，材料厚度 1mm，14 颗 LED 对应的一块铝基板的面积为 $2.07 \times 10^{-2} m^2$，则其热阻为

$$R_2 = \frac{h}{KS} = \frac{0.001}{237 \times 2.07 \times 10^{-2}} = 0.0002℃/W$$

对于一颗 LED，其热阻为

$$R_2' = \frac{h}{K \dfrac{S}{14}} = \frac{0.001 \times 14}{237 \times 2.07 \times 10^{-2}} = 0.0028℃/W$$

(3) 导热硅胶层热阻

导热硅胶层中也可能混入气泡，跟前面焊接层分析结果类似，混入气泡的面积将直接影响到芯片热阻的增加，因此要尽可能减小焊层中气泡的面积。

假定导热硅胶为 0.5mm 厚，热导率为 $1.2W/(m \cdot ℃)$。在理想情况下，其热阻为

$$R_3 = \frac{h}{KS} = \frac{0.0005}{1.2 \times 2.07 \times 10^{-2}} = 0.02℃/W$$

对于一颗 LED，其热阻为

$$R_3' = \frac{h}{K \dfrac{S}{14}} = \frac{0.0005 \times 14}{1.2 \times 2.07 \times 10^{-2}} = 0.28℃/W$$

(4) 灯具外壳热阻

外壳的材料也为铝合金，其热导率为 $237W/(m \cdot ℃)$，材料厚度为 4mm，外壳面积为 $60cm \times 40cm = 0.24m^2$，总共 70 颗 LED。

对于一颗 LED，其热阻为

$$R_4' = \frac{h}{K\dfrac{S}{70}} = \frac{0.004 \times 70}{237 \times 0.24} = 0.0049 \text{℃/W}$$

(5) 对流热阻

空气对流的情况很复杂，测试时将灯具放入一密封罩内，因此对流条件可近似看作自然对流，取空气中自然对流系数 $h_{conv} = 10\text{W/(m}^2 \cdot \text{℃)}$。灯具的外壳总面积为 $0.4 \times 0.6 = 0.24\text{m}^2$，对流热阻为

$$R_{conv} = \frac{1}{KS} = \frac{1}{10 \times 0.24} = 0.417 \text{℃/W}$$

对于一颗 LED，其热阻为

$$R_{conv}' = \frac{1}{K\dfrac{S}{70}} = \frac{70}{10 \times 0.24} = 29.19 \text{℃/W}$$

因此，LED 总热阻为

$$R_\Sigma = R_1 + R_2' + R_3' + R_4' + R_{conv}' = 0.21 + 0.0028 + 0.28 + 0.0049 + 29.19 = 29.69 \text{℃/W}$$

数值 29.69℃/W 就是这只灯具的 LED 到空气（环境）的总热阻。这当然不包括 LED 芯片到芯片焊接层的热阻。以 Cree 公司的 X-lamp 为例，热阻为 10℃/W。也就是说，在该芯片燃点工作时，以 350mA 驱动，功率约为 1.15W。其结温与环境的温差其点亮时的温升约为 $(31.5 + 10) \times 1.15 = 47.7$℃。如环境温度为 25℃，则芯片温度为 72.5℃。

从这个例子还可看出一个结论：灯具本身的热阻比 LED 的热阻大得多，而且在灯具本身的热阻中，灯具的外壳到空气对流部分的热阻是主要部分，因此，LED 灯具设计时，要充分重视灯具散热的设计，特别是灯具外壳到空气的对流。随着 LED 器件技术的发展，LED 本身的热阻在不断减小，目前已经小于 3℃/W。可以看出，LED 的散热问题其实主要在于灯具的散热。

12.3 目前 LED 灯具散热的主要方法

目前 LED 照明产品的散热方式分为主动式散热和被动式散热。

主动式散热主要是通过水冷风扇等外力手段增加散热器表面的空气流动速度，以便快速带走散热片上的热量，从而提高散热效率，如通过增加对流系数，以降低散热片与大气之间的热对流内阻，从而降低器件的结温。

被动式散热就是通过灯具自身的外表面与空气的自然对流将 LED 产生的热量带走。这种散热方式设计简单，并且很容易和灯具的机械结构设计结合起来，这就比较容易达到灯具的防护等级等要求，并且成本较低，因此是目前采用最广泛的一种散热方式。但是这种散热方式也有缺点，就是散热效率不高，并且设计出的灯具因为有大量的散热片，导致灯具过重。同时，由于散热片的存在，使得灯具外壳比较容易积灰，会降低灯具的维护系数。

12.3.1 主动型散热

(1) 风冷

风冷散热是指通过加装风扇增加散热器表面的空气流动速度，可以快速带走散热片上的

热量，从而提高散热效率，也增加了换热器表面传热系数，降低散热片与大气之间的热对流内阻，从而降低 LED 芯片的结温升。加装风扇强制散热方式使得系统复杂、可靠性降低，噪声和功耗都相对较大。考虑到大功率 LED 灯的实际应用情况，其冷却部分尺寸不允许过大，需要能够容纳于灯罩内，还要兼顾美观，这使得加装风扇强制散热的方式受到限制。

(2) 热电制冷散热

热电制冷是建立在帕尔贴效应上的一种电制冷方法，它的优点是无噪声、体积小、结构紧凑、操作维护方便。该方法不需要制冷剂，制冷量和制冷速度可通过改变电流大小来调节，热惯性小，致冷时间很短。在热端散热良好、冷端空载的情况下，通电后短时间内就能达到最大温差。当使用闭环温控电路时，控温精度可达 $0.1℃$。由于致冷组件为固体器件，可连续工作，没有污染源，没有旋转部件，不会产生回转效应，没有滑动部件，工作时没有振动，因此失效率低，具有高可靠性。与机械致冷系统不同，通过半导体致冷技术封装的 LED 工作时不产生噪声。另外，它对电源要求也不高，可使用一般直流电源，工作电压和电流可在大范围内进行调整，开关电源和变压器电源均可使用。但该方法的成本过高，不适宜在日常灯具中使用。

(3) 合成射流散热

1950 年，Ingard 等人在实验室中利用声波驱动圆管内气体产生振动，开始了将声能转化为流体振动能量的研究。通过空腔的 Helmholtz 共振效应，能够将声能最有效地转化为流体振动能量，从而实现对流动分离的控制。

合成射流散热的原理是利用一个类似振动膜的元件以一定频率振动压缩腔内的空气，空气受压缩后从细小的喷嘴高速喷出。图 12.6 显示了微喷射流过程中形成的喷射粒子，这些微喷粒子形成空气弹后喷向散热片，同时空气弹带动散热片周围的空气流动带走热量。

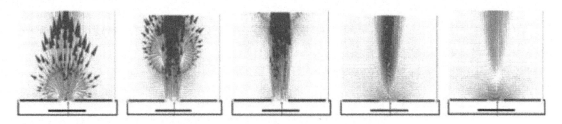

图 12.6　微喷射流过程中形成的喷射粒子

这项技术比起加装风扇具有体积小、功耗低和寿命长等优点，首先应用于电脑芯片的散热上。随着 LED 照明的兴起，人们开始尝试将这一方法应用于 LED 灯具的散热上。但产生的空气弹能否覆盖整个 LED 热源区域还有待研究。

12.3.2　被动型散热

(1) 自然对流散热

自然风冷散热是最为简单也是最为常用的散热方式，该方法简单实用。LED 灯具的散热问题其实主要是灯具到空气的这部分，因此，散热设计主要是对这部分进行设计。采用自然对流散热，按照前面分析，基本公式为

$$q'' = -hA(T_f - T_s)$$

式中，h 是对流系数，取空气中自然对流系数 $h_{conv} = 10W/(m^2 \cdot ℃)$；$A$ 是空气与灯具

外壳的接触面积；T_s 是灯具外壳的温度；T_f 是空气的温度。灯具外壳设计时，总体上来说，外壳与环境温度的差值是我们设定的灯具散热目标，因此 $T_f - T_s$ 基本不变。为使带走更多的热量，增大面积 A 是必要途径。但是，对一定功率的灯具来说，灯具的大小是有期望的，而且增大灯具尺寸自然增加成本的。或者可以这样说，对一定功率的灯具，灯具外壳的尺寸是基本一定的，所以，类似于鳍片的结构成为 LED 灯具散热的基本结构，这样可以在灯具总尺寸一定时，大大增加总体散热面积。如图 12.7 所示。

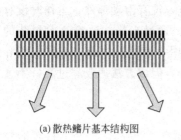  

(a) 散热鳍片基本结构图　　　　　(b) LED路灯散热外壳　　　　　(c) 球泡灯散热结构

图 12.7　LED 灯具被动式散热

采用鳍片式散热结构，实际上与散热结构接触的空气的温度在各点是不同的，在鳍片的凹槽深处，空气的温度比外边的高，因此用公式计算散热是不准的，比实际的散热会差一些，准确的散热带走的热量应该是各点热量的积分。但实际计算时，常采用式(12-7) 并增加了散热效率 η 的简易计算方法。

$$q'' = -hA\eta(T_f - T_s) \tag{12-7}$$

很明显，η 小于 1，且与鳍片的结构相关。鳍片的宽深比越小，该散热效率 η 越低，反之越高。因此，散热鳍片的设计实际上是一个优化的过程。这可以用 Ansys、Thermflow 等设计软件进行仿真。

值得一提的是，LED 散热结构目前主要采用铝材料，主要是考虑铝材料的热导率很高，这样从散热鳍片内部到外部的热阻可以很小。同时，铝有很好的加工性，重量轻，价格也适中。

目前几乎所有的灯具均采用铝材料为散热外壳。近年来，也有将特殊工程塑料用于 LED 灯具外壳散热的研究，但尚未成熟。

值得一提的是，尽管 LED 散热中的热辐射对散热的贡献几乎可以忽略不计，这是因为 LED 体积小的缘故，但是如果考虑灯具整个外壳都是热辐射源的话，且通过表面涂覆高热辐射系数材料时，则这个散热不能忽略不计。这也诞生了一个散热技术的分支，即表面涂覆散热技术。

(2) 热管散热技术

热管是依靠自身内部工作液体相变来实现传热的传热元件，具有极高的传热效率，热导率极高，因此散热效果好，且热管使用中的噪声小、寿命长。

对于 LED 电子器件的冷却散热，Cotter 在 1984 年提出了"微型热管"的概念。近十几年来，微型热管技术用于冷却电子元器件得到很大的发展，国内外许多学者进行了研究，设计了原理结构，建立了传热模型，导出了总传热系数的计算式。图 12.8 是微型热管散热的基本原理。

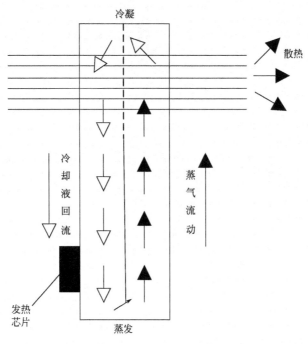

图 12.8 热管散热示意图

从图中可以看出，热管散热是不准确的概念。热管仅仅是实现热在管内的快速、近似无温差的传递。对灯具来说，只有热散到空气中才算完成散热，因此在热管的后部必须增加散热鳍片。尽管如此，热管的散热技术在采用单颗大功率 LED 器件的灯具中仍是一种较好的选择。

(3) 液冷

液冷又称水冷，依靠泵驱动液体流动来运走热量以达到散热的效果。它的散热效率高，液体的导热性能要比空气优良许多，所以液冷的散热效果往往优于风冷散热，热传导效率为传统风冷方式的 20 倍以上，且无风冷散热的高噪声，能较好地解决降温和降噪问题。循环液冷散热是一种常用的液冷散热方式。散热系统包括水冷块、微型水泵以及散热盒。微型水泵为水流循环提供动力，LED 灯具的热量通过水冷块传递到循环水中，到达散热盒中，再通过强制风冷方式将热量排向外界。如图 12.9 所示。这种方式散热效率高，明显高于传统的强制风冷效果。

然而液冷散热方式有诸多不利之处，如产品成本高，不能用于高温、振动等恶劣环境中。而且，液体循环致冷装置的体积大，使得真正运行起来散热装置体积也过于庞大。同时，液体循环致冷装置对密封要求极高，稍有不当，就会对设备造成毁坏。目前，国内液冷方面的工艺技术水平有限，若在大功率 LED 上用液体循环致冷装置，则在器件的可靠性方面存在严重的问题。

(4) 微通道冷却技术

20 世纪 80 年代，美国学者 Tuckerman 和 Pease 报道了一种槽宽和壁厚均为 $50\mu m$ 的微通道散热装置。尽管微通道技术很早被提出，但因为缺乏小型微泵而限制了其发展。Goodson 等人利用液体电渗驱动循环实现了电渗泵。电渗泵无运动部件、能耗小，目前实验已经证明当热流为 200W 时，由电渗泵驱动的微槽道散热方式可以使温升降低 20℃，而泵功耗不到

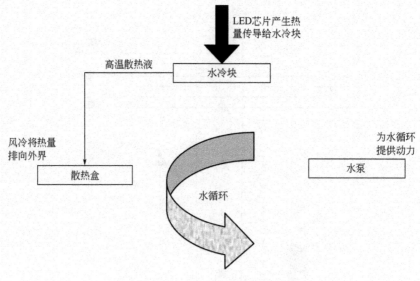

图 12.9　LED 液冷散热原理

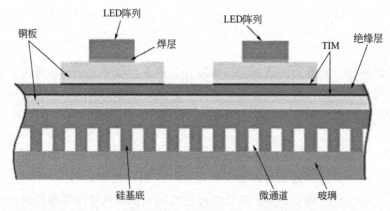

图 12.10　安装微通道冷却的大功率 LED 结构示意图

1W。微通道制冷具有传热系数高、结构紧凑以及膨胀系数与芯片接近等特点。微通道的冷凝板中的流体通道是直径为百微米量级的通道，增加了流体的接触面积，使散热更加均匀。目前，微通道散热技术尚未商品化。图 12.10 所示是以较为典型的微通道冷却技术用于 LED 系统的示意图。

12.3.3　其他散热新技术

（1）多孔微热沉散热

多孔微热沉采用多孔介质，有较大的比表面积以及很高的局部传热系数，具有传热能力强以及散热效率高的特点。研究表明：在高热流密度下，微热沉散热表面的温度能维持较低水平。

（2）液态金属散热

由于液态金属比水具有更高的热导率，且本身具有很好的流动性，液态金属散热是一种很好的散热方式。研究表明，对于大功率 LED，液态金属制冷具有更高的制冷能力，而且很节能。

(3) 液体浸没散热

Arik 等设计了一种液体浸没冷却系统，通过对几种光学流体进行实验对比，发现使用 HFE7200 流体材料时，传热能力提高了 60％ 以上，而且可以提高其照明亮度，发展前景可观。

参考文献

[1] 付贤政，胡良兵 . LED 灯的散热问题研究 [J] . 照明工程学报，2011，22（3）：73-77.

[2] 勾昱君，刘中良 . LED 照明散热技术现状及进展 [J] . 中国照明电器，2012（2）：1-7.

[3] 黄磊，陈洪林 . LED 照明散热研究进展 [J] . 广州化工，2012，40（8）：26-30.

[4] 李勇，李鹏芳，曾志新 . 大功率 LED 照明装置微热管散热方案分析 [J] . 激光与光电子学进展，2010，47（5）：52201.

[5] Lu X，Hua T C，Liu M，et al. Thermal analysis of loop heat pipe used for high-power LED [J] . Thermochimica Acta，2009，493（1）：25-29.

[6] Kim L，Choi J H，Jang S H，et al. Thermal analysis of LED array system with heat pipe [J] . Thermochimica Acta，2007，455（1）：21-25.

[7] Zhongmin W A N，Min C，Wei L. Research on porous micro heat sink for thermal management of high power LED [J] . Journal of Mechanical Engineering，2010，46（8）：109-113. [8] Deng Y，Liu J. A liquid metal cooling system for the thermal management of high power LEDs [J] . International Communications in Heat and Mass Transfer，2010，37（7）：788-791.

[8] 苏达，王德苗 . 大功率 LED 散热封装技术研究 [J] . 照明工程学报，2007，18（2）：69-71，55.

[9] 白坤，聂秋华，吴礼刚等 . 大功率白光 LED 灯具散热优化方案 [J] . 照明工程学报，2012，23（2）：52-56.

[10] 刘雁潮，付桂翠，高成等 . 照明用大功率 LED 散热研究 [J] . 电子器件，2008，31（6）：1716-1719.

[11] 王静，吴福根，改善大功率 LED 散热的关键问题 [J] . 电子设计工程，2009，17（4）：123-125.

[12] 雷勇，范广涵，廖常俊等 . 功率型白光 LED 的热特性研究 [J] . 光电子激光，2006，17（8）：945-947，957.

[13] 雷勇 . 功率型白光 LED 热效应研究 [D] . 广州：华南师范大学，2006.

[14] 杨广华，李玉兰，王彩凤等 . 基于 LED 照明灯具的散热片设计与分析 [J] . 电子与封装，2010，10（1）：39-42.

[15] 刘一兵，黄新民，刘国华 . 基于功率型 LED 散热技术的研究 [J] . 照明工程学报，2008，19（1）：69-73.

[16] 夏勋力，余彬海，麦镇强 . 近朗伯光型 LED 透镜的光学设计 [J] . 光电技术应用，2010，25（1）：22-25，37.

[17] 龚兆岗 . 论 LED 照明灯具的散热 [J] . 现代显示，2012（9）：113-116.

[18] 周梅凤 . 浅谈 LED 照明散热方案 [J] . 城市建设理论研究（电子版），2012（15）.

[19] 黄硕，王明亮 . 一种新的 LED 灯具散热技术 [J] . 现代显示，2010（5）：128-129.

第 13 章

LED的主要应用领域之一 中小功率灯具

13.1 中小功率 LED 灯具的一般特点

自从 1962 年第一支发光二极管诞生以来，LED 已经经历了 40 多年的历史。由于它的稳定发光特性与长寿命、可靠性高等优点，首先被应用在仪表指示灯上，进而被应用在小型显示屏上。20 世纪 90 年代出现的"大功率 LED"使 LED 可用于普通照明等领域。大功率 LED 可以达到 1W、2W 甚至数十瓦，工作电流可以是几十毫安到几百毫安不等。小功率 LED 器件一般为 0.06W、工作电流为 20mA 左右。目前，在显示、指示等信号领域仍然是 LED 最成功的应用。

中小功率的 LED 灯具大多应用于室内照明中，因而显色性等光色质量要求较高。中小功率 LED 灯具具有以下一些特点。

(1) 智能化控制

通过电路设计，LED 灯具也向智能化方向发展，主要表现在以下方面。

① 亮度可调。根据实际应用的场景来调节亮度，例如晚上可将灯具亮度调低一些，既能降低眩光，又可达到节能效果。

② 色彩可调。在一些场合，可通过灯光色彩的变换来加强空间的艺术感，实现亮度和色彩的动态控制，艺术效果非常好。

(2) 节能与环保

LED 本身是高效的光源，因而它本身就节能。LED 不像荧光灯那样含汞，且 LED 的生产过程也是较环保的，后续废品回收等也比目前的荧光灯环保。

(3) 高度的空间灵活性

LED 体积小的特点造就了 LED 灯具的高度空间灵活性，可以实现柔性化、轻薄化以及各种

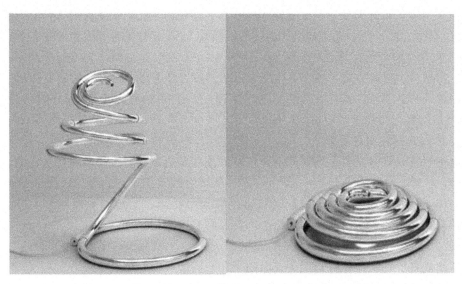

图 13.1 Osram 研发的 LED 台灯

艺术造型。如图 13.1 所示是 Osram 研发的 LED 台灯,可以看出通过柔性金属灯杆的设计,可将其随意折叠成任意的形状。LED 尺寸小的特点,也使 LED 可与建筑有机融合,达到只见光不见灯的效果,同时可以很方便地实现各种柔性化造型,这给室内空间的照明设计提供了新的思路。

(4) 高显色性

显色指数最高的光源是白炽灯,接近 100。经过精心的设计,LED 球泡灯的显色指数也可以达到较高的数值,如 90 以上。室内照明一般要求显色指数在 80 以上。因而从显色指数的角度来说,LED 可以满足各种室内应用要求。

(5) 长寿命

散热良好的中小功率 LED 灯具寿命可以很长,目前达到 3 万小时,跟理论寿命 10 万小时相比,还有很大的上升空间,这使得 LED 灯具在需要 24 小时点亮及维护更换不方便的场合具有很大优势。

以上特点决定了 LED 在室内照明中有巨大的应用前景。但是 LED 灯具的高成本及光色品质是目前影响 LED 在室内照明中应用的主要因素。

13.2 几种重要的 LED 室内照明灯具

LED 的高度灵活性造就了 LED 的各种室内照明光源,包括球泡灯、投射灯、直管灯、筒灯、面板灯及各种各样的装饰灯具。限于篇幅,本书仅介绍球泡灯、投射灯、直管灯和筒灯。

13.2.1 LED 球泡灯

白炽灯由于其柔和的光色而受到人们的青睐。但是,由于原理的限制,白炽灯的发光效率很低,只有 10~15lm/W。因此,在讲究节能环保的大背景下,目前白炽灯被各国限制使用。节能灯以高出白炽灯 4~5 倍的光效在过去的二十多年间获得了很大的发展。但节能灯是有欠缺的,它的光色不如白炽灯,且在形状上有不灵活性,这使得节能灯有时不被接受。

节能灯作为一种荧光灯光源，是依靠汞谱线激发荧光粉而发光，而汞是对人体有危害的，因此在LED诞生之初，就一直尝试取代节能灯。随着LED光效的提高及近年来价格的快速下降，LED抢夺节能灯的市场正成为现实，这就是LED球泡灯。LED球泡灯采用了现有的接口方式，即螺口、插口方式（E26/E27/E14/B22等），甚至为了符合人们的使用习惯模仿了白炽灯泡的外形。基于LED单向性的发光原理，设计人员设计了相应的灯具结构，以使LED球泡灯的配光曲线基本与白炽灯相同。

（1）对LED球泡灯的要求

现有的一体式灯泡主要有白炽灯、节能灯和小功率金卤灯。大部分实用的白炽灯功率在15～100W之间，光通量为150～1200lm，200W以上的较少使用。节能灯则多为3～20W，光通量为150～1200lm。一般来说，LED球泡灯用来替换白炽灯和节能灯时，根据一般室内照明需求，多用3～15W的LED球泡灯来达到150～1000lm的照度要求。不久的将来，使用10W以下的LED球泡灯就足够了。

具体来说，要替换白炽灯，至少要有以下几方面的要求。

① 亮度要相当。白炽灯最常用的功率有15W、25W、40W、60W和100W。以白炽灯的发光效率可以计算其光通量，如表13.1所示。由于散热的限制，以目前LED的光效来说，LED球泡灯的功率在10W以内较为适宜。如果采用LED来取代白炽灯，目前的LED球泡灯可以取代15～60W白炽灯。

表13.1 白炽灯光通量

	功率/W	15	25	40	60	100
白炽灯	发光效率/(lm/W)	7.5	8	8.5	9.5	12
	流明数/lm	112.5	200	320	570	1200

② 外形要类似。通常白炽灯为梨形，所以LED球泡灯也应当为梨形，这是很容易做到的。但是白炽灯为全玻璃制品，LED因为要散热就很难采用全玻璃的结构。

③ 体积大小、重量要相当。由于LED需要恒流源和散热器，所以这一点是非常难做到的。

④ 灯头要相同。一般为E26或E27。

⑤ 电源要相同。都应该是220VAC（或美国的110VAC）。

⑥ 配光曲线要类似。LED光源应用到球泡灯上，必须对LED的光路进行重新分布，使最终从球泡表面发出的光线能充满到整个空间，接近传统白炽灯的光线效果。

图13.2（a）所示为普通LED球泡灯发光示意图，光只分布在前方的半球体空间内，图13.2（b）对应的光强分布图也证明了这一点。图13.3（a）所示为白炽灯的发光示意图，光线充满整个空间（不考虑灯具本身的遮挡），图13.3（b）所示为对应的光强分布图。显然，球泡灯在没有经过特殊处理时是无法达到白炽灯的照明效果的。目前常见的一种做法是将LED光源做成立体式分布，从而增大光束角度，如图13.4所示。这种球泡灯虽然可以达到全方位照明的目标，但是在组装工艺方面比较复杂，且影响散热效果。

（2）LED球泡灯的结构

LED球泡灯可以分为外部结构和内部结构。下面以一个典型的LED球泡灯为例进行介绍，其外形如图13.5所示。

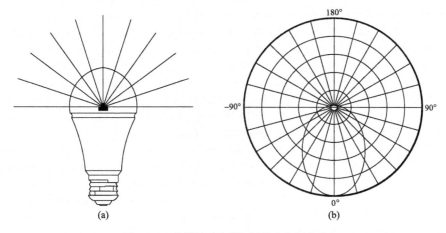

图13.2 普通LED球泡灯的光空间分布

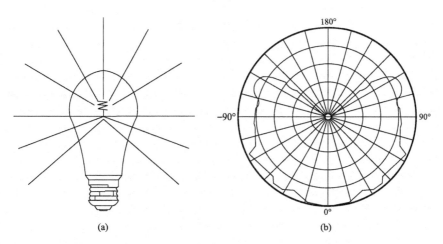

图13.3 白炽灯的光空间分布

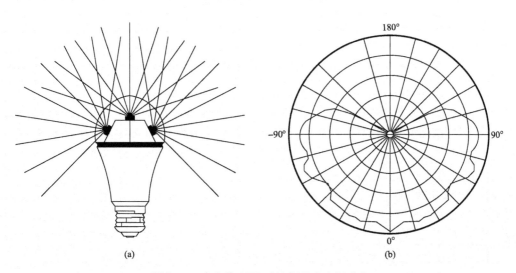

图13.4 全方位LED球泡灯的光空间分布

图 13.5　LED 球泡灯的外形

图 13.5 中是一个目前市面上典型的 5W LED 球泡灯，全长 13cm，散热器长 5cm，直径 4.5cm，泡壳长 5.2cm，直径 5.5cm，重 114g。它大约可以取代 40W 的白炽灯。其外部结构主要包括三个部分：一个是灯头，二是散热器，三是泡壳。而内部结构主要是两部分：一是恒流驱动电源，二是 LED 灯板（包括铝基板和 LED）。如图 13.6 所示。

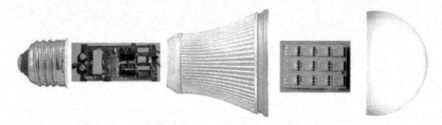

图 13.6　LED 球泡灯的构成

LED 球泡灯的主要技术难点是散热与配光。实际上，目前 LED 球泡灯的专利主要集中于这两部分。由于 LED 球泡灯的外形及大小都要做得尽量与白炽灯近似，因此，在这么小的形状上实现良好的散热是一个很大的挑战。常用的做法是将外壳用于散热，且将外壳做成鳍片状。在设计 LED 球泡灯外壳时，需对散热进行仔细分析。

LED 球泡灯中的驱动电路由于功率很小因而较为简单。实际上，过分复杂的电路也是不允许的，这是因为空间的限制，因此，另外一个挑战就是 LED 球泡灯的功率因数。一般来说，球泡灯的功率因数比较低。当然，随着电子技术的进一步发展，LED 球泡灯有望做到很高的功率因数。

（3）LED 球泡灯的发展前景

基于 LED 的发光特性，LED 球泡灯的结构相对于白炽灯更为复杂，基本分为光源、驱动电路、散热等部件，这些部件的共同配合才能造就低能耗、长寿命、高光效和环保的 LED 球泡灯。随着 LED 照明技术的发展，LED 球泡灯取代白炽灯乃至节能灯将是大势所趋。

LED 在发光原理、节能、环保的层面上都优于传统照明产品。因此，LED 球泡灯是替代白炽灯的最直接的形式。但是由于 LED 的高度灵活性，未来是否仍然做成目前的近似白炽灯的形状值得探讨。在 LED 之前，白炽灯、节能灯等的形状是没有选择的，而 LED 的小体积造就了 LED 的空间无限灵活性，使得未来球泡灯的形状成为一个变数。

13.2.2　LED 投射灯

投射灯指的是光线集中射向一定方向的灯泡，主要用于店铺、广告牌的照明灯以及室外局部照明等。LED 投射灯就是用 LED 作为光源的投射灯。传统投射灯多采用卤钨灯，其发光效率较低、被照射环境温度上升、使用寿命短。随着 LED 光效的不断提升、成本的不断下降，LED 投射灯技术也在快速发展。LED 投射灯替代传统卤钨灯等投射灯具是大势所趋。

(1) 常见 LED 投射灯的规格及参数

现阶段的 LED 投射灯主要以替代传统卤钨灯为主，因此外形尺寸参照 IEC60630 标准，灯头参照 IEC60061-1 标准。根据传统投射灯情况，目前的 LED 投射灯主要有 MR16、PAR16、PAR20、PAR30、PAR38 等。其中，MR16 通常采用 GU5.3 灯头；PAR16 主要采用 GU10、E26（美洲）、E27（欧洲及中国）、E14 灯头；PAR20、PA30、PAR38 主要采用 E26、E27 灯头。图 13.7 所示从左至右依次为 E14、E17、E26、E27、GU10、GU5.3。

图 13.7　各种 LED 投射灯的灯头

LED 投射灯的基本参数有以下几个。

① 电压：LED 投射灯的电压为 220V、110V、36V、24V、12V 等几种，在选择电源时候应注意相对应的电压。

② 工作温度：投射灯对温度的要求比较高，一般情况在 −40～60℃ 范围内都可以工作。

③ 防护等级：这是投射灯的重要指标，若在户外使用，要求防水等级在 IP65 以上，一般还要求有相关的耐压、耐碎裂、耐高低温、耐燃、抗冲击老化等技术。

④ 驱动方式：对 LED 投射灯来说，通常是加上一个恒流驱动电源就可以工作了，但恒流源的质量对 LED 投射灯的整体效率和寿命影响很大，所以需要选用高效优质的恒流驱动。一般来说，驱动器有外置式及内置式。

⑤ 发光角度：其发光角度一般有窄（20°左右）、中（50°左右）、宽（120°左右）三种，如图 13.8 所示为某角度为 40.9° 的 LED 投射灯的极坐标光强分布曲线，其 50% 光强对应的角度为 ±20°。

(2) 常见 LED 投射灯的结构

目前的 LED 投射灯均为自镇流式，即 LED 驱动电源全部内置在灯体内部，直接接电即可使用。

LED 投射灯主要由光学器件（透镜、反光杯）、LED 光源、散热器、驱动电源、灯头这几部分组成。但各厂家的 LED 投射灯由于采用的材料、工艺、LED 封装方式不同，使得投射灯在设计和加工上会有一些差别。下面介绍各主要部件。

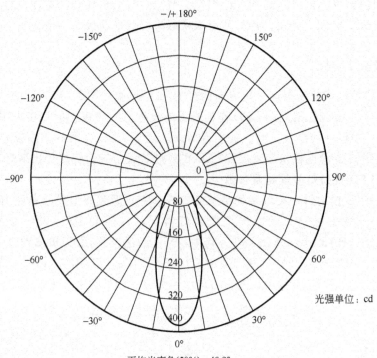

平均光束角(50%)：40.9°

图 13.8　LED 投射灯极坐标光强分布曲线

① LED 光源及光学器件　目前的 LED 投射灯采用多颗 LED 或单颗集成封装 LED 制作，如图 13.9 和图 13.10 所示。

采用多颗 LED 的方式，通常需要一个电路板将 LED 做电气连接。该电路板大多使用铝基板（MCPCB）；一些设计也有采用玻纤板的（FR-4），但需要专门设计散热焊盘。电路板用螺丝或胶粘的方式固定在灯壳散热器上。多颗 LED 制作的投射灯，透镜通常采用对每颗 LED 进行独立配光，再组合成一个光斑透镜。

图 13.9　多颗 LED 投射灯

图 13.10　集成封装 LED 投射灯

采用集成封装 LED 制作的投射灯，不需要电路板，可以直接将驱动电源输出线连接到 LED 灯上。它同样是采用螺丝或胶粘的方式固定在灯壳散热器上。这种投射灯的二次光学设计，通常采用一个透镜或反光杯来进行配光，透镜和反光杯的高度都较高，并且要实现小角度的配光有难度。

图 13.11 所示是典型的 LED 投射灯外形图。

图 13.11　LED 投射灯

② LED 驱动电源　目前的 LED 投射灯大多为内置电源的自镇流式投射灯。内置 LED 驱动主要采用开关电源实现，分隔离式和非隔离式。隔离电源的初级线圈和次级线圈形成了电气隔离，在投射灯设计时，只需要将电源初级线圈与外壳或其他人体可接触部分做好充分的防触电工作即可，而次级线圈通常为安全电压，做简单防护即可。这类电源相对安全可靠，但要求放置空间大，其转换效率也较低。非隔离电源由于初级、次级线圈之间未做电气隔离，需在结构上做更严格的防护隔离，但该类电源效率高，体积小。除开关电源外，还有多种其他 LED 驱动方式，但其安全性和可靠性都较低。此外，由于电源内置，通常元器件温度都很高，将直接影响到 LED 投射灯的使用寿命和稳定性。因此，很多厂家都采用灌胶的方式改善电源的散热能力，并提高电源与散热外壳的绝缘性，如图 13.12 所示。

由于 LED 优秀的控制性能，因此很多人都在开发可调光的 LED 投射灯。现有的主要调光方式有可控硅调光、PWM 调光、0～10V 调光、DALI 调光、DMX51 调光、电力载波调光等，都是通过控制 LED 的驱动电流的方式改变 LED 的光输出。

③ 灯壳散热器　灯壳散热器是考量设计能力的主要方面。大多数散热器都是采用铝材质以模具成型方式加工的。在结构设计上，为了加大投射灯的散热能力，通常采用鳍片的方式，如图 13.13 所示。

另外，灯壳部分也有用导热塑料或陶瓷材料制作的，均采用模具成型的方式。这两种材料具有良好的绝缘性能，可使产品具有高的电气安全性能，便于内部 LED 驱动的安全隔离。但

图 13.12　电源灌胶投射灯

图 13.13　带鳍片的 LED 投射
灯散热外壳

前者的热导率较低，不利于热传导，后者加工制作有难度。

（3）LED 投射灯的特点与应用

LED 投射灯有以下特点。

① 发光方向性好，这主要是由于 LED 有接近点光源的特性，只要有合适的光学系统，就可产生方向性很好的投射灯。

② 响应时间非常快，在微秒级别，只要开关一开，马上就会亮，不会出现延迟的和闪烁的现象。

③ 寿命非常长，可达数万小时，且因为 LED 是半导体器件，即使是频繁地开关，也不会影响到使用寿命。

④ 能够较好地控制发光光谱组成，从而能够很好地用于博物馆以及展览馆中的局部或重点照明。同时，可通过控制技术实现颜色的变化。

⑤ 环保性好。LED 投射灯在生产过程中不要添加汞，也不需要充气，不需要玻璃外壳，抗冲击性好，抗振性好，不易破碎，便于运输。

⑥ 节能。与常用的以卤钨灯为光源的投射灯相比，LED 投射灯节能效果明显。

目前，中小功率 LED 投射灯主要是用于装饰、商业空间照明以及建筑装饰照明等。随着 LED 光源的进一步发展，LED 投射灯将凭借其突出的优势成为市场上该类应用的主流光源。如图 13.14 所示。

13.2.3　LED 直管灯

LED 直管灯又称 LED 日光灯、LED 灯管，其光源采用 LED 作为发光体，如图 13.15 所示。它主要由内置驱动电源（部分驱动电源也有外置式的）、LED 灯板、PC＋AL 管及灯头（堵头）组成。在灯头两端施以工作电压即可点亮灯具，不需要外置镇流器。近年来，

图 13.14　中小功率 LED 投射灯的实际应用

LED 直管灯作为替换传统荧光灯的一种重要产品类型，得到了蓬勃发展。LED 直管灯的光效和发光质量主要取决于 LED 本身的光电性能。在目前 LED 的技术条件下，要使 LED 直管灯最大限度地利用 LED 的发光性能，合理的灯管结构设计是至关重要的。

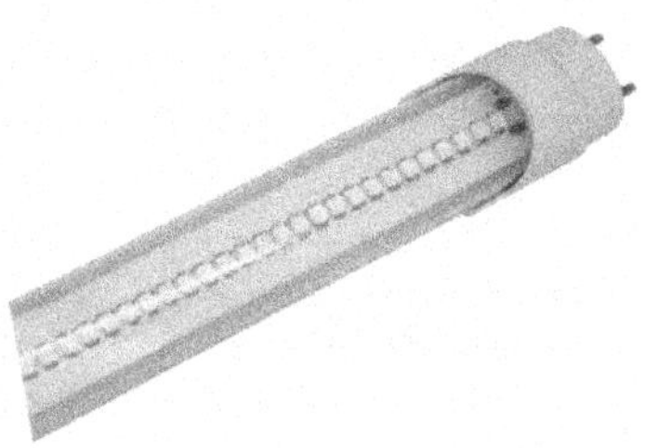

图 13.15 LED 直管灯示意图

13.2.3.1 常见 LED 直管灯尺寸与结构

(1) 外型尺寸

目前几种 LED 直管灯的代表性尺寸见表 13.2。

表 13.2 LED 直管灯的代表性尺寸

产品规格		T8-10W	T8-20W	T5-10W	T5-20W
长度尺寸	A(max)/mm	589.8	1199.4	549	1149
	B(min)/mm	594.5	1204.1	553.7	1153.7
	B(max)/mm	596.9	1206.5	556.1	1156.1
	C(max)/mm	604.0	1213.6	563.2	1163.2
外径/mm		26		16	

由于 LED 直管灯与传统的荧光灯管的尺寸基本一致，因此 LED 直管灯的安装简单快捷，可直接替换目前人们日常使用的普通日光灯：只需将原有日光灯管拆下，并将镇流器与启辉器去除，让 220V 交流电直接加到 LED 直管灯两端即可。LED 直管灯的安装如图 13.16 所示。

(2) 结构

目前市场上的 T8、T5 型的 LED 直管灯主要有两种：一种是外壳采用塑料管、塑料灯头，塑料管内嵌入 LED 光源板，塑料灯头采用冷胶泥固化或用螺丝固定；另一种是外壳采用玻璃管、金属灯头（仿 T8、T5 直管型荧光灯），玻璃管中内置塑料嵌入 LED 光源板，金属灯头采用 LED 塑料能承受的热胶或采用冷胶加紫外光固化。

T8、T5 型 LED 直管灯驱动器形式有两种：一种是内置驱动器。内置驱动器一般形状做成长条形，安装在灯管的固定 LED 光源板的反侧，采用这种形式，由于驱动器和 LED 工

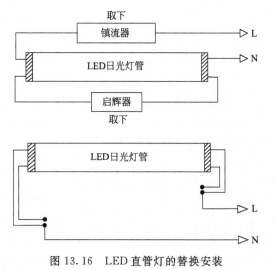

图 13.16 LED 直管灯的替换安装

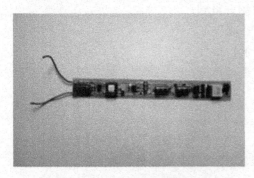

图 13.17 LED 直管灯的驱动电路实物

作时都会产生热量，二者的热量会相互影响，从而影响驱动器以及 LED 的工作寿命，驱动器工作寿命一般远低于 LED 的工作寿命；另一种是外置驱动器，一般形状做成长方形，安装在 LED 灯具内某个位置，采用这种形式，驱动器产生的热量一般不会对 LED 产生影响，也不会因驱动器故障影响 LED 的寿命。LED 直管灯的驱动电路实物如图 13.17 所示。

13.2.3.2　阻碍 LED 直管灯发展的因素

① 价格昂贵。目前 LED 直管灯的价格比日光灯高出许多，但近年来随着国家大力支持发展新兴产业，目前 LED 产品价格已经在逐步下降，相信 LED 直管灯价格的平民化指日可待。

② 标准问题。这需要国家标准来进行规范，包括规范产品的性能指标、安全指标及产品的互换性。

③ 灯管性能的可靠性。就当前的 LED 直管灯来说，其寿命、功率、光效、颜色特性、散热、色温、照度、配光等指标仍不稳定。在采用内置驱动器时，驱动器电路往往是整个灯具的寿命短板，而且该电路的更换非常麻烦。因此，提高驱动器电路的可靠性是一个重要的方面。

LED 直管灯有着抗振动、易调光控制、光效高、寿命长、环保、可直接替换直管型荧光灯等优点，随着技术的发展，LED 直管灯的应用将会越来越广泛。从长远的发展和未来 LED 灯管发展的方向来看，LED 直管灯将走进千家万户，在民用市场中占据一席之地。

13.2.4　LED 筒灯

筒灯是一种嵌入到天花板内光线下射式的照明灯具。它的最大特点就是能保持建筑装饰的整体统一与完美，不会因为灯具的设置而破坏吊顶艺术的完美统一。LED 筒灯属于定向式照明灯具，光线较集中，明暗对比强烈。

(1) LED 筒灯的结构与分类

LED 筒灯由 LED 模块、控制装置、连接器、灯体等组成。灯体包括面盖、反光杯、散热器。如图 13.18 所示。一般来说，LED 光源及 LED 散热的外壳的设计以及 LED 电源影响着 LED 筒灯的寿命。

LED 筒灯的分类方式多种多样，基本有以下几种。

① 按装置方式分：嵌入式筒灯与明装式筒灯。

② 按灯管布置方式分：竖式筒灯与横式筒灯。

③ 按结构分：自带控制装置式（即整体式）与控制装置分离式。

④ 按光源的防雾状况分：普通筒灯与防雾筒灯。

⑤ 按大小分：2 寸、2.5 寸、3 寸、3.5 寸、4 寸、5 寸、6 寸、7 寸、8 寸不等。这里寸是指英寸，是指反射杯的口径大小。

(2) LED 筒灯的主要特点

筒灯一般应用于商场、办公室、工厂、医院等室内照明，安装简单、方便，为人们所喜

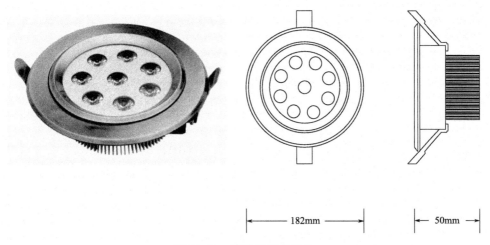

图 13.18　LED 筒灯的结构

爱。LED 筒灯除继承了传统筒灯全部的优点外，还具有发热量小、省电、寿命长、易于控制等优点。早期的 LED 筒灯由于 LED 灯珠昂贵，整体成本很高，不被大家所接受。LED价格的降低以及散热技术的提高，为 LED 筒灯进入商用领域奠定了坚实的基础。

LED 筒灯的主要特点如下。

① LED 筒灯定向照明，聚光照明，光线较集中，能够体现出较为强烈的对比度，使得被照体从环境亮度中脱颖而出，从而突出被照物体，得到所需要的照明效果。

② LED 筒灯能够保持建筑装饰的整体统一与完美，光源隐藏在建筑装饰内部不外露，无眩光，视觉效果柔和、均匀。

③ LED 筒灯拆装、维护方便，节约维护成本。

④ LED 筒灯无污染，能耗低，寿命较长。

⑤ LED 筒灯的工作状态比较稳定，如果遇上一些频繁开关启动不会出现发黑或者死灯的状态。

⑥ LED 筒灯与传统筒灯结构有着通用的开孔尺寸，确保能很容易地更换传统的筒灯。如图13.19 所示。

以上介绍了几种常见的室内中小功率 LED 照明灯具。其实，由于 LED 的灵活性，LED 室内照明的灯具形式很多，而且随着技术的进步与市场的开发，可能会有更多的产品形式出现。另一方面，本章介绍的 LED 灯具实际上都是现有传统灯具的替代形式，由于 LED 的高度灵活性，未来的产品是否采用这样的替代形式还有待商榷。

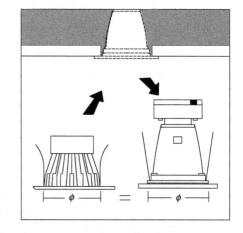

图 13.19　LED 筒灯与传统筒灯的替换安装

参考文献

[1] 黄俊浩，李雨锋. 关于 LED 日光灯管问题的思考 [J]. 商品与质量，2012 (9)：261.

[2] 周泉生，张暹. LED 日光灯结构设计研讨 [J]. 中国照明电器，2012 (1)：24-27.

[3] 黄明伟，罗文生，吴鸿德. T8/T5 直管型 LED 灯管组装生产线设备：2012 气体放电灯低汞（微汞）技术研讨会

[C]．合肥：2012.

[4] 韩磊磊，王春青，田艳红．一种白光 LED 投射灯组装结构的热分析 [J]．电子工艺技术，2008，29（5）：254-255，261.

[5] 何秉云．LED 灯室内照明应用浅谈：2011（天津）四直辖市照明科技论坛 [C]．天津：2011.

[6] 李雪．LED 筒灯的近期性能评估 [J]．中国照明电器，2008（7）：35，28.

[7] 林立南．直管型 LED 灯在推广应用中存在的问题及解决方法 [J]．中国标准导报，2011（11）：31-32.

[8] 卢文和．全方位 LED 球泡灯光学设计与分析：2012 中国 LED 照明论坛 [C]．上海：2012.

[9] 马湘君，吴礼刚，戴世勋等．大功率 LED 筒灯散热分析 [J]．照明工程学报，2011，22（6）：18-21.

[10] 唐国庆．发光二极管（LED）室内照明发展现状 [J]．光源与照明，2009（1）：11-12，34.

[11] 杨上辉．市售 LED 球泡灯现况与发展 [J]．海峡两岸第十七届照明科技与营销研讨会

[12] 杨樾，施晓红．LED 筒灯关键技术参数评价：2011（天津）四直辖市照明科技论坛 [C]．天津：2011.

[13] 钟雄，徐廷军，朱庆山等．简析 LED 射灯 [J]．中国照明电器，2012（10）：18-21.

第 14 章

LED的主要应用领域之二 大功率灯具

14.1 大功率 LED 灯具的一般特点

　　近年来，除了常规的作为指示、显示等应用外，随着 LED 研发技术的不断突破，大功率 LED 灯具的出现，特别是白光 LED 灯具的发光效率超过了常用的白炽灯与节能灯，LED 灯具正朝着日常照明应用的方向发展，使得其大有取代传统的白炽灯、节能灯的趋势。

　　大功率 LED 灯具一般由多颗 LED 光源组成，不仅 LED 光源功率较大，灯具的各个组成部分消耗的功率也较高，因而也存在着一些问题，核心问题便是散热。功率的增加意味着热量的增加。在散热这一环节中，材料的导热性能非常关键。陶瓷材料是导热性能非常好的材料，它热导率高，有着良好的物理性能（不收缩，不变形）和绝缘性能，因此采用陶瓷材料将是未来 LED 产品开发的趋势。大功率 LED 灯具都必须经过专门的散热设计。

　　大功率 LED 灯具主要用于功能性照明，如路灯、隧道灯、厂矿灯等，因而更注重效率，这与节能直接相关。同时，作为功能性照明也应关心配光，即除了灯具本身的效率之外，还应关心灯具发出光线的有效利用率。因此，大功率 LED 灯具都对配光有设计要求。

　　大功率 LED 灯具往往都是在一个项目中大批量使用，因而对灯具的整体光色的一致性有一定要求，同时对灯具的功率因数等也要求较高，0.9 以上是基本的要求，并且要求谐波不能高。

　　作为功能性照明的灯具，后续的维护是非常重要的，因而灯具各部分的可靠性与寿命的短板是决定灯具形式的基础。因此，模组化灯具成为近年来的发展趋势，本章的最后一节会专门介绍。

　　大功率 LED 灯具有室内使用的如厂矿灯，有室外使用的如路灯，也有半室内使用的如隧道灯。除此之外，还有各种投光灯，植物照明补光灯也常做成大功率灯具。本章将主要以路灯、隧道灯、厂矿灯、投光灯四种灯具形式进行介绍。

14.2 几种主要的 LED 灯具形式

14.2.1 LED 路灯

随着 LED 光效的不断提高，大功率的 LED 路灯也随之逐步地推广开来。一方面技术进步使得其光效提高、可靠性提高且价格降低；另一方面，中国政府通过实施"十城万盏"计划，大力扶持 LED 在道路照明中的应用，这也推进了 LED 路灯技术的进步。

14.2.1.1 LED 用于道路照明的优势

(1) LED 路灯将有更高的有效光利用率

LED 接近于点光源，这使得 LED 做成灯具时可以实现各种要求的光。

对于道路照明，要求将光线照射在路面，同时有一定比例的光线照射在边上的人行道，但是不希望光线打向天空及离道路较远的地方。由于是每隔一定的距离配置一盏路灯，因而可以想象，接近矩形光斑但边沿不那么清晰的灯具光斑是最适合的，如图 14.1（b）所示。而传统的路灯大部分采用高压钠灯，由于高压钠灯发光部分尺寸较大，因而灯具的配光较难做，一般都是椭圆形的，因而光线照射在路面时，会造成光斑亮与暗的局部区域，同时很难控制光线不照射在离路面较远的地方，如图 14.1（a）所示，总之，会造成灯具的实际光线利用率较低，且部分光线形成光污染。

(2) LED 路灯在中间视觉情况下具有更高的视觉光效

在夜间道路亮度环境（路面照度 1~2lx）下，人眼处于中间视觉状态。在中间视觉范围，光谱光视效率函数逐渐从明视觉曲线（峰值 555nm，光谱光视效能 683lm/W）向暗视觉曲线（峰值 507nm，光谱光视效能 1700lm/W）偏移，如图 14.2 所示。用中间视觉理论分析可得，白光 LED 具有高的中间视觉等效光效，即在中间视觉的亮度环境下，"白光" LED 等效亮度比明视觉条件下的亮度提高约 40%，而此时"黄光"高压钠灯的等效光效要降低约 30%，如图 14.3 所示。另外，试验也证明，白光 LED 显色性好、色温高，用于道

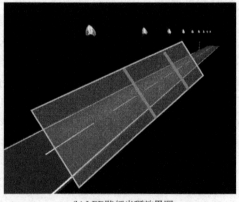

(a) 传统路灯光斑效果图　　　　　　　　(b) LED路灯光斑效果图

图 14.1　路灯光斑效果对比

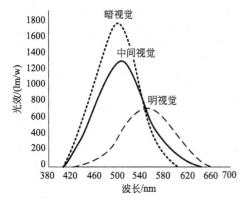

图 14.2 人眼的视觉灵敏度曲线

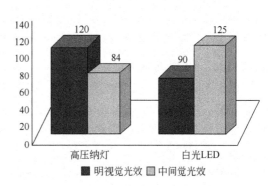

图 14.3 高压钠灯与白光 LED 实际光效
在明视觉和中间视觉环境下的比较

路照明有利于提高人们对物体的辨别能力。

(3) LED 的长寿命

理论上，LED 具有高达 10 万小时以上的寿命，实际寿命也超过 3 万小时。这比目前的高压钠灯高出许多。由于路灯在室外，且在灯杆上（高空），维修不方便，因此长寿命的 LED 路灯对减少灯具的维护有实际的意义。

(4) LED 的高光效

目前 LED 的光效已经与高压钠灯相当，但是 LED 的理论光效是 350lm/W 以上，且目前的实验室水平已经超过 200lm/W，这比高压钠灯高出许多。因而可以想见，大批量采用 LED 路灯将具有实际的节能减排意义。

(5) 供电系统

传统的路灯需要一个大型的供电系统，功率型的大型变压器是非常贵的，而且传统的灯电压不能有太大的波动，否则会严重影响灯的寿命。而 LED 路灯不需要大型的变压器，电压有波动时，LED 路灯的亮度不变。在电压在 90～260V 变化时，整个驱动器能实现恒流驱动，保证了大功率 LED 路灯的亮度。另外，驱动器有许多保护功能，例如漏电保护、过压保护等，在异常情况下，提高了整个电网的可靠性。

(6) 发光效果

以高压钠灯为例，单一黄色的高压钠灯显色指数很低（约 23），被照射的物体颜色失真明显。而 LED 路灯显色指数很高，接近日光，使得被照射物体颜色更加逼真，这也有利于辨别道路上的物体。

(7) 智能调光系统灵活调整光输出，降低能耗

传统路灯只能实现小范围的调光控制，例如关闭一侧或间隔关闭路灯，这将不可避免地带来照明形态的改变，容易造成安全隐患。LED 路灯则可实现连续调光，可根据环境光照及交通状况灵活调整光输出，在保证照明质量的同时降低不必要的功耗。例如在进入下半夜后，通过降低 LED 路灯整灯电流以低功率运行，来达到二次节能的效果。

(8) 安全性

LED 照明路灯耐冲击，抗振能力强，无紫外光（UV）和红外光（IR）辐射，无灯丝和玻璃外壳，没有传统灯管高温高压易碎裂的问题，对人体无伤害、无辐射，直流低压工作的特点相比传统的灯具更安全。

（9）LED 路灯是环保型的光源

LED 路灯不像传统路灯含铅、汞等污染元素，会对环境造成污染，其从生产过程到使用过程直至报废几乎全无污染，实现了真正意义上的绿色环保、节能照明。

14.2.1.2　LED 路灯的组成

由于 LED 路灯是用于室外，必须具有 IP65 的防护，它一般由如下部件组成：LED 器件及灯板、透镜或反射镜、驱动电路及灯体外壳。其中，灯板用于安装 LED 发光器件，透镜或反射镜用于实现近似矩形光斑的配光，驱动电路用于使 LED 发光，灯体外壳用于散热、防水防尘及使灯具的外形美观。另外，目前 LED 路灯逐步与各种控制技术相结合，以实现灯具的智能控制，因而有时候灯具还包括智能控制器。

根据灯具形式的不同，LED 路灯可分为整体式 LED 路灯与模组化 LED 路灯。其中，模组化 LED 路灯将在本章的后面详细讲解。

图 14.4 所示为目前市场上最基本的一种整体式 LED 路灯。其透镜装在 LED 前边，驱动器在灯具后部的壳体内。

图 14.5 所示是一种模组化 LED 路灯。

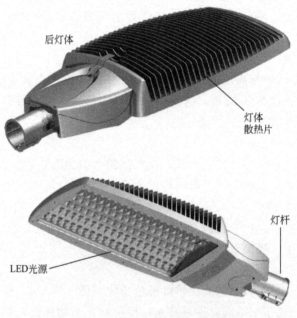

图 14.4　整体式 LED 路灯及其结构

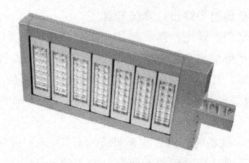

图 14.5　模组化 LED 路灯

14.2.1.3　LED 路灯应用的现状及存在的问题

道路照明的好坏与道路的安全性相关，因此，道路照明是有严格的标准的。我国 2007 年 7 月 1 日起实施的机动车交通道路照明标准对于路灯照明的要求见表 14.1。该要求分为三个级别，各种路灯均应符合此标准。

表 14.1　机动车交通道路照明国家标准

级别	道路类型	路面亮度			路面照度		眩光限制阈值增量最大初始值/%	环境比 SR 最小值
		平均亮度维持值/(cd/m²)	总均匀度最小值	纵向均匀度最小值	平均亮度维持值/(cd/m²)	均匀度最小值		
Ⅰ	快速路	1.5/2.0	0.4	0.7	20/30	0.4	10	0.5
Ⅱ	主干道次干道	0.75/1.0	0.4	0.5	10/15	0.35	10	0.5
Ⅲ	支路	0.5/0.75	0.4	—	8/10	0.3	15	—

相较于传统的高压钠灯路灯，尽管 LED 路灯具有很多潜在的或已经成为现实的优势，但是在其技术发展过程中，不可避免地会出现各种问题。

(1) LED 路灯的能效问题

LED 路灯的整体效率除与 LED 器件本身的光效有关外，还与灯具的设计相关，即二次光学设计的光线有效利用率、良好散热以保证 LED 输出光通量维持性能、LED 驱动电路的效率。以上三个部分的效率及 LED 光效相乘得到 LED 路灯的整体效率，换而言之，如何平衡以上三个因素并使其效率乘积最大化是 LED 路灯技术的关键。这也诞生了 LED 路灯的三个关键技术：光学设计，散热设计，驱动电路设计。这些在本书前面的章节已经分别介绍了。

为实现较好的二次光学设计，目前自由曲面被广泛采用。

(2) LED 路灯的配光问题

一盏路灯要有好的有效光利用率离不开好的配光设计，使用高压钠灯作为光源的传统路灯如此，LED 路灯也是如此。灯具的配光应保证被照路面具有较好的亮度均匀性（由于实际操作的难度，往往采用照度均匀性），而不是仅点亮灯具下方的区域，同时必须严格控制眩光，还要考虑环境系数。根据以上分析，接近于矩形光斑的 LED 路灯配光是较好的配光，其配光曲线接近于蝙蝠翼形。很明显，图 14.6 所示是不好的配光设计，而图 14.7 所示是较好的配光设计。

良好的 LED 路灯配光设计除具有较高的有效光利用率外，在照明效果上也较为理想。当然，照明效果还与照明设计即灯杆高度、灯杆间距、灯的横挑与仰角等有关。特别是当均匀性很差时，会出现所谓的斑马线现象，如图 14.8（a）所示。

由此可见，LED 路灯的配光设计也是制约其应用于道路照明的问题之一。

(3) LED 路灯的散热问题

目前 LED 芯片只能使输入电能的 30％左右转化为光能，70％的电能仍然是以热的方式产生于芯片，并依靠散热装置散发到空气中。LED 发光效率具有工作温度负特性，温度升高，光效下降，并且会影响其寿命。对 LED 路灯来说，由于道路照明的应用环境比较恶劣，尘埃较大，且金属表面易腐蚀氧化，LED 路灯的散热片可能在安装初期能满足需求，维持较低的工作温度，但长期使用后，散热片之间难免积聚灰尘且因散热片高低不平无法被天然雨水冲走，必然在一定程度上影响灯具内光源及电器散热，从而导致大功率 LED 路灯使用光效大幅下降，实际寿命缩短。因此，这是要认真考虑的重要问题。

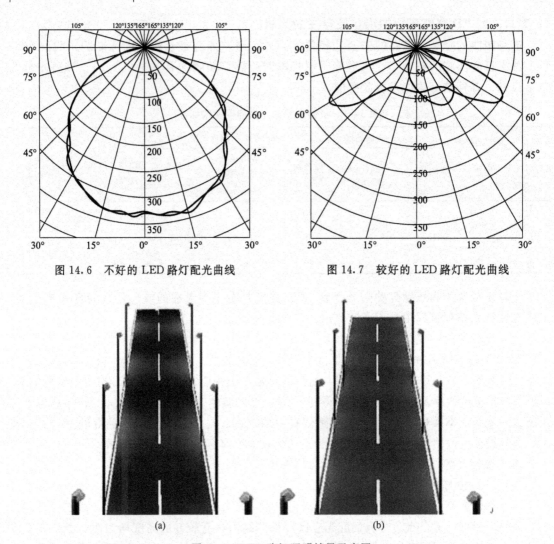

图 14.6　不好的 LED 路灯配光曲线　　　　图 14.7　较好的 LED 路灯配光曲线

图 14.8　LED 路灯照明效果示意图

(4) LED 路灯光源色温问题

对于传统的高压钠灯路灯来说，灯泡的色温为 3000K 左右，且没有选择，因此也就不存在争论的问题。由于 LED 光色的灵活性，3000～6500K 的色温都有，且总体上色温高的 LED 的光效偏高，色温低的 LED 光效偏低，因此从光效的角度看，采用色温较高的有利。但是，色温太高（如 6500K 时颜色明显发蓝），对人眼的视觉不舒服。关于色温的问题，目前业界尚在争论，没有统一的定论，但更多的倾向是采用 3000～4000K 的色温。

14.2.2　LED 隧道灯

在 LED 出现之前，隧道照明中一直是以高压钠灯、金卤灯和荧光灯等作为主要照明光源。近几年，随着 LED 技术的发展，使得采用 LED 作为光源的 LED 隧道灯成为一种全新的灯具，逐步在隧道中开始运用。特别是随着在上海长江隧道等特大型隧道的成功应用，LED 在隧道照明中开始普及。典型的 LED 隧道灯如图 14.9 所示。

隧道照明灯具与路灯总体上相似，但配光形式与安装方式不同。隧道照明尽管是半室内照明，但灯具依然需要 IP65 防护，这主要是因为入口处的雨水、洞内的潮气与汽车尾气污染等。

图 14.9　典型 LED 隧道灯

14.2.2.1　隧道照明的基本要求

公路隧道作为特殊的照明区域，有着特殊的照明要求。隧道是一段管状区域，白天车辆驶入洞内，由于亮度骤降，人的视觉反应滞后形成"黑洞效应"，很难辨别洞内情况；而车辆由洞内驶出时，又形成了"白洞效应"，造成强烈眩光，使得重叠的车辆很难被分辨；夜间的情况跟白天相反。此外，当停电时，隧道突然陷入黑暗之中，使得司机来不及反应，容易造成事故。针对以上问题，人们设计出了亮度值连续过渡的隧道照明来消除亮度差带来的不良视觉效应。为此，相关的规范规定隧道照明设计分为临近段、入口段、过渡段、中间段及出口段。在亮度要求上，要求先逐渐减少，而在中间段是一个稳定值，在出口段亮度再增加，以适应洞外的高亮度。如图 14.10 所示。中间段的亮度是一个基本的设计参数，目前我国的规定见表 14.2。

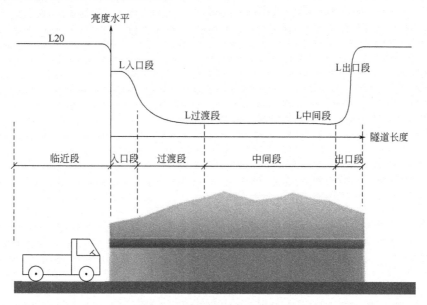

图 14.10　隧道区段划分示意图

表 14.2　隧道照明中中间段的照明标准

车速 /(km·h⁻¹)	平均亮度 /(cd·m⁻²)	换算成平均照度/lx	
		混凝土路面	沥青路面
100	9.0	120	200
80	4.5	60	100
60	2.3	30	50
40	1.5	20	35

隧道照明的特殊性决定了隧道照明有以下要求。

(1) 亮度/照度

这是隧道照明的基本要求，按照之前的描述，在隧道照明的各段要求是不一样的。理论上，用亮度进行要求是合适的。由于亮度与观察角度及路面状况有关，因此以亮度衡量需要对此作出规定，而这在操作上是很不方便的，所以相关规定既定义了亮度值，也定义了照度值。同时，该要求与隧道中最高车速有关。另一方面，对墙面的亮度/照度也进行了规定。

(2) 亮度均匀度

良好的视觉功能不但要求有较好的平均亮度，还要求路面上的平均亮度与最小亮度之间不能相差太大。如果视场中的亮度差太大的话，亮的部分会形成一个眩光源，而且亮暗的变化会带来一定的频闪效应，继而影响视觉，人眼的视觉效果会明显变差，而视觉疲劳则加重。如果路面上连续、反复地出现亮带和暗带，即"斑马效应"，对于在此道路上行进的人而言，会感到很烦躁。这个问题涉及人的心理，也会危及到道路安全。均匀性包括总均匀性与纵向均匀性。前者指整个区间的均匀性，后者指单个车道的均匀性。纵向均匀性主要是用来评价"斑马效应"的大小。

(3) 眩光

眩光是由于视场中有极高的亮度或亮度对比存在，而使视功能下降或使眼睛感到不舒适。隧道照明中的眩光来自隧道照明灯具、隧道出口时外面的高亮度等。对于大多数隧道，往往是单向的，即双向分洞，不存在迎面车辆的眩光问题。眩光会使人对障碍物的辨识能力下降，危及行车安全。国际照明委员会采用了相对阈值增量（TI）来规定眩光的要求，即TI必须小于15%。

(4) 频闪效应

频闪是指在较长的隧道中，由于照明灯具排列的不连续，使司机不断地受到明暗变化的刺激而产生烦躁。它与明暗的亮度变化、明暗变化的频率、频闪的总时间有关系。这三者与所使用灯具的光学特性、车辆的行进速度、照明器安装间距、隧道长度有关。一般而言，频闪的频率小于2.5Hz和大于15Hz时所带来的频闪现象是可以接受。进行设计时，应当加以考虑，选择适当的照明灯具安装间距。

(5) 照明控制

与一般道路照明不同，因为隧道灯全天候24小时都必须点亮，白天的照明强度比夜间的照明强度反而要更强，隧道电力费用成为运营成本的重要一环。因此，除采用高效的照明灯具外，利用照明控制白天与晚上、晚上不同时段甚至不同车流量时的照度水平，也是实现照明节能的重要手段。

另外，当用于隧道照明时，出于节能的考虑，有时候也关心照明的功率密度LPD值。

14.2.2.2　LED隧道灯在隧道照明中的应用优势

目前，在隧道照明所采用的光源中，高压钠灯因为其较高的明视觉光效（可达120lm/W）而得到了大规模的应用，但高压钠灯在隧道照明中还是存在一些难以克服的问题，主要是显色性较差和光源功率选择范围有限（通常只能选择150W、250W和400W），尤其在中间段照明中，高压钠灯一方面没有较小功率，另一方面其点状的强光源所造成的眩光和频闪比较严重。

在一些长隧道，特别是城市隧道中，直管型荧光灯因其较高的显色性和线性照明具有较好的视觉诱导性也得到了一些应用，但由于荧光灯的寿命短，通常只有8000小时左右，因而经常需要更换，大大增加了隧道的维护成本。另外，荧光灯的功率较小，在入口段、过渡段和出口段等需要较高照度的区域没法达到要求。近几年随着无极灯技术的成熟（由于消除了电极因素的影响，无极荧光灯相比于传统荧光灯具有更长的寿命，也可以做到更大的功率），使得无极灯在隧道照明场合体现了优势。但无极灯的发光面较大，在进行光学设计时整个灯具的光学效率较低。LED隧道灯集合了高压钠灯、直管荧光灯和无极灯的优势，是目前隧道照明应用中最理想的光源。其优势主要体现在以下几个方面。

① 高光效。目前市场上LED最高光效已经超过高压钠灯，且还有很大的上升空间。同时，LED接近点光源的特点决定了灯具可以采用自由曲面设计，从而达到很高的光线有效利用率，同时消除了眩光。

② 长寿命。LED隧道灯在合理的散热设计和电源驱动条件下，理论寿命达10万小时，实际产品已经可以超过3万小时。对于需24小时点亮的隧道照明应用，可以大大降低维护费用，并且可以缩短投资回收期。

③ 灯具设计灵活。LED隧道灯不仅在功率设计上灵活（采用1W左右的LED器件，可以根据实际照度要求来改变LED光源的数目，达到最佳的节能效果），而且由于尺寸很小，灯具外形的设计也非常灵活，既可以做成线性的灯具以达到较好的视觉诱导性，也可以设计成矩形的灯具以适合较高照度要求的入口段、过渡段和出口段。

④ 智能调光控制。采用LED隧道灯可以实现灯具的无极调光，可以结合洞口的亮度来动态改变隧道照明的亮度，充分发挥LED隧道灯的技术特点，进一步提高LED隧道灯的节能效果，实现智能化的隧道照明。

14.2.2.3 LED隧道灯应用中存在的难题

(1) 散热和光衰问题

LED的光衰与器件的p-n结温度有关，因此必须合理地控制LED器件的结温。由于隧道是24小时点灯，且维护时必须关闭全部或部分隧道车道，因此隧道照明灯具的首要要求应该是可靠性与寿命。除控制器件结温外，还可以采用变电流的方法适当地延长LED隧道灯的使用寿命。

(2) 驱动电源寿命问题

LED驱动电源不稳定是行业的共识。因为驱动电源是LED灯具的重要部件，其寿命是LED隧道灯的短板。尽管近年来驱动器的寿命等指标有较大的进展，但离LED的寿命还有较大的距离。因此，在整个灯具寿命期间，往往是LED驱动器先坏，这决定了这类灯具必须采用驱动器分体式的结构。

(3) LED照明标准尚不统一，特别是生产标准

LED灯具是高度灵活的，因此有各种各样的形状，可以是任意的功率，配光也五花八门。尽管这种灵活性给隧道灯的使用带来了机会，但同时也带来更大的挑战。对一个行业来说，过大的灵活性将很难规范行业的发展，这给用户带来了困扰，特别是对未来的维修与更换。与路灯一样，解决这一问题的方法是模组化设计。

虽然目前大规模应用LED隧道灯还存在着很多难点和挑战，如LED照明产品标准不完善，一些劣质产品对市场推广产生消极影响，LED隧道灯的初次购入成本较高等，这些都给LED隧道照明产品的大规模市场应用带来不便。但是，随着大功率白光LED技术的进

图 14.11　LED 隧道灯的应用效果示意图

一步发展、LED 隧道灯光热电整体系统技术的不断成熟、人们节能和环保意识的进一步增强，LED 技术必将在隧道照明应用领域缔造半导体照明行业的新未来。如图 14.11 所示。

14.2.3　LED 厂矿灯

　　LED 厂矿灯以大功率 LED 器件为光源，包含驱动电路及外壳等，主要用于大型工作场所的泛光照明，如造船厂、矿山、车间、厂房、库房、公路收费站、加油站、大型超市、展览馆、体育馆等。典型的 LED 厂矿灯如图 14.12 所示。其中，第一种厂矿灯价格比较便宜，结构简单紧凑。这种厂矿灯很多采用单颗大功率 LED 光源，主要问题是光衰与较低的光效。第二种为模组式的厂矿灯，维护方便，便于升级。

　　LED 厂矿灯的主要部件与 LED 路灯一样，包括 LED、光学件、驱动电路及灯具外壳等。由于 LED 厂矿灯往往安装在室内，因此一般没有 IP65 防护的要求。但是对特殊的应用，如潮气较大的空间、冷库等，也要有 IP65 防护的要求。厂矿灯每天的使用时间一般较长，如超市达到每天 16h 以上，且往往安装在很高的空间，因此灯具的效率与使用寿命是很重要的指标。在很多情况下，厂矿灯希望能够实现光控、有人控制，或者大规模的集中控制。

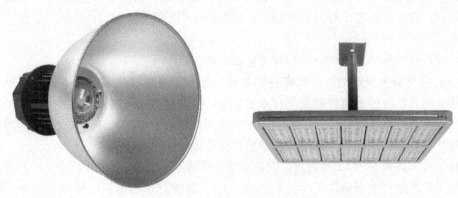

图 14.12　典型 LED 厂矿灯

目前厂矿灯使用最为广泛的光源仍为高压钠灯或者金卤灯，但是这类厂矿灯存在以下问题。

① 高压钠灯的显色性较差。在有一些特殊要求，如对颜色较为敏感的应用场合，是十分不合适的。不过金卤灯厂矿灯的显色指数较高，可以达到80～90。

② 光源存在余辉现象，启动时间较长，不能频繁开关，不容易完成调光或智能控制。

③ 高压钠灯的设计寿命在1万～2万小

图14.13 LED厂矿灯效果图

时左右，但由于受到电压变化及高启动电流的影响，实际寿命一般都在6000h以下。而这类光源往往安装在很高的位置，因而维修很不方便。

LED厂矿灯有着相当明显的优势，包括效率、寿命与控制性。特别是控制性，这是其他光源无法比拟的。

LED厂矿灯很多方面与LED隧道灯相似，但安装方式并不完全一样，如厂矿灯可以采用悬挂式，隧道灯是不可以的。厂矿灯、隧道灯都可以采用墙挂式与顶挂式。如图14.13所示。

14.2.4 大功率LED投光灯

大功率LED投光灯多用于室外，主要用于单体建筑、历史建筑群等外墙照明，大楼内光外透照明，室内局部照明，绿化景观照明，广告牌照明，医疗、文化等专门设施照明，酒吧、舞厅等娱乐场所气氛照明等。大功率LED投光灯目前有两类产品，一类采用功率型芯片组合，另一类采用单颗大功率芯片。前者性能较稳定，可以达到很高的功率，可以进行远距离大面积投光。单颗大功率产品适合小范围的投光照射。

14.2.4.1 大功率LED投光灯的结构

大功率LED投光灯与LED隧道灯相似，由于多数用于室外，因此都有IP65的要求。由于它的安装位置很随意，因此需要有灵活的安装结构。图14.14所示为两种典型的大功率LED投光灯。

大功率LED投光灯的配光要求因实际应用而异，有远光的，也有近光的。同时，一些特殊场合要求投光灯具有多种颜色，且能进行一些简单的颜色自动变换。

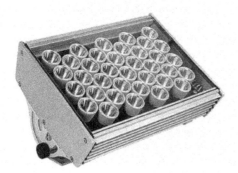

图14.14 两种典型的大功率LED投光灯

14.2.4.2 LED 投光灯的优势

LED 投光灯因色彩艳丽、单色性好、光线柔和、功率低、寿命长、低温启动正常、响应速度快等特点而应用范围非常广泛。同时，LED 的灵活性使照明不断具备了功能性，更具备了艺术性的条件。可以这么说，"LED 是艺术照明的福音"。

(1) 建筑物外观照明

对建筑物某个区域进行投射，是通过使用一定光束角的投光灯具实现的。许多建筑物根本没有合适的地方放置传统的投光灯，但由于 LED 灯具的灵活性，可以做到美观并兼具照明效果。同时 LED 的灵活性也为照明设计师带来了新的照明设计灵感，拓展了创作空间。

(2) 景观照明

LED 的多彩、易控制与形状的灵活性特点使其非常适合于景观照明，成为目前景观照明的主流光源。

(3) 室内空间展示照明

就照明品质来说，由于 LED 投光灯没有紫外光与红外光辐射，对展品或商品不会产生损害，与传统光源相比，灯具不需要附加滤光装置，照明系统简单，费用低廉，易于安装。其精确的布光性能，可作为博物馆光纤照明的替代品。商业照明大都会使用彩色的 LED。室内装饰性的白光 LED 结合室内装修为室内提供辅助性照明，暗藏光带可以使用 LED，对低矮的空间特别有利。

(4) 娱乐场所及舞台照明

由于 LED 投光灯的动态、数字化控制色彩、亮度和调光及活泼的饱和色，可以创造静态和动态的照明效果。

图 14.15 所示为应用 LED 投光灯的效果图。

随着技术的不断进步，大功率 LED 照明技术的发展引起了国内外的普遍关注，LED 灯

图 14.15　应用 LED 投光灯的效果图

具现已成为具有发展前景和影响力的一项高新技术产品。近年来，我国国民经济的高速发展及低碳社会进程的加快，人们对高效新光源的需求与日俱增，大功率 LED 照明产品的开发、研制、生产已成为发展前景十分诱人的朝阳产业。LED 投光灯便是其中极具潜力的一员。随着我国绿色照明工程的组织实施，促进了大功率 LED 投光灯照明技术的创新和发展，使得大功率 LED 投光灯照明技术在照明领域得以广泛应用。

14.3　大功率 LED 灯具使用案例——长江隧道 LED 照

本节介绍上海长江隧道 LED 照明案例。该隧道的主照明采用 LED，迄今依然是世界上最大的采用 LED 照明的单个隧道，2009 年底通车以来，运行总体良好。本书的主要编写人员作为当时该隧道采用 LED 照明的论证研究课题的负责人，从 2007 年下半年开始到 2009 年上半年，进行了近两年的论证研究工作，并在隧道建成通车后进行了两年多的测试跟踪。该隧道中 LED 照明的成功使用，宣告了 LED 作为隧道照明灯具的优越性，并全面推动了隧道照明进入 LED 的时代。

14.3.1　项目背景

上海长江隧桥（崇明越江通道）工程位于上海东北部长江口南港、北港水域，是我国长江口一项特大型交通基础设施项目，也是上海至西安高速公路的重要组成部分。该工程起于上海市浦东新区的五号沟，经长兴岛到达崇明县的陈家镇，全长 25.5km。其中穿越长江的隧道全长 8.95km，按照双向六车道高速公路设计，时速 80km/h。该隧道工程具有三最：盾构机直径 15.43m，隧道外径 15m，隧道内径约 13.7m，是目前世界上最大的盾构隧道；一次性掘进 7.5km，是目前世界上泥水盾构连续施工最长的工程；隧道最深点在最高历史水位下约 55m。图 14.16 所示是上海长江隧道工程地理位置图。

图 14.16　上海长江隧道工程地理位置图

14.3.2　LED 在长江隧道工程中的应用——研究准备

从项目准备阶段的 2007 年下半年开始，LED 应用于隧道照明正处于起步阶段，光源可靠性、灯具安全性、灯具合理结构等问题尚未定型，亦无相关经验可循。另外，LED 发展迅速，有一定不可预见性，工程照明系统的可替代性研究存在相应的攻关难点。因此，对长江隧道工程选用 LED 照明灯具的可行性和可操作性进行前期的详细研究是十分必要且重要的。研究的主要内容如下。

（1）学术上

对 LED 与传统光源的发展趋势进行比较，判断 LED 是未来照明的主流光源，并分析LED 与传统光源（荧光灯、高压钠灯、金卤灯）相比用于隧道照明的优缺点，认为 LED 在不久的将来将大规模进入隧道照明领域。做出这个结论的理由如下。

① 隧道照明最关注寿命，而 LED 的理论寿命很长，实际寿命也已经超过传统光源。

② LED 的理论光效很高，且 LED 隧道照明灯具效率很高，用于隧道照明将节电及省钱。

③ LED 灯具的价格在快速下降。

关于这一点，本书的主要编写人员介绍了 2006 年发表在《照明工程学报》上有关 LED 与传统光源发展前景比较的文章及发表在美国 *Optical Engineering* 杂志上的有关 LED 最大光效理论分析的文章，这些在本书的第 1 章都有介绍；结合 LED 接近点光源特性分析了 LED 用于隧道照明可以获得很高的光有效利用率，认为 LED 未来将是最好、最节能的隧道照明光源，同时 LED 的价格在 2007 年之前一直在快速下降，判断价格因素将不是主要问题。

(2) 实际应用上

当时的 LED 技术水平已经达到 LED 大批量隧道照明应用的临界点，结合课题研究初期的 2007 年离最后隧道通车尚有 2 年多的时间，判断 LED 可用于该隧道的主照明。

关于这一点，当时课题研究人员会同隧道建设单位，对当时国内几个主要采用 LED 作为隧道照明的工程进行了考察，得出的结论是 LED 用于隧道照明工程的表现总体上都不好，问题如下。

① LED 光衰严重。通车初期照明很亮，但不久就慢慢变暗了。

② 坏灯现象。通车没多久就出现或多或少的坏灯现象。

③ 照明效果不理想。主要表现是路面光照不均匀，"斑马"线严重。

④ 灯具颜色的一致性不好。有些灯具不同的 LED 颜色已经开始看出明显差异。

⑤ 节能效果不明显。

针对这些问题，当时没有直接否定 LED 在长江隧道照明中的应用，而是科学地分析这些问题，认为主要原因是灯具的问题与灯具的排布问题。其中灯具的不良散热设计是造成灯具光衰的主要原因，同时也是坏灯的原因之一；而坏灯的主要原因是 LED 驱动器的寿命与可靠性不佳；照明效果不好的主要原因是没有按照灯具的配光文件进行精心的设计；灯具的颜色一致性不好是采用的 LED 性能不良或者灯具的散热设计不佳；节电效果不好主要是 LED 灯具效率不高，这是由 LED 器件本身的效率与灯具的光有效利用率决定的。在分析了这些问题后，结合本书主要编写人员在实验室对 LED 的各项试验，研究人员提出经过认真研制 LED 灯具是可以克服以上问题的。

在以上的调查与研究的基础上，研究人员提出 LED 隧道灯具的初步指标要求，出于前瞻性的考虑，这个初步指标在当时是很高的。之后，研究人员认真调研了国内主要生产企业的 LED 隧道灯情况，并对企业的 LED 隧道灯具进行了测试。测试是在复旦大学和国家电光源产品质量监督检验中心（上海）同步进行的，两个测试结果综合考察相关指标。根据这些测试，初步判断企业的总体技术水平，并从中挑选出四家企业作为入围企业，并与这些企业沟通如何改进 LED 隧道灯的灯具设计。在此基础上，要求入围企业提供满足初步技术指标的 LED 隧道灯在现场进行 50 只灯一年以上的试挂。该课题的研究人员制定灯具试挂方案与试挂测试方案，之后对试挂灯具的可靠性、光衰、均匀性、节能指标等进行了近一年的跟踪测试。图 14.17 所示为上海长江隧道 LED 灯具试挂段现场照片。以四家入围企业的 50 只灯近一年的试挂测试结果作为评判 LED 灯具是否适合作为该隧道主照明的判别依据。四家企

图 14.17　上海长江隧道 LED 灯具试挂段现场照

业总体的优秀表现，使"上海长江隧道采用 LED 作为主照明方案"通过了由传统照明专家为主的专家评审团的评审。至此，业主最终决定更改原有的采用荧光灯方案，在隧道的主体即中间段全部采用 LED 隧道灯作为照明灯具，之后重新编写"上海长江隧道照明及 LED 灯具技术要求"，并据此挑选 LED 隧道灯具企业。

值得一提的是，鉴于当时国产 LED 器件的实际性能水平，为保证本次 LED 隧道照明的成功，在行业树立正面示范效果，在"上海长江隧道照明及 LED 灯具技术要求"中明确要求采用当时大功率 LED 技术比较成熟的 Cree、LumiLEDs 或 OSRAM 的器件。该技术要求还规定了灯具的整体效率及考虑到未来 LED 器件的更换，因而也考察灯具本身的光学效率。可靠性指标从两个方面进行规范：光衰与 LED 器件的结温。其中，光衰指标直接参照近一年的现场实验结果，而结温作为一个辅助指标用于间接考察灯具的光衰与可靠性。

在按照技术指标与商务指标及一定程序确定该项目的中标企业后，再次对中标企业提供的 LED 隧道灯具样品进行测试，并封存样品，制定对实际施工产品的"灯具产品的抽检"等细则以保证实际使用产品的性能。

14.3.3　长江隧道 LED 照明的实施情况

上海长江隧道基本照明灯具和应急照明灯具均选用 LED 灯，按 5.6m 的间距双侧对称布置，灯具安装高度为 6m，共用 LED 隧道灯 6000 套，包括基本照明 LED 隧道灯 4694 套，应急照明 LED 隧道灯 1096 套，遮光棚 LED 隧道灯 96 套，共计 5886 套，另有 114 套作为备件。图 14.18 所示为长江隧道实际照明效果图。在工程完成后，对运行情况进行测试与跟踪。

14.3.3.1　测试方案

课题组为了掌握 LED 在该隧道照明中的实际应用情况，决定对运行情况进行定期检测。为此，制定了测试方案。主要内容如下。

(1) 照明测试点

测试选用中间段的一个位置，即隧道上行线 3430 环处，每次在固定的网格点进行。测试主要路面照明情况，包括路面各测试点照度，进而计算平均照度、均匀性等指标，也记录灯具的坏灯情况，同时通过电表记录整体用电情况。如图 14.19 所示。

图 14.18　长江隧道实际照明效果图

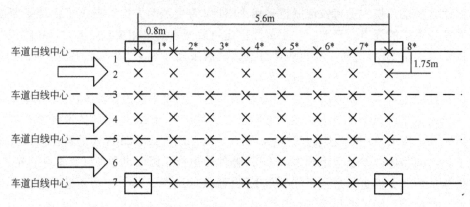

图 14.19　中间段照明测量点布置图

（2）照度测试仪器

考虑到测试用照度计在使用一段时间后，由于探头表面在测试过程中可能沾灰而影响测试数据，因此采用主辅两台照度计进行。其中，主照度计用于现场测试，辅助照度计放在实验室封存，定期与主照度计比对，并用比对系数对实测照度进行修正。

（3）现场灰尘、温度等影响的修正

鉴于主要考察 LED 隧道灯的使用情况，因此对测试数据进行灰尘与温度修正。温度修正主要是测试出灯具光输出与温度的关系后，根据每次测试的环境温度，对测试数据进行修正。灰尘修正采用这样的方法：在每次测试时，在测试点中随机选择 3 个测试灯具，测试它们在表面擦拭干净与没擦拭之前的照度对比，以此作为灰尘的影响系数。

14.3.3.2　测试结果

上海长江隧道 2009 年 10 月 30 日正式通车。为全面监测运行情况，在灯具全面安装完后，正式通车之前的 2009 年 9 月 12 日进行装灯后的第一次全面测试；之后在运行三个月后的 2009 年 12 月 24 日进行第二次测试，本次测试未做灰尘修正，故数据会有一些误差；2010 年 7 月 26 日晚进行第三次测试；2011 年 1 月 26 日进行第四次测试，由于测试之前进行了全面清洗，故未做灰尘修正。每次都测试入口段与中间段的照明情况，并记录温度等数据。表 14.3 记录了光衰情况。从表中可见，第二次数据与第一次有较大的差异，这主要是因为第二次测试未做灰尘修正；而第三次测试的光衰很大，甚至快达到第四次的水平，这主

表 14.3　光衰情况分析表

测试时间＼指标	实测照度值/lx(环境温度)	温度修正值①/lx(26℃)	光衰值	平均灰尘遮光比	灰尘修正值/lx	最终光衰值
2009-9-12	160.4(26℃)	160.4	0	—	160.4	0
2009-12-24 (2472 小时)	154.5(15℃)	150.8	5.99%	—	—	5.99%
2010-7-26 (7632 小时)	140.7(26℃)	140.7	12.28%	4.92%	147.6	9.20%
2011-1-26 (12048 小时)	148.4(14℃)	144.5	9.91%	—	—	9.91%

① 温度补偿系数根据实验室测试得出，温度每升高 4.6℃，照度下降 1%。

表 14.4　不同调光幅度下的路面光度指标及回路平均电流值（2010 年 7 月 26 日测）

调光幅度＼指标	路面平均照度值/lx	实测修正值①/lx	照度比/%	整体均匀度	纵向均匀度	单侧单相电流值②/A	I_{av}/I_{av100}③/%
50%	67.4	63.8	45.3	0.88	0.93	1.37	40.1
60%	81.7	77.5	55.1	0.87	0.94	1.68	49.4
70%	99.5	94.4	67.1	0.89	0.94	2.09	61.1
80%	114.2	108.3	77.0	0.88	0.87	2.48	72.5
90%	129.7	123.0	87.4	0.89	0.93	2.88	84.2
100%	148.3	140.7	100	0.88	0.91	3.42	100
规范要求值	99	—	—	≥0.4	≥0.7	—	—
设计初始值	152.3	—	—	≥0.7	≥0.8	—	—

① 将本次测试用照度计与权威标准照度计进行比对，相对于本次实测值的修正系数 $t=0.9487$。
② 在测回路电流值的同时，对回路的电压亦进行了测试，均接近 220V。
③ 由于钳形表测量有一定误差，故电流值只进行相对值分析。

要是因为第三次是在夏天进行的，比第四次的测试温度高出 12℃。从表 14.3 中综合分析可知，10000h 光衰大约为 10%，这是一个比传统光源好得多的结果。

每次测试时，同时分析了照度的均匀性水平，并测试了多级调光状态下的照度水平。表 14.4 为第三次的测试结果。

根据测试结果可知，多次测试中，照度的均匀性没有什么变化，调光也基本不影响照度均匀性。从表中的结果可以看出，要达到 99lx 的照度水平，可以将灯具调光到 70% 的水平。实际上，之后很长时间就是这样做的。

14.3.3.3　故障情况

上海长江隧道自 2009 年 10 月通车以来，对隧道内灯具及线路问题进行了多次维护与修理。在隧道内实际安装的 5870 盏 LED 隧道灯中，截止到 2010 年 8 月 5 日，共排除各类故障 140 起，其中灯具安装接线故障 61 起（占灯具总量的 1.04%）、电源损坏故障 58 盏（占灯具总量的 0.99%）、灯具进水损坏 3 盏、光源损坏故障（即单盏内一颗或多颗 LED 不亮为光源损坏）53 起（占灯具总量的 0.91%）。以上各类故障的出现时间存在明显的集中特点。其中，接线故障出现在灯具安装后最早期；电源故障出现在运行一段时间后；光源故障出现在运行较长时间后。这种故障现象也是符合逻辑的。从中可见，总体故障率还是很低的。但是，2010 年 8 月 5 日之后，由于灯具中单个或若干个 LED 失效但灯具总体还工作正常的情况持续发生，因此，之后再没统计这类故障。抛开单个或多个 LED 不亮但整灯还亮的情况，实际在第一年内，灯具的故障率约为 1%（主要是电源），这个故障率是可以接受的。

14.3.4 总结

长江隧道长 8.95km，属特大型隧道，在特大型隧道中如此大规模采用 LED 照明属世界首次。该隧道采用的 LED 照明，基本达到设计要求，且照明效果良好；客观上，照度满足国家标准，均匀性很高，远超国家标准；与原有荧光灯设计相比，节能达 30% 左右，并且通过分段调光功能短期内可实现高达 60% 的节能效果；对驾驶员的调查显示主观评价良好；光衰与故障率情况显示，三年内有望不需要大规模的维修。

该项目的成功施行证明了 LED 是适合于隧道照明的，在此项目之后，很多大型隧道开始采用 LED 照明。因此，该项目全面推动了 LED 在隧道照明中的应用。但是，该项目也提出了一个严肃的课题：出现了一定比例的灯具内部单个或多个 LED 失效，但灯具整体正常工作。由于采用的是整体式 LED 隧道灯，出于 IP65 防护的要求，灯具是无法现场打开，甚至工厂打开都是不容易的，因此灯具本身的维护非常困难。这也说明，大功率 LED 灯具的模组化是大势所趋。

14.4 ▶▶▶▶▶▶▶ 大功率 LED 的模组化趋势

在路灯、隧道灯等大功率 LED 灯具应用实践方面，从社会反馈的意见来看，应用还有一些常见的老问题，主要在效率、灯具散热、配光、驱动器寿命等方面。另外，由于现有大功率 LED 灯具多采用一体化集成式设计，即灯壳与 LED 器件粘接为一体并封闭在玻璃内，这使得大功率 LED 灯具的维护与检修极其困难。如果诸多 LED 器件有部分损坏，现场是无法更换的，这样只能将灯具整体替换，或返厂维修，浪费资源，而且费时费力。实际上，按照当前思路设计的大功率 LED 灯具，到了寿命期后，就必须整体全部抛弃，重新装一批。而采用传统光源如钠灯、金卤灯、荧光灯等的灯具，如果光源损坏，几分钟就可以解决问题，光源坏了换光源，灯具仍然可继续使用。另外，不同大功率 LED 灯具厂家产品的外形尺寸、功率均不一致，这就意味着大功率 LED 灯具的通用性差，如果采购了实力弱的厂家，将来维护的零部件可能很难找到。因此，LED 灯具模组化思路是有效的解决办法。

(1) 模组化思想的理解与意义

模组化是指大功率 LED 灯具中若干颗 LED 光源做成一个配光、散热与防水防尘 IP 等级结构一体化的模组，一个灯具由若干模组组成，而并非原先的所有 LED 光源都安装在一个灯具内。如图 14.20 所示，整个 LED 灯具由三个部件组成，一是灯具基座、二是光源模组、三是驱动器，这与采用传统光源的灯具是一样的。灯具基座用来与灯杆固定及承载光源模组并起简单的保护作用；光源模组是一个集合配光、散热及防护等功能精心设计的模组，是灯具的核心部分；驱动器提供能量，可以放置在灯具内，也可以与之分离。这样就要有两个接口：一是能量接口，即驱动器与光源模组的接口；二是结构接口，即光源模组与灯具基

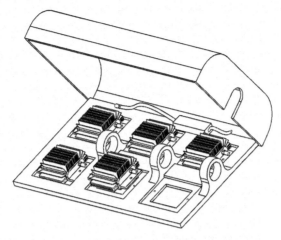

图 14.20　大功率 LED 灯具模组化示意图

座接口。能量接口用防水接头相连接；结构接口其外形可以是方形，也可以是长条形或其他形状，从长远来看应该有个标准规格，就像目前的高压钠灯等大小规格一样。固定方式可以是螺钉，也可以是卡口或弹簧扣。这样，大功率 LED 灯具维护、检修就非常方便了。如果驱动坏了，就更换驱动；如某个 LED 光源模组损坏，就更换损坏的模组；如果将来 LED 光源寿命到期或产品更新换代，只要针对其中的部件进行更换即可，无须灯具整体更换。这样一方面节约了成本，另一方面使操作方便。整个维护过程与采用传统光源的灯具一样方便。

(2) 实现 LED 模组化的细节设计

大功率 LED 灯具模组化设计的难点与核心在于光源模组的设计，因为要在光源模组内同时实现配光与散热，并且要达到规定的 IP 等级，是比较困难的。实际上，光源模组就是一个小灯具。对于 IP 等级的实现比较容易，有比较成熟的解决方案，一般而言采用密封圈加螺丝就可以了。在散热方面，相对于原先一体化的思想，在同样的散热解决方案下，热源分散了，对散热更加有利。

以配光解决方案为例，对于模组化的 LED 灯具，可以有一些新颖的实现手段。

采用常规二次光学透镜，是把透镜置于 LED 外进行二次光学设计来配光，外面再加玻璃进行密封，如图 14.21 所示。这就是最常规的二次光学透镜设计方法。

一般而言，从反射器出来的光的光束角较小，仅靠二次光学设计还不够，从而需要借助灯具的结构造型来实现三次光学设计来拉大光束角，这样在光学设计上容易达到各种道路照

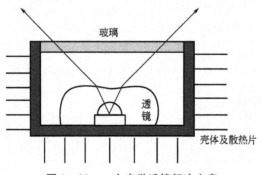

图 14.21　二次光学透镜解决方案

明的配光要求。

采用了模组化思想后，除了上述的思路，还可以把原先独立的反射器与 LED 光源模组的结构相融合，把 LED 光源模组的内腔设计为所需的反射器形状，再镀反射膜，散热片遍布反射器的外围。这样就可以把 LED 光源模组做成光热一体化的结构。对于灯具基座，同样需要一定的结构设计，使之能通过三次光学配光达到道路照明的要求，如图 14.22 所示。

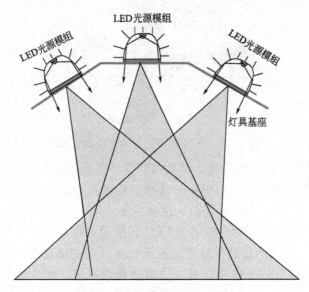

图 14.22　三次光学设计方案

由于 IP 等级的要求，目前的路灯、隧道灯等基本都外加了一层平板玻璃。而这层玻璃不可避免地要造成约 10% 的光通量的损失。所以有些路灯、隧道灯厂家就把灯具内的透镜设计加工成一个整体。这样，灯具整体效率可以提高 10% 以上，非常有意义。而当前的透镜多为外表面配光，最广泛的就是类花生壳形状，所以不可避免地做成一整块后表面不平整，凸凸凹凹，如图 14.23 所示。这样一方面由于道路上风沙、灰尘较多，而这些粉尘易积聚在凸凹的间隙内，降低效率，还会影响配光；另一方面，在维护上也不方便，间隙内擦拭也困难。因此，外表面平整光滑会更加具有优势。

为了能做到光学透镜一体化并且外表面光滑平整，可以设计内表面配光的透镜。下面以 LED 路灯为例讲述。

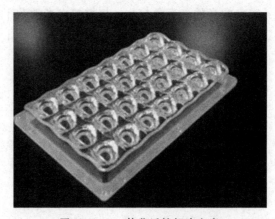

图 14.23　一体化透镜解决方案

　　每颗 LED 出射光线分为两部分，一部分为内表面调制光线，另一部分为大角度的全反射光线。如图 14.24 所示，全反射光线只占 LED 总光通量较少的比例，只要合理地设计透镜侧面，使得大角度光线发生全反射即可。由于该透镜的特点是外表面是平面，所以主要起光线调制作用的是内表面。透镜的长轴方向主要是让出射光线光束角增大，使得配光曲线成较大角度的蝙蝠翼照在目标面的轴向上，所以透镜中间薄两边厚。而透镜的短轴方向主要是让光线光束角减小，调制光线照在有效的路面上，避免角度太大照到路面外甚至居民家里成为光污染。图 14.25 所示的是内曲面配光透镜的光线图。

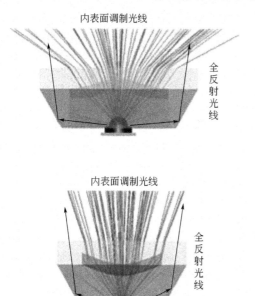

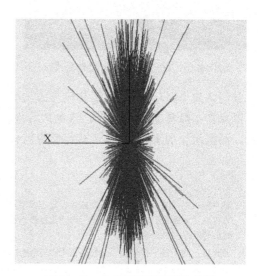

图 14.24　内曲面调光透镜图　　　　　　　　图 14.25　内曲面配光透镜光线图

　　由于外表面是平面，上述的透镜就很容易组合连接成一个整体，如长条形的光学模组。如图 14.26 所示，即为内表面配光透镜组，并且外表面的厚度对配光基本不影响，这就使结构设计很方便了。图 14.27 所示为其相应的光学模组。图 14.28、图 14.29 为点亮的照片及实测配光。

　　这种透镜一体化非常有意义，减少了玻璃 10% 左右的反射损失。而采用内表面进行配光使得结构紧凑，且外表面为光滑的平面，相对于外表面配光的透镜结构有更长的生命周期。

　　随着 LED 光效的快速上升、价格的快速下降，LED 在道路照明、隧道照明等领域的应用得到快速拓展。但 LED 的特点使 LED 灯具包括路灯、隧道灯等多采用与传统光源灯具不同的形式，即整体式灯具。事实上，传统的模组化灯具形式在维护、使用、成本上的优势使

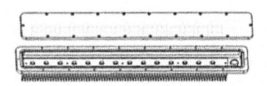

图 14.26　内表面配光透镜组　　　　　　图 14.27　内表面配光的光学模组

图 14.28 光学模组实测配光曲线

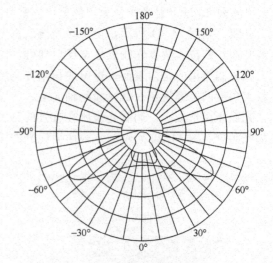

图 14.29 光学模组点亮的照片

得我们认为 LED 灯具的模组化应是大功率 LED 灯具的发展方向。目前，中国的 LED 灯具厂家众多，灯具的形式各异，这也为行业的规范形成了困难。规范化是行业发展的必然选择，而模组化的 LED 灯具形式将使规范化得以实现。

参考文献

[1] 郭一翔，牛萍娟，毛博年．LED 路灯设计和实现 [J]．天津工业大学学报，2006, 25 (6)：41-43, 47.

[2] 韩磊磊，王春青，田艳红．一种白光 LED 投射灯组装结构的热分析 [J]．电子工艺技术，2008, 29 (5)：254-255, 261.

[3] 姜允肃，刘千伟，孙俊等．长江隧道 LED 照明工程 [J]．中国照明电器，2009 (1)：1-5.

[4] 李国钧．大功率 LED 绿色节能灯的应用 [J]．汽车实用技术，2010 (4)：100-103.

[5] 李志强，吴冠．LED 灯在公路隧道照明中的节能应用 [J]．中国交通信息产业，2009 (12)：108-110, 119.

[6] 刘磊实，林卫，王鹏展．LED 光源在城市隧道照明中的应用与分析 [J]．照明工程学报，2010, 21 (3)：50-55.

[7] 刘木清，李文宜，张万路等．LED 在上海长江隧道工程中的应用：海峡两岸第十五届照明科技与营销研讨会 [C]．天津：2008.

[8] 刘向，马小军，臧增辉．LED 隧道灯的应用分析 [J]．照明工程学报，2009, 20 (z1)：80-82.

[9] 汪飞佳．LED 路灯目前存在的问题及未来的发展前景 [J]．照明工程学报，2012, 23 (4)：97-99.

[10] 王剑涛，章世贵．LED 工矿灯的创新运用 [J]．科技创新导报，2012 (34)：239, 241.

[11] 闫静，陈建新．大功率 LED 在路灯中的应用研究 [J]．照明工程学报，2009, 20 (z1)：26-29, 16.

[12] 严其艳，刘勇求．LED 路灯技术探讨 [J]．科技致富向导，2011 (24)：134.

[13] 余桂英，朱旭平，胡锡兵．一种高功率 LED 射灯的散热设计与实验研究 [J]．半导体技术，2010, 35 (5)：443-446.

[14] 张兴军，顾慧，崔中发等．大规模 LED 隧道灯控制的实践和探讨 [J]．中国照明电器，2011 (1)：26-30.

15章

LED的信号显示与背光应用

15.1 ▷▷▷▷▷▷▷▷▷ LED 交通信号灯

道路交通信号灯（以下简称信号灯），就其本身的作用而言，主要是给道路使用者发出一个明确清晰的信号，以便于道路使用者能够正确地判别，选择其使用的道路。因此，交通信号灯最关键的技术性能在于其光强和色度。

随着 1994 年我国道路交通信号灯标准 GB 14887 的制订，使得我们的信号灯产业有了较为规范化的管理。但由于道路交通的改善、高等级公路的飞速发展，车辆行驶的速度也有了相应的提高，在一些交通比较发达的地区，对信号灯的技术规范要求已比以前更为严格。

在 LED 出现以前，交通信号灯基本上都采用白炽灯，是由电源、反光碗和灯壳以及有色配光镜和光源等部分组成的。交通信号灯包括红、绿、黄三色信号。

由于白炽灯是在可见光区的连续光谱，因此红、绿、黄三色的产生是在白炽灯前面增加相应颜色的滤光片。可以想像，本来发光效率就很低的白炽灯，要产生三种颜色的光而采用滤光片后，效率是非常低的。在 LED 出现之后，由于很快生产出成熟的红光 LED、绿光 LED 及黄光 LED，因此用作交通信号灯时可以直接采用。早期的 LED 发光效率非常低，在它达到与白炽灯流明效率相当的时候，用作交通信号灯可以实现 90% 以上的节能。如图 15.1 所示。

(1) LED 交通信号灯相较传统信号灯的优点

① 可见度佳。

LED 交通信号灯在持续光照、雨淋、灰尘等恶劣的条件下，仍能保持较好的可见度及性能指标。LED 发出的光是单色光，并有一定的发散角，由此可以摒弃传统信号灯中使用的非球面反光镜。LED 的这个特点解决了传统信号灯存在的幻象（俗称假显示）和色片褪色问题，提高了光效。

图 15.1 LED 交通信号灯

② 节能。

LED 交通信号灯的显著特点是节能。尽管单个交通信号灯的功率不大，但以交通信号灯的数量来说，这个节能的总量是非常可观的。同时，较低的能量也避免出现维修人员烫伤问题。

③ 寿命长。

灯的工作环境相对比较恶劣，严寒酷暑、日晒雨淋，因而对灯具的可靠性要求较高。一般信号灯用白炽灯泡的平均寿命是 1000h，低压卤钨灯泡的平均寿命是 2000h，由此产生的维护费用很高。LED 交通信号灯 LED 寿命长，且无灯丝，不会因为振动而导致损坏，同时由于发热低，玻璃罩破裂也将不再成为问题。

④ 响应快。

LED 交通信号灯响应时间快，从而减少交事故的发生。

基于以上特点，现在我国交通信号灯已经基本都采用 LED 了。可以这么说，交通信号灯是 LED 发展之初最成功的应用之一。

(2) LED 交通信号灯的主要评价指标

① 色度性能　LED 交通信号灯由红、绿、黄三色 LED 组成，其典型光谱峰值波长分别为红色 660/630nm、黄色 590nm 和绿色 550nm。各国对信号灯色的性能要求不同，一些学术机构如国际照明委员会（CIE）等都对此作出了规定。国标 GB 14487—94《道路交通信号灯技术条件及测试方法》对信号灯色度的规定见表 15.1。

表 15.1　交通信号灯颜色色品坐标

颜色		色度坐标			
		Q	R	S	T
红色	x	0.665	0.645	0.721	0.735
	y	0.335	0.335	0.259	0.265
		K	L	M	N
黄色	x	0.560	0.546	0.612	0.618
	y	0.440	0.426	0.382	0.382
		a	b	c	d
绿色	x	0.305	0.321	0.228	0.028
	y	0.689	0.493	0.351	0.385

② 光强和视角性能　国家标准对信号灯光强的要求是：红色信号的光强不小于 200cd，对黄色和绿色信号的光强没有规定。

除了以上两方面外，还有寿命、灯具的防护性能等指标。由于交通信号灯技术较为简单，且已经为成熟的市场应用，因此本书不做过多的介绍。其发展有与显视屏监控等结合的趋势。

>>>>>>>> 15.2　LED 背光源

(1) 背光源技术简介

背光源对于大多数人来说是一个陌生的概念。所谓背光源（back light unit，BLU），是位于液晶显示器（liquid crystal display，LCD）背后的一种光源，它的发光效果将直接影响到液晶显示模块（LCM）的视觉效果。LCD 为非发光性的显示装置，本身并不发光，它显示图形或字符是对光线调制的结果，需要借助背光源或者前照光才能实现显示的功能。利用前照光在白天自然环境中，LCD 的视觉对比度是很低的，因而目前大多采用背光源。

在应用 LED 之前，主要有 CCFL 及 EL 两种背光源。冷阴极荧光灯（CCFL）提供了大型 LCD 所需的亮度和寿命（以及灯光控制能力），寿命也较长，因而其很长时间是 LCD 背光源的主流。但是它在寿命期间的光与颜色的变化、所具备的色域空间、光源形状与尺寸大小等方面都不如 LED，所以很快被 LED 取代。电致发光（EL）背光源体薄量轻，提供的光线均匀一致。它的功耗很低，但要求的工作电压为 80～100VAC，寿命只有 3000～5000h，且在更高的亮度水平上使用寿命将大为缩短。

尽管如此，在 LED 出现之前，CCFL 与 EL 仍然是当时最优秀的背光源。直到 LED 出现，这种局面才彻底改变。

（2）LED 背光源的优势

LED 是一种引人注目的 LCD 背光源，尤其是在以红光、绿光、蓝光 LED 构成白光时，能够改进显示屏前的颜色与亮度性能。LED 背光源的工艺过程是将 LED 点光源转化为发光均匀的面光源。而 CCFL 是一种线状光源。与 CCFL 和 EL 相比，LED 背光源具有如下优点。

① LED 背光源有更好的色域。其色彩表现力强于 CCFL 背光源，可对显示色彩数量不足的液晶技术起到很好的弥补作用。

② LED 的理论使用寿命可长达 10 万小时，实际寿命也可达 3 万小时以上。即使每天连续使用 10h，也可以连续用上 10 年，大大延长了液晶显示器的使用寿命，可获得对等离子技术压倒性的优势。

③ LED 的特点使其作为背光源可以实现大范围的亮度调整，实时地进行颜色管理，同时 LED 快速的响应特性便于显示动态图像。

④ LED 作为背光源，尺寸可以很薄，减小了整个显示器件的尺寸。

⑤ 安全。LED 使用的是 5～24V 的低压电源，十分安全，供电模块的设计也较为简单。

⑥ 环保。与 CCFL 相比，LED 光源没有任何射线产生，也没有水银之类的有毒物质，可谓是绿色环保光源。

⑦ 抗振。平面状结构让 LED 拥有稳固的内部结构，抗振性能很出色。

正是基于以上压倒性的优势，目前的 LCD 背光源几乎都采用 LED。

表 15.2 为 CCFL 背光源与 LED 背光源的性能比较。

表 15.2　CCFL 背光源与 LED 背光源的性能比较

性能	CCFL.BLU	LED.BLU
色彩还原性	一般(75%)	很好(>105%)RGB
寿命	好(5000h)	很好(100000h)
污染	差	好(无汞)
启动方式	一般	好
响应速度	一般(ms)	很好(ns)
功耗	好	一般
发光效率	很好	好

(3) 三种主要的 LED 背光源技术形式

根据光源分布位置的不同，分为侧光式白光 LED 和直下式白光 LED 及直下式 RGB-LED。

① 侧光式白光 LED 背光源　在液晶显示设备日趋薄型化的要求下，背光源的光源部分往往被放在侧边，就是所谓的侧背光，这样可以最大限度地减小整个结构的厚度。侧背光利用全反射光学原理，让光能顺着导光板方向传导。图 15.2 所示为侧光式 LED 背光源基本结构。侧光式 LED 背光源结构紧凑，反射膜的作用是将导光板下溢出的光进行反射，使得 LED 发出的光能充分利用，实际应用中应尽可能选用反射率高的反射膜，使光利用率最大化，从而提高背光源的输出亮度。导光板则是将 LED 点光源发出的光转变成面光源，有印刷型和非印刷型（射出成型）两种导光板形式。导光板的质量将直接影响到产品的亮度及均匀性，这要求对导光板进行几何光学设计，它是侧光式 LED 背光模组的重要部件，入射光的损耗主要发生在导光板材料的效率上，包括导光板本身的吸收与出射在其他方向上的光线的损失。实验证明，聚甲基丙烯酸甲酯（PMMA）是目前最理想的导光板材料。导光板扩散点的设计一般距光源距离从疏到密。侧光式背光源发光效率较高，但发光区域受限制，在尺寸超出极限范围时，发光均匀性大大降低。扩散膜用于提高背光源产品正面的亮度，使从导光板发出的光分布更加均匀，从而人眼从正面看不到反射点的影子。棱镜膜的作用是让分散的光集中在法线附近 70°范围内出光，因为只有沿法线附近发出的光才能对 LCD 的显示予以帮助。出光方向在 70°之外的光要求被反射回来再次利用，通过不断地反射改变光的方向，使原来分散的光线集中于一定的角度内并从背光源中发出，达到聚光的效果，以提高正面的亮度。增亮膜是将对 LCD 显示不起作用的部分偏振光予以充分利用。增亮膜允许 P_1 偏振光通过，而将 P_2 偏振光反射回来重新利用，不仅可以增加亮度，而且有利于进一步提升均匀性和显示效果。

对于小尺寸的 LCD，常采用侧光式 LED 背光源结构，这样可以减小 LCD 整个模组的厚度。这是侧光式 LED 背光源的主要优势。

② 直下式白光 LED 背光源　侧光式 LED 背光源应用在大尺寸的 LCD 上时，导光板重量和成本会随着尺寸增加而增加，并且发光均匀性和发光亮度不理想；而直下式 LED 背光源表现则比较好。直下式 LED 背光源工艺相对简单，不需要导光板，是将光源（LED 晶片

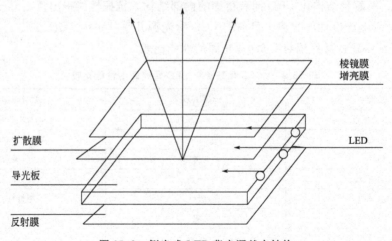

图 15.2　侧光式 LED 背光源基本结构

阵列）及 PCB 置于背光源底部，光线从 LED 射出后，通过底部的反射膜，再通过表面的散射板、增亮膜均匀地射出。在底部光源上涂布一层含有散射剂的导光胶，导光胶厚度视腔体高度和导光胶特性而定，主要起两个作用：提高亮度均匀性；保护 LED 晶片。背光源的厚度由反射膜与散射板之间的腔体高度决定。理论上在符合安装要求及发光亮度的前提下，腔体高度越大，光线从散射板射出的均匀性越好。直下式 LED 背光源的结构见图 15.3。直下式背光源技术的关键是控制亮度均匀性、提高发光效率。散射膜与 LED 光源之间须预留一定的空间，以提高亮度均匀性，故直下式背光源的厚度相对较厚。因光源数量多，其发光亮度和功耗均大于侧光式背光源。在大面积、高亮度的 LED 背光产品设计时，应考虑模块散热装置。图 15.4 所示是直下式 LED 背光源 LCD 模块示意图。

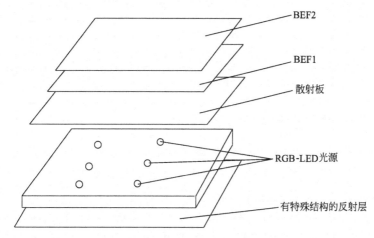

图 15.3　直下式 LED 背光源结构

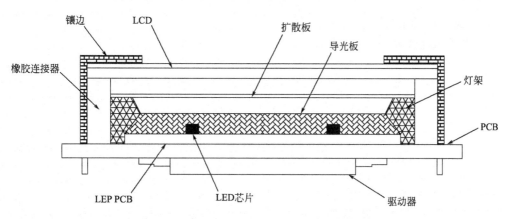

图 15.4　直下式 LED 背光源 LCD 模块示意图

③ 直下式 RGB-LED 背光源技术　LED 背光源的应用范围正在日益扩大，从手机、DV、数码相机到笔记本电脑，再到电视机，其无所不在。尽管白光 LED 背光技术可以获得较好的色域，但采用白光 LED 背光源时仅仅将 LED 当做白光使用，即替代 CCFL，再通过彩色薄膜滤光技术实现颜色的再现，这种做法没有真正用到 LED 良好的单色性，以及通过这种良好的单色性组装各种颜色从而获得更大的色域空间的能力。而 RGB-LED 背光源技术正是利用 RGB 三色混合产生各种颜色的特点，因而具有更大的色域空间，有报道称其已经可以实现 150％ NTSC 的色域。采用这种方法获得的色域将比采用 CCFL、白光 LED 背光

源都大。

RGB-LED背光源技术的另一个很吸引人的技术优势是可以采用区域动态技术而获得很大的亮暗比。

但是，RGB-LED技术由于制造工艺复杂，因而价格很高，目前仅用于极少数高端产品。

以上是三种主要的LED背光源形式。随着LED技术而发展起来的背光源技术，目前尚未成熟，新的技术形式也在不断地推出，如场序RGB-LED技术等。尽管如此，LED背光源具有寿命长、亮度高、色再现率高、不怕低温、无汞污染等优点，这使得LED背光源获得了多种应用，包括手机、电视、电脑等，特别是LED背光源在电视中的应用，近年来更是获得了很大的发展。

15.3 LED电视背光源

15.3.1 电视背光源的主要要求

由前文可知，背光源是透射式液晶显示器件中最重要的部件之一，它对于LCD的亮度、分辨率、灰度及对比度、功耗乃至显色性等重要性能都有着重要的影响。LCD因不同的用途而需要有不同的尺寸。例如电视需用20in以上的大尺寸LCD，而手机则要求使用5in以下的小尺寸LCD。不同尺寸的LCD对背光性能的要求是各不相同的。由于背光源的功耗在LCD中占有很大的比例，而且背光源所产生的热量也会对LCD的性能产生不良影响，所以需认真对待。在大尺寸LCD中，背光源还需要解决发光均匀度的问题。

大尺寸LED背光源的主要指标如下。

(1) 亮度及均匀性

亮度高低是评价背光源性能的一个重要指标。基于LCD显示屏的工作特点，只有LED背光源达到一定的亮度，才能使LCD显示屏正常工作，且使亮度达到要求。按照IEC61747-6液晶和固态显示器标准，亮度测试是在温度为25℃±2℃环境、额定工作电流下点亮，待样品稳定后，用亮度计测量样品各点法线方向的亮度。

侧光式白光LED背光源的亮度除与LED器件的功率、光效、采用LED器件的多少等有关外，还与导光板的质量相关。导光板的质量是决定光均匀性的主要因素。实际上，侧光式LED背光源常出现"X"形光分布，即边缘光强较高，中间偏低。

直下式白光LED背光源及直下式RGB-LED背光源的亮度均匀性除与LED器件的功率、光效、器件的多少有关外，还与LED器件的排布方式及器件与LCD的距离有关。这些可以通过照明设计软件进行模拟，如图15.5所示。

(2) 颜色质量

采用LED背光源，将LED当做白光使用，即替代CCFL，再通过彩色薄膜滤光技术实现颜色的再现，可以获得比CCFL大的色域空间。但这种做法完全没有利用LED单色性好的特点。实际上，RGB-LED背光源就是通过红、绿、蓝三色LED的良好单色性获得很好的颜色再现（图15.6，彩图15.6）。采用这种方法获得的色域将比采用CCFL的背光源大出许多。

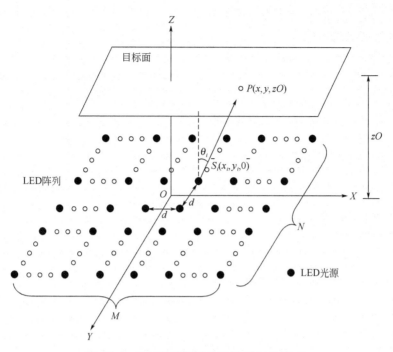

图 15.5　通过照明设计软件模拟 LED 阵列

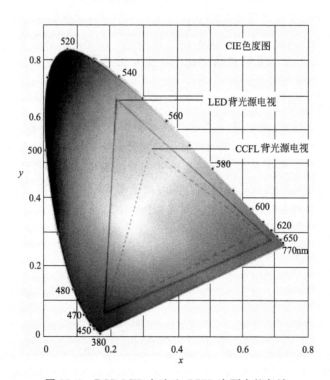

图 15.6　RGB-LED 方法比 CCFL 有更大的色域

（3）背光源的厚度

　　背光源的厚度本来并不是技术指标，但是随着 LED 技术的进步，带动了 LED 背光源技术的应用，背光源乃至电视的厚度作为一项很重要的指标受到消费者的重视。因此，其也成为衡量 LED 背光源的指标。侧光式 LED 背光源可以获得较小的厚度，有报道称已经小于

3cm。直下式 LED 背光源的厚度总体要大些。

（4）LED 背光源的能耗

LED 背光源的能耗占 LED 与 LCD 组合件总能耗的大部分。因此，在实现相关的照明指标下，消耗的功率成为一个重要指标。特别是由于功率中无效的部分往往转化为热能，而这将影响 LED 的使用。因此，LED 背光源的能量效率指标显得更加重要。

除以上指标外，还有寿命、光衰等，这些与一般 LED 灯具相同。

15.3.2 LED电视背光源的主要技术难点

尽管 LED 背光源技术弥补了 CCFL 技术的一些缺陷，但其技术仍然处于发展之中，有很多问题有待进一步解决。

（1）散热

在 LED 技术中，散热是一个比较大的问题。对于 LED 背光源而言，尺寸越大的 LED 背光源采用的 LED 也越多，这必然导致温度越高，因此现在开发设计电视 LED 背光源产品，所要面对的一个重要问题就是散热问题。然而目前用于电视 LED 背光源中的 LED 功率都较高，热量若不能散出，将影响电路元器件性能，降低 LED 的发光效率，并造成液晶工作不稳定。直下式 LED 电视背光源有一定的混光高度，对散热有一定的帮助。设计时，在整个 LED 板上相应地做散热板，达到散热效果。而现在开发量产的大尺寸 LED 侧发光式背光源，要求灯条数量减少，灯的功率加大，对 LED 灯条的散热要求更高。目前的技术是灯条使用铝基板，灯条在组装到背光源上时需要散热条，结构方面要配合。今后的发展趋势集中在 LED 发光效率上，发光效率越高，就能将更多的电能转化为光能，而不是热量，从而减少散热的压力。

（2）萤火虫现象问题

LED 为接近点光源的光源，其发光强度接近朗伯分布。一般其最中心的发光光强最大。采用多颗非连续的点光源 LED 排列成线状后形成光亮条块，这样的背光源形成亮暗交替现象，即 Hot Spot，成为所谓的萤火虫现象，明显的强弱光区看似一只只萤火虫发光状。如图 15.7 所示。萤火虫现象使得实际画面形成缺陷。同时由于是 LED 点光源，经过有导向性的媒介后会形成有方向的光束，有 LED 的部位就会有光束出现，多个光束排列也会加重 Hot Spot。

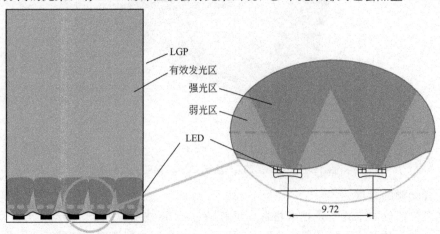

图 15.7　萤火虫现象示意图

（3）发光效率低

进一步提高 LED 背光源的发光效率是必要的。如前面分析，这一方面是节能，同时也是减少散热的压力。当然这将随着 LED 技术的进步而进步。

参考文献

［1］ Anandan M. Progress of LED backlights for LCDs ［J］. Journal of the Society for Information Display，2008，16（2）：287-310.

［2］ Kakinuma K，Shinoda M，Arai T，et al. 33. 1：Invited Paper：Technology of Wide Color Gamut Backlight with RGB Light-Emitting Diode for Liquid Crystal Display Television ［C］. SID Symposium Digest of Technical Papers. Blackwell Publishing Ltd，2007，38（1）：1232-1235.

［3］ Sugiura H，Kaneko H，Kagawa S，et al. 41. 4：Late-News Paper：Wide Color Gamut and High Brightness Assured by the Support of LED Backlighting in WUXGA LCD Monitor ［C］. SID Symposium Digest of Technical Papers. Blackwell Publishing Ltd，2004，35（1）：1230-1233.

［4］ Han J M. Regular Paper：Electric-optical Characteristics of Backlight Unit with LED Light Source in Low Temperature Condition ［J］. Trans. Electr. Electron. Mater.（TEEM），2007，8（2）：93-96.

［5］ Martynov Y，Konijn H，Pfeffer N，et al. 43. 3：High-efficiency Slim LED Backlight System with Mixing Light Guide ［C］. SID Symposium Digest of Technical Papers. Blackwell Publishing Ltd，2003，34（1）：1259-1261.

［6］ Folkerts W. 41. 3：Invited Paper：LED Backlighting Concepts with High Flux LEDs ［C］//SID Symposium Digest of Technical Papers. Blackwell Publishing Ltd，2004，35（1）：1226-1229.

［7］ West R S，Konijn H，Sillevis-Smitt W，et al. 43. 4：High Brightness Direct LED Backlight for LCD - TV ［C］. SID Symposium Digest of Technical Papers. Blackwell Publishing Ltd，2003，34（1）：1262-1265.

［8］ 童林凤. 背光源的发展趋势（第一部分）［J］. 光电子技术，2006，26（2）：73-79.

［9］ 童林凤. 背光源的发展趋势（续完)(第二部分)［J］. 光电子技术，2006，26（3）：145-153.

［10］ 包勇强，邹永良，邱红桐. LED 在交通信号灯中的应用及其评价 ［J］. 公安大学学报，2000（4）.

［11］ 陈仁军. 特种液晶显示器背光源研究 ［J］. 光电子技术，2010，30（3）：211-215.

［12］ 方志烈. 第三代 LED 交通信号灯 ［J］. 真空电子技术，2000（5）：25.

［13］ 季旭东. 液晶显示器件的背光源新技术 ［J］. 灯与照明，2006，30（4）：50-52.

［14］ 刘毅清. 提高 LED 背光源质量的研究 ［J］. 现代显示，2009（12）：25-28.

［15］ 王晓明，郭伟玲，高国等. LED 用于 LCD 背光源的前景展望 ［J］. 现代显示，2005（7）：24-28.

［16］ 杨东升. LED 背光源现况与展望 ［J］. 现代显示，2011（5）：27-31.

［17］ 周晶晶，张永利，李阳等. 场序彩色液晶显示器用 LED 背光源的研究 ［J］. 光电子技术，2004，24（3）：174-176.

［18］ 刘敬伟，王刚，马丽等. 大尺寸液晶电视用 LED 背光源的设计与制作 ［J］. 液晶与显示，2006，21（5）：539-544.

［19］ 梁萌，王国宏，范曼宁等. LCD-TV 用直下式 LED 背光源的光学设计 ［J］. 液晶与显示，2007，22（1）：42-46.

第 **16** 章

LED的非视觉应用

16.1 光源的视觉与非视觉应用

随着 LED 光效的提高与价格的下降，LED 的应用领域越来越广泛。除了应用于人眼视觉功能外（包括显示、指示、普通照明等），还有不是人眼视觉功能的应用，称为非视觉应用。

(1) 视觉功能应用

光源发出的光是一种辐射量，衡量指标为辐射通量、辐射强度、辐射亮度等，是辐射度学的范畴，它们是客观的物理量，单位是建立在功率单位瓦之上的，为瓦、瓦/立体角、瓦/平方米/立体角。光源的视觉功能应用主要指光源为照明、指示、显示所用，这些应用的目的都是让人眼看清楚东西。在这些应用中，应关注光源的光度学、色度学参数，前者包括光通量、发光强度、亮度等指标，后者包括色度坐标 x、y、z 以及显色指数 Ra、色温等。在辐射度学中，所有波长的光是等价的，实际上，辐射度学相当于只关注能量，不关注不同波长的光在各种应用中所产生的不同效果。在光度学中，不同波长的光对人眼的强度刺激是不一样的，这个不同波长的加权就是人眼视见函数（光谱灵敏度函数）$V(\lambda)$。在色度学中，以三刺激值表示颜色、不同波长的光辐射量，通过三个颜色函数 $x(\lambda)$、$y(\lambda)$、$z(\lambda)$ 加权。图 16.1 为人眼视见函数，图 16.2 为 CIE1931 色度空间三刺激值函数（参见彩图 16.2）。

光源的所有视觉应用都是建立在光度学、色度学基础之上的应用。

(2) 非视觉功能应用

光源包括自然光源如太阳，以及各种人造光源，人类视觉功能从来就不是光源唯一的应用。"万物生长靠太阳"，太阳除使人眼看清世界，另一方面，植物的生长基础光合作用依靠的也是太阳光，绝大多数动物也需要有阳光才能正常生长。人造光源也一样，除用于视觉功能外，也可用于非视觉的功能，如农业补光、光化治疗、激光切割等，在这些应用中，不再与人眼的感官有关，可以笼统的称作光源的非视觉应用，它们不再关注光谱灵敏度函数 $V(\lambda)$ 及色度三刺激值函数 $x(\lambda)$、$y(\lambda)$、$z(\lambda)$。

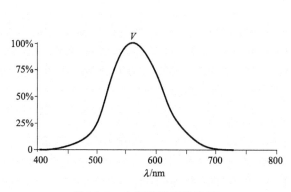

图 16.1　人眼视见函数 $V(\lambda)$

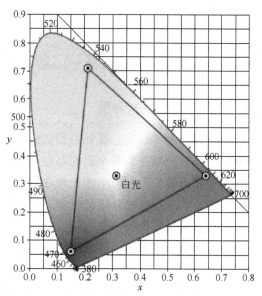

图 16.2　CIE 三刺激值函数 $x(\lambda)$、$y(\lambda)$、$z(\lambda)$

　　光源的非视觉应用很多。在一些应用中，不同波长的光的作用强度是一样的，这类应用无所谓波长加权。而在另外一些应用中，不同波长的光的作用强度不一样，也就是具有选择性加权。可以想见，在这些应用中，需要有与人眼视见函数 $V(\lambda)$ 对应的波长加权函数。理论上，这些不同的应用可以诞生很多科学分支，如把与人眼的视觉应用对应的称作光度学、色度学，为区分起见，可称作人眼光度学、人眼色度学，而把用作牛视觉应用的称作牛眼光度学、牛眼色度学，把用于大豆光合作用的称作大豆光合学……至于没有波长选择性的应用，就不需要新的学科分支了，辐射度学就够了。

　　以上阐述了光源的视觉与非视觉应用。由于在 LED 产生前，人类的光源除自然光源太阳外，人造光源特别是有实际意义的电光源主要包括热辐射光源、气体放电光源。由于这些光源的尺度空间极其不灵活，光谱也基本是固定的几种形式，光源的非视觉应用有限，或者即使有应用，也不存在与人眼光度学对应的科学研究价值，因而实际上光源的非视觉应用也无需专门去区分。笔者特意请教过国际电光源委员会主席 Devonshire 博士有关 lighting 与 illumination 的差别。与我们一样，从一般语言意义来说，两者是不严格区分的。从词根意义上也是不可以严格区分的，lighting 为 light＋ing，即产生光或者光传播中，而 illumination 的词根为 lum，是产生光的意思。但多少年来，illumination 基本上只被照明科学（人眼视觉）专业人员所使用。作为本书的最后一章，我们讲解 LED 的非视觉应用，主要是由于 LED 的高度灵活性，未来在非视觉领域有很大的应用前景。或许将来 lighting 将包含光的视觉与非视觉的概念，而 illumination 仅指视觉应用的概念。而在中文中，照明将成为与 lighting 对应的概念，而视明将成为与 illumination 对应的概念。

　　本书的第 1 章讲解了 LED 在光谱空间、尺度空间及时间空间的高度灵活性，这些成就了 LED 似乎可以作为光源在这些空间里以"原子"的形态存在。因为可以用多个 LED 去拼接出各种所需要的光谱、发光时序及光源形状，可以说，LED 有广阔的应用前景。本章将讲解 LED 的三个典型的非视觉应用，即种植业补光、生物光介入治疗及可见光通信。

16.2 LED 用于种植业补光

16.2.1 植物补光背景

近年来，随着红光、蓝光和远红外光等大功率单色光 LED 技术的不断发展，其在农业领域的应用正逐渐受到各个研究单位及企业的广泛关注。LED 不仅具有光源体积小、光效高、寿命长、波长范围窄于冷光源等优点，而且可根据植物所需来选择特定波长进行照射，具有针对性，实现补光环境的可调，较传统的光源具有明显的优势。

我国作为世界上的农业大国，以仅占世界 7% 的耕地养活了占世界 22% 的人口。农业在我国国民经济中有着重要的地位。但是目前我国大部分农业仍然使用着传统的粗放式种植方式，成本高、效率低、存在污染。高效节能无污染的新型农业种植技术成为了当前国民经济中亟待发展的一环。近些年来，随着大功率 LED 技术的不断发展，使得红光、蓝光和远红外光等大功率单色光 LED 的技术越来越成熟。由于大功率单色光 LED 具有光源体积小、波长可选择、辐射中无红外光等特点，因而在种植业补光中较传统光源有着明显的优势。因此 LED 光源在农业种植业领域的应用具有良好的发展前景。值得一提的是，其在养殖业一样具有很大的应用前景，但本书仅以种植业为例讲解。

"光、温、水、肥、气"是植物生长发育所需的主要环境因素，每个因素在植物的生长过程中都发挥着重要作用。在这个五个因素中，"光"居首位，光对植物的生长、形态建成、光合作用、物质代谢以及基因表达均有调控作用。光不仅是植物进行光合作用的能量源，也是光形态形成的信号源。近些年来，随着大气环境污染的日益加剧，大气透明系数不断下降，致使地球表面接受的太阳辐射日趋减少，如图 16.3 所示，这难以满足植物正常生长需求；且由于耕地的不足和出于效率的考虑，目前大部分的蔬菜及部分水果在大棚中种植，在冬季和早春季节的阴雨天，大棚内的光照强度一般只有 1000～2000lx，而阴性植物需要 500～2500lx 的光照射，中性植物则需要 2500～3000lx 的光照射，由于植物在光补偿点以下没有净光合作用的积累，从而导致植物生长受到抑制。因此，基于植物生长发育合理需求的人工光源及其智能控制系统的研发和应用，成为农业领域中亟待发展的一环。

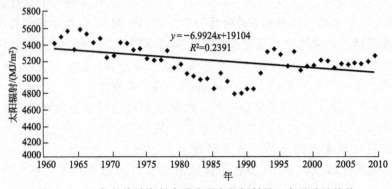

图 16.3　50 年的统计资料表明我国太阳辐射量正在递减的趋势

表 16.1　光谱范围对植物生长的影响

波长	影响
280～315nm	对形态与生理过程的影响极小
315～400nm	叶绿素吸收少,影响光周期效应,阻止茎伸长
400～520nm	叶绿素与类胡萝卜素吸收比例最大,对光合作用影响最大,蓝色波长有利于植物长叶
520～610nm	色素的吸收率不高
610～720nm	叶绿素吸收率高,对光合作用与光周期效应有显著影响,红色则有利于开花及结果
720～1000nm	吸收率低,刺激细胞延长,影响开花与种子发芽

不同波长的光对植物的生长发育、种子萌发、叶绿素合成及形态形成的作用是不一样的，如表 16.1 所示。

太阳辐射光谱不能全被植物吸收。植物吸收用于光合作用的辐射能称为生理辐射，主要指红橙光（波长 $760～595\mu m$）、蓝紫光（波长 $435～370\mu m$）。红橙光被叶绿素吸收最多，光合作用活性最大，蓝紫光的同化效率仅为红橙光的 14%。如图 16.4 所示，红橙光有利于叶绿素的形成及碳水化合物的合成，加速长日照植物的生长发育，延迟短日照植物的发育，促进种子萌发；蓝紫光有利于蛋白质合成，加速短日照植物的发育，延迟长日照植物的发育。紫外光有利于维生素 C 的合成。

在诱导形态建成、向光性及色素形成等方面，不同波长的光作用也不同。如蓝紫光抑制植物的伸长，使植物形成矮小的形态；而红光有利于植物的伸长，如用红光偏多的白炽灯照射植物，可引起植物生长过盛的现象。青蓝紫光还能引起植物的向光敏感性，并促进花青素等植物色素的形成。紫外光能抑制植物体内某些生长素的形成，以至于植物的白天生长速度常不及夜间。生长期内生长素受侧方光线的影响，在迎光一面生长素少于背光面，造成背光面生长速度快于迎光面，产生所谓植物向光运动。

植物补光照明中，由于各种植物对不同波长光的敏感性可能不同，而目前又缺乏权威的曲线，因此目前都是以光量子密度单位进行衡量。对于用于植物照明的光源，我们关心在目标平面上单位面积能够获得光子的数量，这个数量称为光量子密度，对于特性光源，它是一个与光源空间位置相关的量。在植物照明中，我们更关心能够应用到光合作用中的光子的数

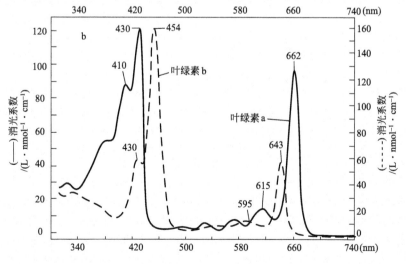

图 16.4　不同波长的光照对植物叶绿素形成的影响

量，因此将光的波段缩小到 400～700nm 之间。400～700nm 波段的光落到单位面积上单位时间内的光子数量称为光量子密度，用 PPFD 表示，单位为 $\mu mol \cdot m^{-2} \cdot s^{-1}$。

16.2.2　LED 进行植物补光的优势

在使用 LED 之前，植物补光领域主要采用荧光灯及金属卤化物灯做为人工光源。与这些传统光源相比，采用 LED 补光具有如下优势。

① LED 光谱的灵活性使其可以有针对性地对植物进行补光。由于植物种类繁多，每种植物的光合作用对光谱的敏感性可能不同，而且在不同植物不同的生长期，对光谱的敏感性也可能不同。但是传统光源的光谱几乎是固定的，而且总体上就那么几种光谱，因而不能根据植物的要求选择最佳光谱进行补光。但是 LED 是光谱非常灵活的光源，理论上通过多个LED 的组合可以产生任何需要的光谱。同时由于 LED 属于体积非常小的光源，可以考虑将不同光谱的 LED 集成在一个补光灯具内，通过控制技术实现在不同时间段选用最佳的光谱对植物进行补光。这样做既节约能源，同时由于补光效率的提高，可以使用较小功率的LED 光源，从而降低了环境的总热量，使环境使用的空调功率下降，进一步降低了补光的耗电，节约了成本。

② LED 调光。LED 是很容易实现调光的，这样可以针对不同的植物进行最优化的补光。同时，如果补光灯具采用红光、蓝光组合在一起，可以通过调光实现不同的红蓝比。另一方面，LED 良好的调光特性决定了 LED 进行补光时，可以采用恒定辐射强度的方法，也可以采用脉冲式辐射光强的方法，甚至可以采用其他光辐射形式，具体采用哪种方式应根据植物而定，目前正在研究当中。

③ LED 辐射中不含红外光谱。LED 的这个特性使得用 LED 补光时，可以根据需要将LED 放得离植物很近，增加了补光能量的利用效率，且由于 LED 接近点光源的特性，可以通过光学设计获得各种需要的配光对植物进行补光。

④ LED 灯具寿命长。理论上 LED 寿命长达 10 万小时，实际已经超过 3 万小时，是传统光源的 3 倍以上。因此，采用 LED 补光可以节能维护成本。

采用 LED 补光照明，并采用水培系统，空气能够被循环使用，过多的热量和水分可以被移除，电能能够被高效地转变为有效光合辐射，最终转化为植物物质。LED 的以上特点，使其在多种植物补光中获得了应用，如菠菜、萝卜、生菜、番茄、黄瓜、铁皮石斛等。

16.2.3　LED 在植物生长补光领域的研究应用现状

1982 年，日本三菱公司采用波长 650nm 的红光 LED 进行温室番茄补光，这是世界上最早将 LED 用于植物栽培领域的实例。1991 年，Bula 等使用红光 LED 配上蓝光荧光灯作为组培光源，成功栽培了生菜和天竺葵。1996 年，Okamoto 等使用超高亮度红光 LED 与蓝光LED，在蓝光与红光光量子数之比为 1∶2 下可正常培育蔬菜。Tanaka 等利用 LED 进行植物栽培的实用化研究，探讨了脉冲光照射周期与占空比对植物生长的影响，结果表明，占空比达 25%～50%时，可加速植物生长。Lee 等与 Ladislav 等还使用 LED 产生的间歇脉冲光源进行藻类的生产，效果很好。2004 年，Tamulaitis 等开始在温室中运用大功率 LED 栽培植物，使用 640nm 的红光 LED、660nm 的红光 LED、455nm 的蓝光 LED 和 735nm 的远红外光 LED 作温室人工光源，成功栽培了萝卜和生菜。Kozai 等对使用 LED 脉冲光对莴苣的生长以及光合成反应的影响进行研究，结果表明，在周期为 $100\mu s$ 以下的脉冲光条件下生长的莴苣，比连续光照射条件下促进效果提高了 20%，从而证实了采用不同频率脉冲光照射莴苣可加速其生长。魏灵玲等利用红光 LED（660nm）和蓝光 LED（450nm）组合进行了黄瓜的育苗试验，结果表明，LED 的红蓝光质比（R/B）为 7：1 时，黄瓜苗的各项生理指标最优。2010 年，周国泉等以生菜为试材，分别在 3 种不同光质的红、蓝和远红外三色发光二极管组合灯补光条件下和温室自然条件下栽培，结果表明，经适当光质的三色光二极管组合灯补光后，生菜的叶片数、叶片长、叶质量和整个生菜的鲜质量均有明显的增长，生菜叶中的矿物质元素含量有不同幅度的提高，生菜的光补偿点和光饱和点升高，光合能力增强，气孔导度加大，蒸腾速率加快，叶绿素相对含量提高，但胞间二氧化碳浓度略有下降；补光使生菜品质得到了提高，其中以 R：B：FR＝5：1：0.15 时为最佳。吴家森等使用 LED 对萝卜种植进行补光照射，结果表明，与自然光相比，使用 LED 灯补光的萝卜在叶片数，叶片长、宽等指标上并无差异，但有利于肉质根的形成，肉质根鲜重分别增加了 5.93g/株以上。

实际上，植物种类繁多，每种植物对补光的要求可能不同。但由于 LED 光谱的灵活性，使各种补光要求都有可能实现。正因为如此，目前 LED 补光的研究是 LED 在农业领域的一个研究热点。但由于 LED 灯具的价格问题，大面积的推广应用还有待 LED 价格的下降。

由此可见，LED 在植物补光领域有着十分广阔的前景。因此，进一步研究植物生长发育对光的需求特性、规律和光控基准，研发适合于植物的新型高效 LED 照明智能光控技术，为植物生长提供节能高效的光环境，并进一步加大其应用推广力度，是一项具有重要意义的创新性工作。

值得一提的是，LED 在农业中的应用，除了植物补光外，还可以用于动物的补光照明。目前各种应用都在研究之中。同时，另外一个值得关注的是，动植物生长都有病虫或者某些细菌伴随，它们可能在某种光照下会被一定程度地抑制。因此，可以通过 LED 的另一类照明方式，间接地提升农业生产的效率与品质。

>>>>>>>>

16.3　LED 用于医疗领域

近年来，低强度激光（low intensity laser，LIL）在生物研究和临床治疗中得到了广泛的应用。然而随着激光应用面的不断扩大，人们对它提出的要求越来越高，如需要大面积的光束来进行生物育种或对患者的大面积创伤进行光动力治疗（photodynamic therapy，PDT）等。目前开发的所有激光器，包括第一代典型的如 CO_2 激光器、He -Ne 激光器和 YAG 激光器，以及新一代的半导体激光器（semiconductor laser，SL），由于制作原理和应用目的的原因，均存在以下几个固有的特点：输出光的波长有限、光谱半宽峰很窄（只有 1～2nm）以及光束较细。这些特点使激光在生物医学方面的应用受到了一定限制，因此需要开发一种成本低、价格便宜、节电、寿命长、设备简便、波长范围大、光束面积大的新型光源来弥补以上激光器的不足。

但是目前所使用光源，除激光之外，均是各种普通光源。激光与普通光源的主要差别是激光具有良好的相干性、很小的发散角、很高的亮度、很窄的光谱。其中，相干性是所有一般光源没法做到的。Karu 为了揭开低强度激光和可见光的生物刺激差别，通过多年的研究，从动物细胞分子水平上系统地研究了细菌、酵母菌和哺乳动物细胞在低强度激光与可见光作用下的行为，发现光刺激效应主要与波长、照射剂量和照射方式有关，而相干光的条件不是必须的。这为普通光源代替激光进行医学治疗的可行性提供了理论依据，再一次让 LED 登场。

随着半导体技术的飞速发展，各种波长的 LED 开始被广泛应用于各行业，目前 LED 在生物医学方面的应用正日益扩大并呈良好的发展前景。

16.3.1　LED 在医疗领域的主要应用

(1) LED 创伤愈合光疗技术

光照疗法（light therapy）开启了伤口愈合的新纪元。光照疗法的原理是：特定波长的单色光具有影响细胞生物学行为的能力，同时没有明显的损伤作用。过去一直采用激光做为照射光源，然而其由于体积大、价格昂贵、仅能发射出一小光点，从而无法照射大面积的伤口，在临床上的应用受到限制。近年来由于 LED 发光强度的增加，渐渐有研究欲以 LED 取代激光。LED 光源具有体积小、价格相对便宜、可排成阵列应用于大面积伤口照射的特性，同时波长带宽也不大，成为低能光照在伤口愈合应用的优势。最近的动物和细胞实验显示，LED 照射能使人类肌肉和皮肤细胞以 5 倍正常的速度生长。目前国外已有应用 LED 照射促进伤口愈合的前期试验的报道。国内也有多家单位在进行类似的实验。

LED 创伤愈合光疗主要采用红光波段的 LED，强度调整必须适当。

(2) 治疗急性口腔溃疡

对于一些患有白血病的病人，在植入与他们的细胞抗原相匹配的骨髓前，要接受最大剂量的放化治疗以杀死他们体内的瘤变骨髓，由于药物化疗和放射疗法会不加区别地杀死快速分裂的细胞，如口腔黏膜细胞和胃肠道细胞，进而导致严重的胃肠效应（GI effects），这些化疗病人经常会引发急性口腔溃疡，导致咽食困难。有研究使用 688nm LED，当每天病人接受完最后一次化疗后，再接受 $4J/cm^2$ 的 LED 照射剂量，其口腔溃疡的治愈程度比预想得要好。

(3) 治疗其他肿瘤疾病

目前美国食品与药物管理局（FDA）已经批准将以 LED 为基础的 PDT 用于在儿童和成人中治疗脑肿瘤，Photofrin 与 LED 结合已成为当前对肺癌和食道癌的普遍疗法，BPD 与 LED 结合可用来治疗皮肤癌、银屑病和类风湿性关节炎。使用 630nm LED 点阵光源，功率为 $40mW/cm^2$，其治疗效果与传统外科治疗相比，不会产生伤疤和使肢体功能丧失。

(4) 高能窄谱 LED 红光治疗技术

光学治疗——光化学生物效应（非热作用）临床治疗，是在不引起组织细胞损伤，能对全身或局部起到刺激、调节和活化作用的光学治疗方法。传统的红光治疗方法一般采用红色滤光片或 He-Ne 激光。通过滤光片得到红光形成的光谱较宽，损失的能量大，降低了治疗效果。LED 红光治疗的工作原理与 He-Ne 激光有相似之处，但其功率是 He-Ne 激光的几百倍，光斑也是 He-Ne 激光的百倍，故该治疗方法的覆盖面更大，穿透性更强。

16.3.2　LED 在医疗领域的前景展望

目前的研究与实践中不难发现，在光强、波长、实用性和价格等方面，LED 以它固有的优势，完全有可能在未来的生物医学领域部分代替目前的激光，并有希望形成一个专门服务于生物医学领域的 LED 新产业。为了达到这些目的，还需大量的研究工作。在 LED 技术开发方面，需要继续开发出光强更高、发光效率更好的大功率 LED，进一步提高目前 LED 的光输出功率；在基础生物研究和临床基础研究方面仍有大量工作需要完成。由于目前直接研究 LED 与动物细胞作用，尤其是系统研究 LED 作用于人体各类细胞的工作进行得仍比较少，在很多方面几乎是空白，需要做大量的工作。在照射光的选择、照射模式等方面，还有大量的研究工作。总之，LED 用于医学光治疗目前还在起步阶段，但具有广阔的前景。本章所列举的仅仅是医学应用的几个例子。

16.4　LED 用于通信领域

　　高亮度白光 LED 面世后，随着光效的逐步提高，其应用从显示领域逐步扩展到照明领域，并且发展迅速。与传统光源相比，LED 有许多突出优点，其中之一是开关响应非常快，达到纳秒数量级。LED 的这个特点成就了 LED 另外一个传统光源完全做不到的应用领域，这就是 LED 的可见光通信。与视觉照明应用、农业补光应用、医疗光治疗应用等通过 LED 的发光强度获得相应的应用不同，在此应用中，LED 被当作传递信号的载体，以进行超高速数据通信。可见光通信（visible light communication，VLC）是一种在白光 LED 技术上发展起来的新兴的光无线通信技术。和其他光无线通信相比，可见光通信具有发射功率高、无电磁干扰 、无电磁辐射、节约能源等优点，因而可见光通信技术具有极大的发展前景，已引起人们的广泛关注和研究。

16.4.1　LED 可见光通信原理

　　可见光通信技术是指利用 LED 器件的高速发光响应特性，用 LED 发出的用肉眼察觉不到的高速率调制的光载波信号来对信息进行调制和传输，然后利用光电二极管等光电转换器件接收光载波信号并获得信息。可见光通信与 LED 照明相结合构建出 LED 照明和通信两用基站灯。如图 16.5 所示，可见光通信系统的发射端根据传递资料将电信号进行调制，再利用 LED 转换成光信号发送出去，接收端利用光电探测器接收光信号，并经过一系列的处理获得发射端加载的信号。接收端主要包括能对信号光源实现最佳接收的光学系统、将光信号还原成电信号的光电探测器和前置放大电路、将电信号转换成可被终端识别的信号处理和输出电路。

　　这种利用白光 LED 可见光进行照明的同时来传输信息，在室内照明中有广阔的前景。室内可见光（VLC）系统的一种典型设计如图 16.6 所示，由终端、可见光通信适配器、可见光通信集线器、白光 LED 光源、光电探测器及相应信号处理单元组成。系统分为前向链路和反向链路两部分，每部分都包括了发射和接收部分。发射部分主要由白光 LED 光源和相应信号处理单元组成；而接收部分主要由光电检测器和相应信号处理单元组成。

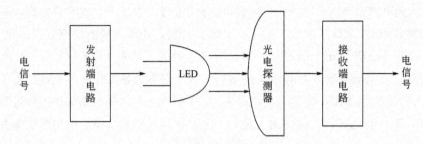

图 16.5　可见光通信系统结构原理图

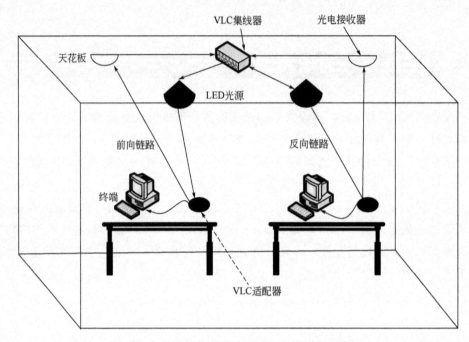

图 16.6　室内可见光通信的无线局域网系统

16.4.2　LED 可见光通信的技术关键

(1) 照明布局的优化设计

实际系统中，LED 灯一般安装在天花板上，由于各个房间的大小以及室内设施不尽相同，不可避免地会存在通信盲区（光照射不到的区域）。而要使通信效果达到最优，须使房间内的光强分布大致不变，并尽量避免盲区的出现，找到具有最佳照明效果的光源布局。同时，不同的光源与接收机之间具有不同的光路径，多个不同的光路径会引起多径延迟产生码间干扰（ISI）。因此，LED 灯的个数越多，ISI 越严重，必须合理地选择 LED 灯的个数。

(2) 高性能编码、调制技术

对信号源进行何种编码，以及编码采用何种调制方式，将直接决定通信系统的通信性能。由于实现简单，VLC 系统大多设计成光强度调制/直接探测（IM/DD）系统，采用曼彻斯特编码和 OOK 编码调制方式。二进制 OOK 编码通过光学链路一次只能发送一个比特，传输慢；曼彻斯特编码虽然可以降低系统的误码率，但要求较宽的频带，而现有的基于蓝光 LED 加 YAG 荧光粉产生白光的 LED 可用调制带宽非常有限，所以必须探索新的编码、调制方法。

(3) 高灵敏的接收技术

在 LED 可见光通信系统中，存在着强烈的背景噪声及电路固有噪声的干扰，同时随着传输距离的加大，接收机接收到的信号十分微弱，常常会导致接收端信噪比小于 1。为了精确地接收信号，需要选择灵敏度高、响应速度快、噪声小的新型光电探测器，对所接收的信号进行前置处理。需采用高效的光滤波器，以抑制背景杂散光的干扰，对信号进行整形和去噪声。为了有效抑制噪声，接收滤波器常要求具有窄带滤波特性。由于在 VLC 系统中，信号能量与噪声一同分布在整个可见光谱中，所以要实现高灵敏接收，更重要的是研究新的滤波技术及新型滤波器，如匹配滤波、特殊光栅滤波器等。

(4) 消码间干扰技术

在室内可见光通信系统中，LED 光源通常是由多个 LED 阵列组成的，具有较大的表面积、较大的发射功率和宽广的辐射角，光线分布在整个房间。另一方面，为了达到较好的照明和通信效果，防止"阴影"影响，一个房间通常安装多个 LED 光源。由于 LED 分布位置不同及大气信道中存在的粒子散射，这些都导致了不同的传输延迟，即产生码间干扰（ISI），极大地降低了系统的性能甚至导致不能正常通信。因此，如何消除码间干扰，对保证高性能的 VLC 通信至关重要。

(5) 自动切换技术

在室内 LED 可见光无线通信系统中，当接收机从一个基站（房间）移动到另一个基站时，需要接收机能够自动切换。切换操作既要能识别一个新基站，又要将信号分派到新基站的信道上。设计者必须指定一个启动切换的最恰当的信号强度，选择恰当的切换时间以避免不必要的切换，同时保证在由于信号太弱而使通信中断之前完成必要的切换。因此，基站在准备切换之前应先对信号监视一段时间来进行信号能量的检测，这需由接收机辅助切换来完成。

16.4.3　LED 可见光通信研究进展及前景

目前，一些发达国家和地区在半导体照明智能通信领域都投入了较大的人力和物力从事相关技术的研究与开发。

与白炽灯和荧光灯相比，LED 是一个可以高速调制的器件。用于半导体照明的 LED，由于结面积较大，尽管响应频率无法和普通的 LED 相比，但经过初步改进设计，其数据调制速度可以达到 10Mb/s 以上，这已经能够满足当前办公室和家庭的互连网接入要求以及大部分公共场所的网络接入要求，并能够满足高清数字业务的需求。当 LED 的数据调制速度达到 100Mb/s 时，能够满足传输大量的多媒体交互业务的需求。目前白光用于室内照明的白光 LED 主要是蓝光 LED 加 YAG 荧光粉的方式产生，相对通信速度较慢。从这点上来说，白光 LED 的另外一种合成方式即用红绿蓝三种 LED 混合而成，在可见光通信上将具有更大的应用前景。另一方面，作为照明用的 LED，实际上没有考虑开关响应速度这个指标，因此，可以对 LED 开关时间进行专门的 LED 设计，以获得更高的信号传输带宽。

面对全球节能减排的巨大压力，发展第四代绿色照明技术已刻不容缓。而白光 LED 照明的实现在节约能源的同时，更为高速、宽带的光无线接入提供了一种新途径，也为解决现有无线电频带资源严重有限的困境提供了一种新思路。可见光通信将很有可能成为光无线通信领域的一个新的增长点。虽然日本、德国、英国、美国等国家已经对可见光通信开展了从理论到实验的研究，但都还处于初级阶段，要实现此技术的实用化，还需要相关科研人员进行更加深入的研究。

参考文献

[1] 国家新材料行业生产力促进中心，国家半导体照明工程研发及产业联盟. 中国半导体照明产业发展报告 [R]. 北京：机械工业出版社，2005.

[2] 徐志刚. LED 在现代农业中的应用 [A]. 见：第七届中国国际半导体照明论坛，2010：424-431.

[3] 周国泉，徐一清. 温室植物生产用人工光源研究进展 [J]. 浙江林学院学报，2008，25 (6)：798-802.

[4] Briggs W R, Olney M A. Photoreceptors in plant photomorphogenesis to date. Five phytochromes, two crypto-chromes, one phototropin, and one superchrome [J]. Plant Physiology, 2001, 125 (1)：85-88.

[5] 刘江，角建瓴，刘承宜等. LED 在生物医学方面的应用和前景 [J]. 激光杂志，2002，23 (6)：1-4.

[6] 闻婧. LED 红蓝光波峰及 R/B 对密闭植物工厂作物的影响 [D]. 北京：中国农业科学研究院，2009.

[7] 宋亚英，陆生海. 温室人工补光技术及光源特性与应用研究 [J]. 温室园艺，2005，01：27-29.

[8] 张万路. 功率型 LED 热学建模与结温测试分析 [D]. 上海：复旦大学硕士论文，2009.

[9] 杨其长，张成波. 植物工厂概论 [M]. 北京：中国农业科学技术出版社，2005.

[10] Bula R J, Morrow R C, Tibbitts T W, et al. Light-emitting diodes as a radiation source for plants [J]. Hort-Science, 1991, 26 (2)：203-205.

[11] Okamoto K, Yanagi T, Takita S, et al. Development of plant growth apparatus using blue and red LED as artificial light source [C] //International Symposium on Plant Production in Closed Ecosystems 440. 1996：111-116.

[12] Tanaka T, Watanabe A, Amano H, et al. p-type conduction in Mg-doped GaN and Al 0. 08 Ga 0. 92 N grown by metalorganic vapor phase epitaxy [J]. Applied physics letters, 1994, 65 (5)：593-594.

[13] Lee C G, Palsson BØ. High-density algal photobioreactors using light-emitting diodes [J]. Biotechnology and bioengineering, 1994, 44 (10)：1161-1167.

[14] Nedbal L, Tichý V, Xiong F, et al. Microscopic green algae and cyanobacteria in high-frequency intermittent light [J]. Journal of Applied Phycology, 1996, 8 (4-5)：325-333.

[15] Tamulaitis G, Duchovskis P, Bliznikas Z, et al. High-power light-emitting diode based facility for plant cultivation [J]. Journal of Physics D：Applied Physics, 2005, 38 (17)：3182.

[16] 刘宏展，吕晓旭，王发强等. 白光 LED 照明的可见光通信的现状及发展 [J]. 光通信技术，2009，33 (7)：53-56.

[17] 魏灵玲，杨其长，刘水丽. 密闭式植物种苗工厂的设计及其光环境研究 [J]. 中国农学通报，2007，23 (12)：415-419.

[18] 周国泉，吴家森，汪小刚. 三色发光二极管组合灯补光对生菜生长及光合特性的影响 [J]. 长江蔬菜（学术版），2010 (4)：30-33.

[19] 吴家森，胡君艳，周启忠，郑军，周国泉，付顺华. LED 灯补光对萝卜生长及光合特性的影响 [J]. 北方园艺，2009 (10)：30-33.

[20] 赵惠珊，陈长缨，陈曦等. 白光 LED 通信系统的噪声与干扰分析 [J]. 光通信技术，2011 (001)：60-62.

[21] 骆宏图，陈长缨，傅倩等. 白光 LED 室内可见光通信的关键技术 [J]. 光通信技术，2011 (002)：56-59.